KB139383

뇌의식의 우주

물질은 어떻게 상상이 되었나

뇌의식의 우주

물질은 어떻게 상상이 되었나

제럴드 M. 에델만 · 줄리오 토노니 지음 | 장현우 옮김

한언

CONTENTS

옮긴이의 말

세상에는 수많은 학문이 있다. 각 학문은 질문이라는 '티끌'이 무수히 모여 만들어진 하나의 별과 같다. 지구 표면 아래 외핵과 내핵이 있듯 각 학문에도 핵이 있다. 핵심에 가까운 질문일수록 더 '뜨겁고' 본질적이며 난해하다. 칸트는 『순수이성비판』에서 철학의 핵심 질문으로 다음 세 가지를 꼽았다. "내가 알 수 있는 것은 무엇인가?What can I know? 나는 무엇을 해야 하는가?What should I do? 내가 소망해도 되는 것은 무엇인가?What may I hope?" 이 세 물음은 결국 단 하나의 질문으로 소급된다. "인간 정신, 즉 의식의 정체는 무엇인가?"

대부분의 자연과학은 물리 세계의 본질을 탐구한다. 가령 물리학은 물질이 무엇인가를, 화학은 물질이 서로 어떻게 상호작용하는가를, 생물학은 생명이란 무엇인가를 그 핵심 질문으로 삼고 있다. 하지만 신경과학은 조금 다르다. 일견 신경과학은 '뇌는 어떻게 작동하는가'를 객관적으로 탐구하는 학문인 것처럼 보인다(물론 이것이 사실이기는 하다.). 하지만 신경과학은 모든 연구의 기저에 명시적으로든, 암묵적으로든 늘 인간 의식에 대한 통찰을 포함하고 있다는 점에서 다른 자연과학 분과들과 다르다. 감각, 기억, 의사결정 등의 고차 기능을 연구할 경우 이는 자명하다. 실제로 지난 수십 년간 교육학, 마케팅, 경제학, 미학 등 인간의 행동을 다루는 많은 분야는 신경과학의 발견을 적극적으로 수용하여 상당한 진전을 거두었다. 고차 기능보다 작은 규모의 시스템, 가령 뉴런 세포막의 어느 단백질을 연구할지라도, 그 연구는 해당 단백질의 특성이 인간 정신과 어떠한 관련이 있는가에 대한 함의를 담아낼 때 비로소 '신경과학적으로 유의미'하다. 이것이 신경과학이 생물학의 일부이면서도 생물학의 여타 하위 분과들과 차별화되며, 때로는 심리학(특히 인지심리학)과도 함께 묶이는 연유다(사실 현대의 인지심리학은 신경과학과 완전히 융합되었다고 보아도 무관하다.). 요컨대 인간 정신의 본질을 탐구한다는 점에서 신경과학과 철학, 인문학은 접근 방식이 다를 뿐, 같은 핵을 공유하는 '하나의 별'인 것이다.

하지만 그러한 사실이 무색하게도 오늘날 철학과 신경과학은 서로 아주 멀리 떨어져 있다. 특히 많은 철학자들은 신경과학적 방법론의 한계를 지적한다. 현대 신경과학 연구가 이루어지는 방식은 크게 두 가지로 나뉜다. 첫째는 쥐나 선충 등의 모델 시스템에서 특정 기능과 관련된 세포나 회로를 찾는 것이며, 둘째는 인간을 대상으로 fMRI 등을 활용하여 뇌영상을 촬영하는 것이다. 전자는 실험 조건을 비교적 직접적으로 통제할 수 있지만(자연과학자들은 이것을 광적으로 좋아한다!), 인간과 해당 동물이 공유하는 단순한 뇌 기능을 넘어 도덕, 예술, 문화와 같은 인간 고유의 능력을 탐구하기는 아주 어렵다. 한편, 후자는 앞서 언급한 고차원적인 정신활동을 주제로 삼을 수 있지만, 뇌 혈류량 등의 간접적인 신호만으로 뇌 활동과 해당 기능의 상관관계를 유추해야 할 뿐 아니라, 여러 명의 실험 결과에 대한 평균을 취하기 때문에 (인문학의 본질인) 개인별 맥락성을 제대로 담아내지 못한다는 비판에서 자유롭지 않다. 뿐만 아니다. 설령 오랜 시간이 흘러 인류가 뇌의 물리적인 작동 원리를 완전히 이해했다 하더라도 과연 의식 그 자체의 주관성을 이해할 수 있을까? 세포 덩어리에 불과한 뇌가 도대체 어떻게 자신만의 관점으로 세상을 바라보는 '마음'을 지닐 수 있다는 말인가? 건널 수 없는 간극Unbridgeable Gap, 설명적 간극Explanatory Gap, 의식의 난제the Hard Problem of Consciousness, 세계의 매듭World Knot 등 여러 이름으로 불리는 신경과학과 철학 사이의 이러한 괴리를 해결하기 위해 지금도 많은 철학자와 과학자들이 몰두하고 있지만, 아직은 요원하다.

이 책의 저자 제럴드 에델만은 1929년생으로, 항체 단백질의 구조를 규명하고 생체의 면역 반응의 메커니즘을 밝힌 성과로 1972년 노벨상을 수상한 정통 자연과학자다. 1970년대 이후 에델만은 면역학적 사유를 신경과학에 적용하여 신경 다윈주의, 즉 신경집단 선택 이론을 세우기에 이른다. 에델만은 거기서 멈추지 않고 기존에 없던 새로운 방식을 도입하여 의식의 난제를 해결하고자 시도하였다. 그것은 바로 의식의 보편 속성을 먼저 정의하고, 그 속성을 가능케 하는 기저의 신경 과정을 찾는 것이었다. 이는 에델만 이전의 누구도 해내지 못했던 위대한 발상의 전환이었다. '정보의 경쟁과 통합'을 의식의 주기능으로 보았던 에델만의 의식 이론은 많은 신경물리학자들에게 영감을 주었고, 지금까지도 여러 의식 상태에서 정보의 흐름이 어떻게 달라지는지에 관한 연구가 활발히 진행되고 있다. 또한, 에델만이 '재유입'이라 통칭한 신경집단 간의 양방향적 연결망이 고차적 뇌의 기능에 필수적이라는 사실은 광유전학Optogenetics을 활용한 최근의 연구에 의해 지속적으로 입증되고 있다.

위와 같은 배경 지식을 감안하면 이 책이 지닌 가치가 더 확연히 다가올 것이다. 이 책에서 에델만은 단순히 신경생리학에 관한 논의에 그치지 않고 자아, 언어, 문화, 문학, 예술 등 많은 신경과학자들이 감히 다루기 꺼려하는, 하지만 분명히 '의식'과 떼려야 뗄 수 없는 인문학의 주제들에 신경과학이 무엇을 말해줄 수 있는지에 관해서 과감하게 통찰을 펼쳐내 보인다. 이로써 그는 '건널 수 없는 간극'을 건너는 다리의 첫 주춧돌을 놓은 것이다. 그의 사유가 원서 출간 후 20년이 지난 지금도 여전히 유효한 까닭이다.

비록 에델만은 2014년 숨을 거두었지만, 그의 학문적 유산은 이 책의 공저자인 줄리오 토노니에 의해 계승되고 있다. 수면 연구자인 토노니는 1990년대 초부터 10여 년간 에델만과 협업하였고, 2004년에는 통합 정보 이론Integrated Information Theory이라는 자신만의 이론 체계를 구축하였다. 두 차례의 판올림을 거쳐 이른바 'IIT 3.0'이라는 이름으로 지금에 이르는 토노니의 이론은, 의식의 다섯 가지 자명한 속성(토노니는 이를 '공리'라 부른다)에서 출발하여 이것이 물리계에서 어떻게 구현될 수 있는지를 논한다는 점에서 이 책과 정확히 같은 방법론을 따른다. 토노니는 한 발 더 나아가 특정계의 의식 수준을 예측할 수 있는 파이(Φ)라는 함수를 정의하기도 했다. 에델만의 사상이 토노니에 의해 어떻게 발전했는지 궁금하다면 《의식은 언제 탄생하는가?》(한언, 2016) 등 국내외에 출간된 토노니의 다른 저서도 읽어볼 것을 권한다.

이 책이 의식에 관한 합리적이고 객관적인 이론을 찾는 이들의 해갈을 돕기를 소망한다. 아울러 뇌과학 및 의식 연구와 관련하여 양질의 도서를 지속적으로 출간하여 의식 과학의 대중화에 기여하고 있는 한언출판사에 감사드린다.

2020년 7월 대전에서

역자 장현우

감사의 글

다양한 논의와 제안으로 저술에 큰 도움을 준 랠프 그린스팬Ralph Greenspan, 올라프 스폰스Olaf Sporns, 키아라 시렐리Chiara Cirelli에게 감사를 전한다. 데이비드 싱턴David Sington과 베이식 북스의 편집장 조 앤 밀러Jo Ann Miller의 꼼꼼한 검토와 조언에도 감사드린다. 미처 바로잡지 못한 지면상의 오류에 대한 책임은 전적으로 저자들에게 있다. 본문에 등장하는 대부분의 실험은 신경과학연구소The Neurosciences Institute(저자 제럴드 에델만이 1981년에 설립한 비영리 연구소—역주)에서 수행되었음을 밝혀둔다. 오늘도 우리 연구소의 구성원들은 뇌가 마음을 만드는 원리를 규명하기 위해 한마음으로 매진하고 있다.

서문

의식은 각종 미스터리의 근원지이자, 그 자체로도 하나의 커다란 미스터리이다. 의식 연구는 오랜 세월 철학의 전유물로만 여겨졌으나, 근래에는 의식을 과학적으로 실험하거나 탐구하는 일이 가능하다는 인식이 조금씩 퍼지고 있다. 사실 모든 과학 이론은 '의식적 감각과 지각이 존재한다'는 대전제에서 벗어날 수 없다. 그런데도 여태껏 과학자들이 의식을 외면했던 이유는 간단하다. 의식 자체를 과학적으로 탐구하기 위한 수단이 아주 최근에야 개발되었기 때문이다.

의식에는 특별한 무언가가 있다. 우리의 의식적 경험은 뇌의 작동에 의해 생겨나지만, 다른 물리적 사물과는 달리 직접적인 관찰을 통하여 그 내용을 타인과 공유하는 것이 불가능하다. 이 때문에 의식을 연구하려는 이들은 다음과 같은 딜레마에 직면해야만 했다. 우선, 자신의 내면을 들여다보는 것, 즉 내성introspection의 결과만으로는 과학적 의식 이론을 수립할 수 없다. 스스로의 의식에 관한 피험자들의 일인칭적 보고는 유용한 참고 자료가 될 수는 있어도, 뇌의 근본적인 작동 원리를 규명하기에는 역부족이다. 한편, 객관적으로 뇌를 연구하더라도 그것만으로는 의식을 갖는다는 것이 어떤 느낌인지 이해할 수 없다. 그러므로 의식을 과학의 범주에 포함시키기 위해서는 어떤 '특단의 조치'가 필요하다. 그 특단의 조치가 무잇인지 제시하는 깃이 이 책의 목표다. 그래서 저자들은 다음 네 가지 질문에 답하려 한다.

1. 의식이 특정한 신경 과정Neural Process과 뇌 · 몸 · 세계 사이의 상호작용으로부터 출현하는 구체적인 원리는 무엇인가?

2. 의식적 경험에는 여러 핵심 속성이 있다. 예컨대 각 의식 상태Conscious State는 통일되어 있으며 쪼개질 수 없다. 또한, 의식 상태에는 무수히 많은 가능성이 있고 우리는 그중 하나를 경험한다. 이러한 특성들을 신경 과정에 근거하여 설명할 수 있을까?

3. 여러 주관적 상태—즉 감각질qualia—들을 신경학적으로 기술할 방법은 무엇인가?

4. 의식을 이해함으로써, 각종 실험 결과들을 과학이라는 좁은 틀에서 벗어나 인류 전체의 지식과 경험의 총체 속으로 편입시킬 수 있을까?

한 권의 책에서 의식을 일으키는 신경 기제를 기술하고, '뇌'라는 복잡계Complex System로부터 의식의 보편 속성들이 창발emerge하는 과정을 밝힌 뒤, 주관적 상태(감각질)의 연원을 분석하고, 의식 연구가 과학과 철학에 미칠 파급력까지 논하기란 거의 불가능하다. 실제로 저자는 지면의 한계 때문에 원고의 상당 부분을 덜어내야 했다. 대신 저자는 위 네 가지 기본 문제에 집중하였고, 결과적으로는 의식 문제에 대한 우리만의 해답을 얼개나마 그려내는 데 성공했다고 생각한다. 본문에서 저자는 의식이 특정 유기체의 물리적 질서 내에서 출현하는 현상이라고 가정하였으나, 그렇다고 해서 의식이 뇌 속에서만 일어난다고 단정 지으려는 것은 아니다. 세계 혹은 타인과의 상호작용을 필요로 하는 고차적 뇌 기능도 얼마든지 존재하기 때문이다.

의식이 출현하는 메커니즘을 소개한 다음에는 그와 관련된 다양한 주제가 논의된다. 과학적 관찰자Scientific Observer를 바라보는 새로운 관점, '안다는 것을 어떻게 알 수 있는가'에 관한 물음인 인식론 문제, 과학적 연구에 적합한 학문 주제의 조건도 언급된다. 이를 통해 독자는 (고도로 통일unified 혹은 통합된integrated, 그와 동시에 고도로 분화된 두뇌 과정의 결과물이 바로 의식이라는) 저자들의 의식 이론이 광범위한 분야에 적용될 수 있음을 확인할 것이다.

몇몇 주제는 일부 독자에게 자칫 난해하게 느껴질 수 있다. 이해를 돕기 위해, 이 책에서는 '의식의 신경 기반Neural Substrate'이라는 핵심 주제를 다루기에 앞서 뇌의 구조적 · 기능적 특징과 각종 뇌과학 이론들을 개괄한다. 각 부와 장의 맨 앞에 수록한 프롤로그를 읽으면 이 책의 전체적인 맥락을 파악할 수 있다. 10 · 11장에는 수식도 등장하지만, 삽화의 설명을 정독하고 본문을 훑는 것만으로도 대강의 의미를 이해하기에 충분할 것이다. 특정 주제나 참고문헌에 관하여 더 알고 싶은 독자들을 위하여 책의 끝부분에 주석을 모아두었다. 하지만 굳이 주석을 읽지 않아도 저자들의 논지를 이해하는 데는 아무 문제가 없을 거라는 점도 밝혀둔다. 이 책을 통해 여러분이 '어떻게 물질은 상상이 되는가'라는 질문을 새로운 관점에서 바라볼 수 있기를 소망한다.

시스티나 성당 내부 미켈란젤로의 벽화 〈아담의 창조Creation of Adam〉의 일부

신의 뒤편에 뇌의 단면과 비슷한 형체가 보인다. 더 자세한 비교는 F. L. Meshberger, "An Interpretation of Michelangelo's Creation of Adam Based on Neuroanatomy," Journal of the American Medical Association, 264 (1990), 1837-41 참조.

1부
세계의 매듭

> 고개를 들어 위를 쳐다보면 납작한 돔 모양의 하늘, 밝은 원반 모양의 태양, 그 아래 삼라만상이 내 눈에 들어온다. 이 같은 경험은 어떠한 단계를 거쳐 일어나는 것일까? 태양으로부터 출발한 빛줄기는 눈으로 들어와 망막에 맺힌다. 이는 망막세포에 변화를 일으키고, 그 정보는 뇌의 가장 바깥쪽 신경층에 전달된다. 태양에서 뇌 표면에 이르는 일련의 단계는 물리 현상이자 전기적 반응에 불과하다. 하지만 어느 시점에는 앞선 과정과 전혀 다른, 설명할 수 없는 현상이 일어난다. 바로 시각적 장면이 나의 마음속에 떠오르는 것이다. 나는 반구형의 하늘, 태양, 갖가지 사물들을 본다! 실제로 내가 지각하는 것은 나를 둘러싼 세계의 한 장면이다.[1]

위대한 신경생리학자 찰스 셰링턴Charles Sherrington이 1940년대에 언급한 이 간단한 예시는, 의식 문제의 본질뿐만 아니라 과학으로 의식을 설명하는 일이 불가능할 것이라는 셰링턴 자신의 믿음까지 잘 나타내고 있다.

그로부터 몇 년 전, 버트런드 러셀Bertrand Russell 역시 비슷한 예시를 들며 철학이 의식 문제를 해결할 수 없으리라는 회의적인 입장을 피력하였다.

> 우리는 물체에서 시작된 물리적 과정이 눈에서 다른 물리적 과정으로 변하고, 시신경에서 또 다른 물리적 과정을 야기하여, 마침내 뇌에 특정한 효과를 일으키면, 동시에 우리가 그 물체를 보게

된다고 여긴다. 또한, 우리는 보는 행위가 '정신적mental'이며, 그것에 선행하거나 수반되는 물리적 과정들과는 질적으로 전혀 다르다고 믿는다. 이 해괴망측한 주장이 조금이라도 말이 되게끔 만들기 위해 형이상학자들은 지금껏 온갖 이론을 고안해왔다.[2]

기저의 물리적 과정을 아무리 자세하게 서술하더라도, 푸른 빛을 보거나 따뜻함을 느끼는 것과 같은 주관적인 경험이 단순한 물리적 사건들에서 나타나는 원리를 이해하기는 어렵다. 하지만 뇌 영상 촬영, 전신 마취, 신경 수술이 보편화한 현대를 살아가는 우리는, 의식이 뇌의 정교한 작용들에 전적으로 의존하고 있음을 잘 알고 있다. 특정 뇌 부위의 미세한 병변lesion이나 화학적 불균형도 의식을 영영 꺼뜨릴 수 있다. 뿐만 아니라 의식은 두뇌 활동의 변화에 따라서, 즉 꿈이 없는 깊은 잠이 들 때마다 사라졌다 나타나기를 반복한다. 과장을 조금 보태자면, 의식은 우리 각자에게 주어진 세상의 전부다. 납작한 돔 모양의 하늘과 그 아래 삼라만상, 그리고 나의 뇌로 구성된 이 우주는, 의식의 일부로만 존재하며 의식이 사라지면 함께 소멸한다. 아르투르 쇼펜하우어Arthur Schopenhauer는 '주관적 경험'과 '객관적 사건'의 관계를 둘러싼 이 수수께끼를 '세계의 매듭World Knot'이라 지칭했다.[3] 하지만 저자는 '검증 가능한 이론'과 '잘 설계된 실험'으로 무장한 과학적 접근법의 힘을 빌리면 충분히 그 매듭을 풀 수 있다고 생각한다. 그것을 입증해 보이는 것이 이 책의 목표다.

1장
의식: 철학적 패러독스인가, 과학 연구의 대상인가?

의식이라는 주제는 한순간도 인류의 관심사에서 벗어난 적이 없다. 과거에는 오직 철학자들만이 의식을 탐구했지만, 최근에는 심리학자나 신경과학자들도 소위 심신 문제Mind-Body Problem, 혹은 쇼펜하우어가 말한 '세계의 매듭'을 풀기 위해 달려들고 있다. 이 장에서는 의식 연구의 전통적 접근법과 최신 방법론을 한꺼번에 개괄한다. 철학자, 심리학자, 신경과학자들의 여러 주장을 비교하고, 이원론Dualism이나 극단적 환원주의Extreme Reductionism처럼 명백히 틀린 것들은 걸러낼 것이다. 이를 통해 의식이 철학자들의 전유물이 아닌, 과학적 탐구가 가능한 주제임을 보이고자 한다.

의식이 무엇인지는 누구나 안다. 매일 밤 잠들면 사라졌다가 다음 날 아침이 되면 다시 생겨나는 것, 그것이 바로 의식이다. 이는 20세기 초반 윌리엄 제임스William James가 '주의attention'를 정의한 방식과도 유사하다. 제임스는 이렇게 말했다. "주의가 무엇인지는 모두가 안다. 마음이 여러 사물이나 생각 중 하나만을 명료한 형태로 만들어 자신의 손아귀에 움켜쥐는 것, 그것이 바로 주의다."[1] 하지만 그가 이 말을 하고 난 뒤 한 세기가 더 지난 지금까지도 우리는 주의와 의식 중 어느 하나 제대로 이해하지 못하고 있다.

이러한 '몰이해'는 철학계나 과학계의 관심이 부족했던 탓은 결코 아니다. 철학자들은 언제나 의식의 수수께끼에 지대한 관심을 갖고 있었다. 르네 데카르트Rene Descartes로부터 윌리엄 제임스의 시대에 이르기까지, 의식은 본디 '생각'의 동의어였다. 제임스가 이야기한 '생각의 흐름Stream Of Thought'이란 곧 의식의 흐름과 동일한 개념이다. 데카르트는 자신의 저서 『제1철학에 관한 성찰Meditationes De Prima Philosophia』[2]에 "나는 생각한다. 고로 나는 존재한다.Cogito Ergo Sum"라는 유명한 글귀를 실었다. 이는 의식이 존재론('있다'는 것)과 인식론('안다'는 것)의 핵심 요소라는 사실을 데카르트 본인도 잘 알고 있었음을 보여준다.

'나는 의식이 있다. 고로 나는 존재한다.'는 논리가 극단에 치달으면, 오직 나의 의식만이 존재한다는 시각인 유아론Solipsism에 빠질 수 있다. 두 명이 한 권의 책을 공동 집필하고 있는 우리 저자들로서는 받아들이기 힘든 주장이 아닐 수 없다. 좀 더 현실적인, 혹은 실재론적인 입장에서 말하자면, 유아론은 물질보다 마음—신념,

지각, 생각, 즉 의식—을 우선시하는 유심론Idealism적 사고방식으로 귀결된다. 유심론자들의 주장대로 마음이 만물의 원천이라면, 물질의 정체는 도대체 무엇이란 말인가? 유물론Materialism자들이 마음의 정체를 물질에 기반하여 설명해야 하는 곤경에 처해 있는 것은 사실이지만, 유심론자들의 처지도 하등 나을 것이 없다.

데카르트는 정신적 실체Mental Substance와 물질적 실체Material Substance가 본질적으로 다르다고 여겼다. 데카르트의 정의에 따르면, '물질'은 연장extend될 수 있는, 즉 공간을 차지하는, 따라서 물리적 서술이 가능한 존재이며, '정신'은 의식이 있거나 (넓은 의미에서) 생각을 하는 존재다. 데카르트의 세계관에서 정신적 실체는 각 개인의 마음이라는 형태로 현현한다. 데카르트의 이원론적 사고 체계는 과학의 관점에서 보자면 허점투성이지만, ('심신 문제'라는 난제를 제외하면) 직관적이고 단순하다는 매력을 지닌 것도 사실이다(그림 1.1). 데카르트 이후 이원론의 다른 형태, 혹은 관련된 여러 대안 이론들이 제시되었다. 그중에는 부수현상설Epiphenomenalism이 주목할 만하다. 부수현상설에 따르면, 정신적 사건과 물리적 사건은 별개의 실체이지만, 오직 물리적 사건만이 정신적 경험의 원인이 될 수 있으며, 따라서 정신은 인과적으로 무용한 부산물에 불과하다. 19세기 진화생물학자 토머스 헉슬리Thomas Huxley의 표현을 빌리자면, "의식은 신체의 작동 메커니즘이 만들어낸 부산물이며, 따라서 몸의 움직임에 어떠한 변화도 줄 수 없다. 마치 열차의 기적 소리가 엔진의 작동에 영향을 미치지 못하는 것처럼."[3]

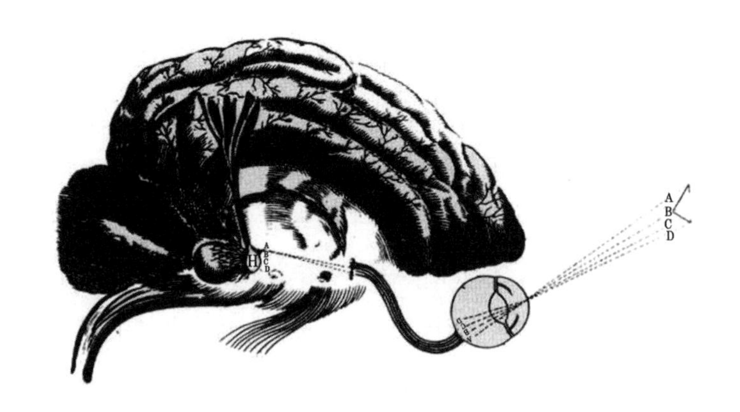

〈그림 1.1〉 뇌가 심상을 형성하는 과정을 그린 데카르트의 모식도 송과샘(H)에서 정신적 실체와 물리적 실체의 상호작용이 일어나고 있다.

오늘날 대다수 철학자들은 마음과 의식이 뇌의 연산 작용과 동일하다는 유물론적 입장을 취하고 있다. 일부 극단적 유물론자들은 심지어 의식이 가진 존재론적 · 인식론적 의의를 완전히 부정하기도 한다. 이들은 두뇌 회로의 작용 외에는 아무것도 없다고, 최소한 '학문적으로 규명되어야 할' 대상은 존재하지 않는다고 잘라 말한다. 심지어 몇몇 철학자들은 뇌의 작동 원리를 충분히 이해하게 되면 의식이라는 개념이 소거될 거라 말한다. 마치 산화oxidation의 원리가 밝혀지고 나자 플로지스톤phlogiston(모든 가연성 물질에 들어 있는 가상의 물질로, 연소 중 불꽃의 형태로 방출되는 것으로 여겨졌다.)의 개념이 불필요해진 것처럼 말이다. 그들은 의식이라는 개념이 소거됨에 따라 심신 문제의 미스터리도 자연히 풀릴 거라고 기대한다. 유물론의 또 다른 갈래로는 '창발 이론Emergence Theory'이 있다. 창발 이론의 핵심은 뇌의 물리적 사건이 의식을 형성하지만, 거꾸로 의식이 개별 사건으로 환원될 수는 없다는 것이다. 이는 수소 원자 2개와 산소 원자 1개가 화학적으로 결합하여 만들어진 물 분자의 여러 속성이 곧바로 수소나 산소의 개별 속성으로 환원될 수 없는 것과 같은 원리다. 대부분의 창발 이론 지지자들은 뇌와 의식을 별개의 실체로 보지는 않지만, 의식이 '규명되어야 할 대상'임은 인정한다.

심신 문제에 관한 철학적 논의는 복잡다단하기가 이루 말할 수 없다. 데카르트 사후에는 스피노자Spinoza의 양면 이론Dual-Aspect Theory, 말브랑슈Malebranche의 기회원인론Occasionalism, 라이프니츠Leibniz의 병행론Parallelism과 예정조화설Preestablished Harmony이 대두되었다. 현대에는 동일론Identity Theory, 중심 상태 이론Central State Theory, 중립적 일원론Neutral Monism, 논리적 행동주의Logical Behaviorism, 개별자 물리주의Token Physicalism, 유형 물리주의Type Physicalism, 개별자 부수현상설Token Epiphenomenalism, 유형 부수현상설Type Epiphenomenalism, 무법칙적 일원론Anomalous Monism, 창발적 유물론Emergent Materialism, 제거적 유물론Eliminative Materialism, 각종 기능주의Functionalism, 그 밖에도 갖가지 이론들이 난립해 있다.[4]

그러나 철학적 논증만으로 심신 문제를 해결하기란 불가능하다. 영국의 급진적인 철학자 콜린 맥긴Colin Mcginn은 다음과 같이 말하기도 했다.[5] "우리 인류는 아주 오랫동안 심신 문제를 풀기 위해 노력해왔습니다. 그러나 우리의 모든 시도는 무위로 돌아갔으며, 미스터리는 지금도 건재합니다. 이제는 우리에게 문제를 해결할 능력이 없음을 솔직하게 시인할 때입니다. 뇌라는 '물'이 의식이라는 '와인'으로 변하는 이 신비를 [우리는 절대로 이해할 수 없을 것입니다]."

의식을 철학적으로 탐구하는 것은 근본적인 한계를 가질 수밖에 없다. 철학적 접근법은 '생각의 힘만으로 의식의 근원을 밝혀낼 수 있다.'는 그릇된 가정에 기반하고 있기 때문이다. 생각이 모든 문제를 풀 수는 없다는 사실은 과학자들이 우주의 탄생, 생명의 기원, 물질의 미시적 구조 등을 밝혀내는 과정에서 이미 입증된 바다. 사실 철학자들은 문제를 해결하기보다는 그 문제가 얼마나 풀기 힘든지를 보이는 일에 더 뛰어나다. 한편, 대다수 철학자는 의식의 과학적 연구에 부정적인 입장이다. 과학자들이 무슨 짓을 하든, 의식을 지닌 개인의 일인칭 관점First-Person Perspective과 삼인칭 관점Third-Person Perspective은 통합될 수 없고, '설명적 간극Explanatory Gap'을 메우는 것은 불가능하며, 의식의 '어려운 문제Hard Problem'—"어떻게 뉴런neuron의 활동이 감각 혹은 현상적phenomenal · 경험적experiential 상태를 생성하는가?"—는 풀리지 않는다는 것이 철학자들의 주장이다.[6]

그렇다면 이번에는 과학자들이 얼마나 성과를 거두었는지 알아보자. '마음의 과학'인 심리학의 역사는 학문의 핵심 주제인 의식을 정당한 이론적 토대 아래 편입시키려는 학자들의 노력으로 점철되어 왔다. 티치너Titchener와 퀼페Külpe를 비롯한 내성주의Introspectionism자들은 의식을 오로지 개인의 내면 관찰, 즉 내성Introspection, 內省으로만 기술하려 했다.[7] 철학 이론 가운데서 찾자면, 유심론이나 현상학Phenomenology적 관점과 유사한 셈이다. 내성주의자들은 의식이 다양한 기본 요소들의 조합으로 구성된다고 믿었는데, 이러한 심리학적 원자론Psychological Atomism은 현대 신경생리학의 접근법과도 맞닿아 있다. 내성주의자들은 의식을 이루는 요소를 전부 찾아내려 했다. 그 결과, 독일 학파는 '고작' 12,000개, 미국 학파는 놀랍게도 40,000개 이상의 감각을 체계화하는 데 성공하였다. 반면 행동주의Behaviorism자들은 의식을 과학적 담론에서 뿌리 뽑기 위해 끈질긴 사투를 벌여왔다. 이는 오늘날 대다수 철학자들의 입장과 크게 다르지 않다.

예전과 달리 현대의 인지심리학자들은 의식과 마음에 관한 과학적 연구가 가능하다는 사실을 대체로 인정한다. 이들은 통상적으로 의식을 정보처리의 계층구조 안에 위치한 특수한 모듈module 혹은 무대로 취급한다. 이들에게 의식은 인간 정신의 무한한 잠재력을 제한하는 병목bottleneck이기도 하다. 이러한 관점에 입각하여 의식과 관련된 뇌 기능을 설명하는 인지 모델Cognitive Model 중 상당수는 인지심리학, 인공지능, (중앙집행부Central Executive System나 운영체제Operating System와 같이) 컴퓨터 과학 등에서 빌려온 은유에 기대고 있다. 일부 심리학자들은 의식을 무대 · 장면 · 극장에 빗대면서, 여러 경로로 습득된 정보가 의식 위에서 통합되며 그 결과 몸의 행동이 통제된다고 묘사하기도 했다.[8] 이처럼 연구자들의 직관에 기초하여 세워진 모델 가운데는 옳은 것과 그른 것이 혼재하기 때문에, 겉보기로는 섣불리 진위를 판단하기 어렵다.

그러나 한 가지 분명한 것은 은유만으로 의식을 과학적으로 이해할 수 없다는 사실이다. 대부분의 인지 모델은 의식의 현상적 · 경험적 특성을 설명하지 못한다. 이들 모델에 따르자면, 제어 · 협응 · 계획과 같은 기능이 정상적으로 수행된다면 현상적 혹은 감정적 경험은 존재할 필요가 없다. 그런데 왜 우리 뇌는 의식이 없는 휴대용 계산기보다도 계산 속도가 느릴까? 어째서 몸의 균형을 유지하며 걷거나 조음기관을 움직여 말을 하는 복잡한 행동은 무의식적으로 이루어지는 데 비해, 손가락으로 버튼을 누르는 것과 같은 간단한 동작은 의식적 경험을 일으킬까? 인지심리학자들의 기능주의적 접근법으로는 이러한 의문에 답할 수 없을뿐더러, 의식이 특정한 신경 기반을 필요로 하는 이유도 설명할 수 없다.

오늘날 의식의 신경 기반을 가장 활발히 연구하고 있는 이들은 바로 신경과학자들이다. 본디 신경과학자들은 (코마coma나 마취와 같은 특수한 경우를 제외하면) 의식에 관한 언급을 극도로 꺼리는 불가지론적 입장을 견지했다. 그들은 의식이 시스템 현상—정확히 어떤 시스템인지는 몰라도—이라는 것을 인정하면서도, 아직 학문의 발전이 미흡하다는 핑계를 대며 수집한 데이터를 이론화하는 작업은 이후 세대의 몫으로 미루곤 했다. 하지만 1990년대 들어 학계에 변화의 바람이 일면서 의식 연구에 적극적으로 달려드는 학자들이 나타나기 시작했다. 의식에 관한 유수의 도서와 학술지가 출간되었으며, 의식을 실험적 변수로 다루는 연구들도 속속 등장했다.[9]

의식에 관한 '과학적' 가설들은 철학 이론만큼 다양하지는 않지만, 개중에는 오히려 더 특이하거나 극단적인 것들이 많다. 예를 들어, 이원론을 지지하는 몇몇 신경과학자들은 '사이콘psychon'(정신을 이루는 가상의 단위 입자—역주)과 '덴드론dendron'(신경구조를 이루는 가상의 단위 입자—역주)이 좌뇌의 특정 영역에서 신호를 주고받으면서 의식적 마음이 발생한다고 주장했다(데카르트는 정신과 물질의 상호작용이 일어나는 장소가 송과샘Pineal Gland이라고 믿었다. 뇌의 한중간에 자리하고 있다는 이유였다.).[10] 기존의 물리학 체계로는 의식의 정체를 설명할 수 없으며, 양자 중력과 같은 심오한 물리 개념들을 도입해야 한다고 믿는 학자들—이들이 신경과학자인지는 이론의 여지가 있지만—도 있다.[11]

한편 대부분의 과학자들은 의식의 구체적인 신경상관물Neural Correlate을 찾는 길을 택했다. 이 전략은 그나마 성공 가능성이 높아 보였고, 가시적인 성과도 있었다. 의식의 신경 기반이 무엇이냐는 질문에 대해, 19세기 말 제임스는 당시 학문적 지식의 한계로 인하여 '뇌 전체'라고 답할 수밖에 없었다.[12] 그러나 오늘날 학자들은 훨씬 더 상세하고 구체적인 후보군을 제시하고 있다. 즉 시상 수질판내핵Intralaminar Thalamic Nuclei, 그물핵Reticular Nucleus, 중뇌 그물체Mesencephalic Reticular Formation, I층과 II층의 수평적 피질내 네트워크Tangential Intracortical Network, 시상-피질 고리Thalamocortical Loop 등 듣기만 해도 무시무시한 이름의 다양한 해부학적 구조가 의식의 기반으로 지목되었다. 오늘날의 학자들은 제임스의 시대에는 감히 생각조차 못 했던 문제들을 해결하기 위해 몰두하고 있다. 1차 시각피질Primary Visual Cortex, V1은 의식적 경험의 발생에 관여할까? 전전두엽Prefrontal Cortex에 직접 투사project하는 뇌 영역은 나머지 영역보다 의식에 더 많이 관여할까? 대뇌피질의 뉴런 중 의식을 일으키는 특정 세포종이 있는가? 만일 그렇다면, 그 세포들의 특성이나 위치를 구별하는 것이 가능한가? 피질의 뉴런들이 의식적 경험에 영향을 주려면 40Hz로 진동해야 하는가, 아니면 폭발적 발화Fire In Bursts를 보여야 하는가? 혹시 뇌 영역 혹은 신경집단Group Of Neurons이 저마다 의식적 경험의 파편, 일종의 미세의식microconsciousness을 생성하는 것은 아닐까?[13]

의식에 대한 학계의 관심은 점점 더 커지고 있으며, 각종 실험 데이터도 학문적 논의에 힘을 불어넣고 있다. 하지만 무수한 질문과 가설의 난립이 시사하듯, 의식의 신경 기반을 여러 신경집합 가운데 찾으려는 시도에는 커다란 허점이 있다. 앞서 말했던 '세계의 매듭'이 그것이다. 만일 뇌의 특정 영역에 자리한, 혹은 고유한 생화학적 특성을 지닌 뉴런의 발화firing만이 주관적 경험으로 변환할 수 있다면, 그 규칙은 대체 무엇이란 말인가? 일부 철학자들은 의식을 과학화하려는 시도 자체가 범주 오류Category Error—대상이 가질 수 없는 속성을 부여하는 오류—에 속한다고 주장하기도 했다.[14]

의식이 얼마나 독특한 연구 주제인지를 생각해보면, 철학자들의 말마따나 실제로 과학자들이 그러한 오류에 빠져 있는 것일지도 모른다. 2장에서는 의식의 독특함 때문에 인해 생겨나는 이 근본적 문제를 해결할 방안을 모색한다. 요컨대 의식은 사물object이 아닌 하나의 과정process이며, 따라서 과학적 연구가 가능한 대상이다.

2장
의식 문제의 특이성

과학은 주관성을 싫어한다. 그런데 주관성 그 자체를 연구하려면 어떻게 해야 할까? 이 장에서는 먼저 의식의 독특한 인식론적 지위에 관해 고찰하고, 의식의 과학적 연구에 필요한 세 가지 가정을 소개한 뒤, 의식의 존재 때문에 발생하는 근본 문제 한 가지를 살펴본다. 인간은 밝음과 어둠을 구별할 수 있다. 하지만 그것은 간단한 광량계도 할 수 있는 일이다. 그런데 왜 광량계는 우리와 달리 의식적 경험을 하지 않는 것일까? 이 역설은 특정 뉴런이나 뇌 영역의 내재적 성질에 근거하여 의식의 정체를 설명할 수 없음을 보여준다. 이후에는 의식의 메커니즘을 탐구하기 위한 여러 접근법을 소개한 뒤, 그중에서 저자들이 어떠한 전략을 택했는지도 언급한다. 의식적 경험의 핵심 속성을 이해하려면 단순히 세포

뿐만 아니라 신경 과정의 수준까지 들여다보아야 한다.

앞서 우리는 의식을 연구하는 철학자와 과학자들이 겪었던 고충을 살펴보았다. 하지만 무엇보다 중요한 것은 그 '고충'이 왜 생겨났는지를 제대로 이해하는 일이다. 의식은 다른 과학 분야에서는 찾아볼 수 없는 독특한 문제를 야기한다. 물리학과 화학에서는 임의의 대상을 설명하기 위해 대개 다른 대상이나 법칙을 활용한다. 예를 들어, 물의 성질은 일상 언어로 표현될 수도 있고, 화학적 · 양자역학적 법칙에 기반하여 기술될 수도 있다. 물이라는 하나의 외재적 대상에 관하여 두 가지 수준의 서술—'상식적 서술'과 그보다 훨씬 뛰어난 예측력을 지닌 '과학적 서술'—을 연결 지을 수 있다. '액체로서의 물' 그리고 '원자들의 양자역학적 정렬 방식으로서의 물'이라는 이 두 가지 서술 방식은, 서술의 대상이 의식적 관찰자와는 독립적으로 존재한다고 가정하고 있다.

그러나 의식에 대해서는 대상과 관찰자 간의 대칭 관계가 성립되지 않는다. 의식을 이해하는 것은 단순히 행동이나 인지적 조작Cognitive Operation을 뇌의 작용으로 설명하는 것과는—물론 그조차도 쉬운 일이 아니지만—차원이 다르다. 의식을 설명하기 위해서는 뇌라는 외재적 대상을 과학적으로 상술해야 함은 물론이요, 더 나아가 그 객관적 서술을 의식적 관찰자인 우리 자신의 내면에서 일어나는 개인적인 경험과도 연결 지어야 한다. 철학자 토머스 네이겔Thomas Nagel의 말마따나, '박쥐로 사는 것이 어떤 느낌인지'를 이해해야 한다는 것이다[1](네이겔은 반향정위echolocation, 즉 '소리로 세상을 보는' 박쥐의 예를 들며, 주관적 경험이 신경학적으로 서술될 수 없다고 주장했다.—역주). 물론 우리는 인간으로서의 삶이 어떤 느낌인지 알고 있지만, 도대체 왜 우리가 의식이 있는지, '인간으로 사는 느낌'이란 것이 왜 존재하는지, 주관적 · 경험적 특질이 어떻게 생성되는지는 알지 못한다. 그렇기에 의식 연구란 모든 철학의 기반인 반박 불가능한 증거, "나는 생각한다. 고로 나는 존재한다."라는 데카르트의 제1명제를 규명하는 일과도 같다.

아무리 엄밀한 객관적 서술도 의식적 경험을 온전히 설명할 수는 없다. 색깔을 예로 들어보자. 우리는 색 구별에 관한 신경 기제를 알고 있지만, 그 이론 속에 색깔의 느낌 그 자체가 담겨 있지는 않다. 그 어떤 시각 이론도 색맹 환자가 색을 경험하게끔 만들 수는 없다. 이에 관해서는 다음의 철학적 사고 실험이 유명하다. 메리Mary라는 이름의 신경과학자를 상상해보자. 메리는 선천적 색맹이지만, 색 구별의 원리를 비롯하여 시각계와 뇌에 관한 모든 것을 밝혀냈다. 그런 그녀가 우연히 색 지각 능력을 되찾는다면, 그녀는 자신이 알던 객관적 지식들이 색채 감각, 색깔을 보는 느낌 그 자체와는 천양지차였음을 알게 될 것이다. 놀랍게도 17세기 영국의 철학자 존 로크John Locke 역시 비슷한 문제 상황을 예견하였다.[2]

눈에 보이는 물체에 대해 몹시 알고 싶었던 어느 호기심 많은 시각 장애인이 있었다. 그는 서적이나 친구들의 도움을 받아 빛과 색의 이름을 알기 위해 노력했고, 언젠가부터는 '주홍색scarlet'의 의미를 이해했노라고 떠벌리고 다니기 시작했다. 한 친구가 그에게 주홍색이 뭐냐고 묻자, 그는 주홍색이 트럼펫 소리와 같다고 대답했다.

그 외에도 로크는 "하나의 사물이 여러 사람의 마음에 실제로 같은 관념을 발생시키는지, 즉 누군가가 제비꽃을 볼 때 생기는 관념이 또 다른 이가 매리골드를 볼 때 생기는 관념과 같지는 않을지" 의문을 던졌다.[3] 행동은 동일하지만 주관적 경험이 다른 경우에 관한 로크의 문제 제기는 오늘날 뒤집힌 스펙트럼Inverted Spectrum 논증과도 흡사하다.

일부 철학자들은 '좀비zombie의 존재 가능성'을 고찰하기도 했다. 철학적 좀비는 '우리와 똑같은 외양과 언행을 보이지만 의식이 없는 존재'로 정의된다(그러므로 '좀비로 사는 느낌' 같은 것은 존재하지 않는다.). 철학을 공부한 사람이라면, 자신을 제외한 세상 사람 모두가 좀비인 것을—물론 그것을 증명할 방법은 없겠지만—어렵지 않게 상상할 수 있다. 만일 그것이 사실이라 해도, 타인의 모든 행동은 신경생리학적으로 충분히 서술 가능할 것이다. 하지만 자기 자신을 서술하려면 어떻게 해야 할까? 우리 자신에게 의식이 있다는 사실 자체는 단연코 부정할 수 없다. 우리는 좀비가 아니다! 하지만 어떠한 객관적 서술도 일인칭적 · 현상적 경험이 생겨나는 원리를 설명할 수 없다. 이것이 의식 문제의 본질이다.

의식적 관찰자 그리고 몇 가지 방법론적 가정

의식의 정체를 만족스럽게 서술하여 세계의 매듭을 풀어내는 것은 영영 불가능한 일일까? 이 의식적 자각Conscious Awareness의 역설을 이론적으로나 실험적으로 해결할 비책이 있지 않을까? 그 해답을 얻기 위해서는 '과학적 설명Scientific Explanation'으로 무엇을 할 수 있고 무엇을 할 수 없는지 생각해볼 필요가 있다. 과학적 설명은 현상의 필요조건과 충분조건, 특성, 발생 조건과 이유 등을 말해줄 수 있지만 서술 대상을 직접 대체하지는 못한다. 객관적 대상에 대해서 이것은 너무나도 자명한 사실이다. 허리케인을 예로 들어보자. 허리케인의 특성과 메커니즘, 형성 조건 등에 관해서는 많은 이론이 존재한다. 하지만 그 이론이 허리케인이 되거나 허리케인을 일으킬 거라고 믿는 사람은 아무도 없을 것이다.

그렇다면 의식에 대해서도 같은 기준을 적용해야 하지 않을까? 언젠가는 의식이 어떠한 종류의 물리적 과정인지, 그 특성과 형성 조건은 무엇인지 밝혀질 것이다. 의식이라고 해서 관련된 신경 과정을 과학적으로 서술하지 못할 까닭은 전혀 없다. 그렇다면 의식은 왜 이리도 특별한 것일까? 그것은 바로 의식과 과학적 관찰자 사이의 특수한 관계 때문이다. 일반적인 과학 분야와는 달리, 의식 연구자들은 자기 자신과 관련된—의식적 관찰자로서의 자신과 동일한—신경 과정을 분석해야 한다. 따라서 의식 연구자들은 다른 과학자들처럼 의식적 관찰자, 즉 연구자 자신을 암묵적으로 배제할 수 없다(그림 2.1).

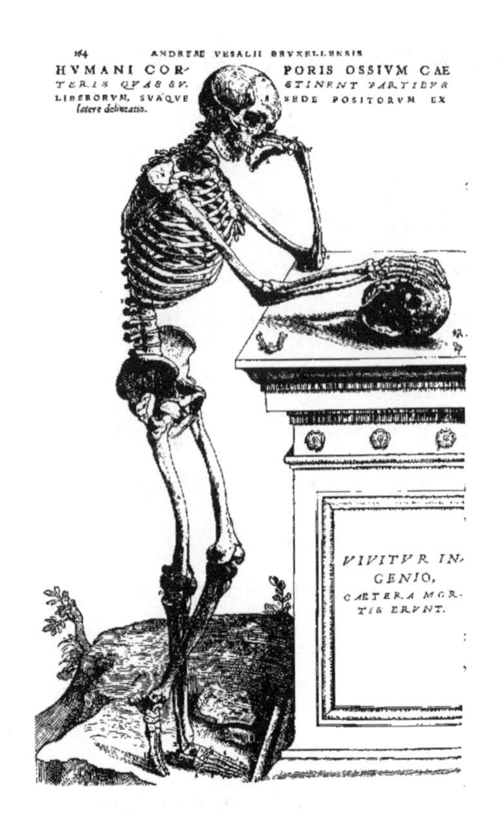

〈그림 2.1〉 두개골을 관찰하는 해골 안드레아스 베살리우스의 조판화 모음집 『인체의 구조De Fabrica Humani Corporis』(1543년)에서 발췌. 해골의 구도와 자세를 보면 이 작품의 제목을 '생각하는 사람과 그의 생각'으로 붙여도 무리가 없을 듯싶다.

앞서 살펴본 물의 예시처럼, 일반적인 사물은 '상식'과 '과학'이라는 두 가지 방식으로 서술될 수 있다. 하지만 의식에 관해서는 우리 자신이 과학적 서술의 대상이다. 여러 철학적 역설과 장애물을 극복하고 의식의 본질 · 특성 · 발생 조건 등을 만족스럽게 설명하기 위해서는, 의식이 이러한 독특한 인식론적 지위에 놓여 있다는 사실을 인정하고, 그에 맞는 새로운 서술 기법을 고안해야 한다. 이를 위해서는 '관찰자가 의식을 탐구하는 방식'도 재정립되어야 하는데, 그에 관해서는 책의 후반부에서 다시 살펴보자.

의식 연구를 위한 새로운 서술 기법을 제시하기에 앞서, 저자들이 방법론적 토대로 삼고 있는 세 가지 작업 가정Working Assumption인 물리적 가정Physics Assumption, 진화적 가정Evolutionary Assumption, 감각질 가정Qualia Assumption을 소개하고자 한다.

첫째, 물리적 가정은 이원론에 기대지 않고도 현재까지 알려진 물리적 과정에 의거하여 의식을 충분히 설명할 수 있다는 것이다. 이 책에서 저자는 의식이 뇌의 특정한 구조와 동역학Dynamics(뇌 활동 패턴의 시간에 따른 변화)으로부터 출현하는 물리적 과정의 일종이라고 가정하였다. 이 물리적 과정은 과연 무엇일까? 다음 장에서는 모든 의식적 경험이 가진 보편적이고도 기본적인 몇 가지 속성이 소개된다. 가령 의식적 경험은 통합되어 있으면서도(의식 상태는 독립된 요소들로 쪼개질 수 없다.) 고도로 분화되어 있다(경험 가능한 의식 상태의 가짓수는 무수히 많다.). 우리가 해야 할 일은 그 속성들을 동시에 만족시키는 물리적 과정을 찾는 것이다.

둘째, 진화적 가정은 의식이 동물계 내부의 자연 선택 과정에서 진화했음을 의미한다. 여기에는 의식이 모종의 생물학적 구조와 연관되어 있다는, 더 구체적으로는 의식이 특정한 형태학적 구조가 만들어낸 동역학적 과정에 의해 발생한다는 속뜻도 담겨 있다.

진화적 선택압이 종의 외형을 결정한 것처럼, 의식 역시 자연선택의 결과로 탄생했다. 더군다나 의식은 개체의 행동을 바꾸어 거꾸로 자연선택에 영향을 끼치기도 했다. 즉 의식은 진화적으로 유용하다. 게다가 진화적 가정은 의식이 비교적 최근에 생겨났으며, 일부 동물종만이 의식을 갖고 있음을 시사한다. 의식이 진화의 결과물임을 받아들이면, 의식을 단순히 계산의 부산물로 치부하거나 신경학적 근거들을 무시한 채 양자 중력과 같은 해괴한 개념들로 설명하려 드는 헛수고를 피할 수 있다.

셋째, 감각질 가정은 과학 이론만으로 의식의 주관적 · 질적 측면을 타인과 직접 공유할 수 없음을 뜻한다. 의식은 본질적으로 사적private인 데 반해, 과학 이론은 공적public이고도 간주관적intersubjective, 間主觀的이다. 그렇다고 해서 의식의 필요조건이나 충분조건을 서술하기가 아예 불가능한 것은 아니다. 감각질 가정은 단지 의식을 서술하는 것이 의식을 생성하거나 경험하는 것과 같지 않음을 의미할 뿐이다. 후술하겠지만, 저자는 감각질이 뇌라는 복잡계가 감각 신호를 다차원적으로 변별해낸 결과물이라고 생각한다. 그렇다면 감각질의 창발을 분석하거나 묘사하는 것도 얼마든지 가능할 것이다. 하지만 감각질을 인공적으로 만드는 것은 적절한 두뇌 구조와 동역학을 개체의 몸 안에 구현해내지 않고서는 불가능한 일이다. 감각질 가정을 받아들이면, 진정한 의식 이론이 그 자체로서 의식적 경험을 가져야 한다거나, 의식에 관한 과학적 서술과 가설을 익히면 그와 관련된 감각질을 직접 경험할 수 있을 거라는 그릇된 믿음에서 벗어날 수 있다.

위 세 가지 가정의 철학적 함의를 설명하려면 존재론과 인식론의 모든 문제를 전부 다루어야 한다. 하지만 그것은 이 책의 주목표에서 벗어나는 일이므로, 관련된 철학적 논의는 마지막 장에 모아두었다. 그 대신 여기서는 세 가지 가정에서 파생되는, 의식과 관련된 주요 요소 사이의 선후 관계를 짚어보고자 한다. 이러한 관계 정립을 통해 철학적 담론에 필요 이상으로 매몰되지 않음은 물론, 의식 문제의 정체를 더 올바르게 이해하게 될 것이다.

존재Being와 서술Describing 존재가 먼저이고, 서술은 그다음이다. 의식은 물리적 과정이므로 (그것이 어떠한 과정이든) 오직 체화된 존재Embodied Being만이 개별자individual로서 의식을 경험할 수 있다. 그 어떤 형식적 서술도 의식적 감각질의 개인적 · 주관적 경험을 대신할 수 없다. 물리학자 슈뢰딩거Schrödinger의 말마따나, 과학 이론 속에는 감각이나 지각이 담겨 있지 않다. 서술에서 존재를 창출하는 것은 애초에 불가능하며, (진화 가정이 시사하듯) 실제로도 그런 일은 일어나지 않았다. 존재론적으로든 연대학적으로든, 존재는 서술에 우선한다.

행위Doing와 이해Understanding 생물학자들이 밝혀낸 바에 따르면, 학습을 포함한 인간의 지적 활동 중 대다수는 행위가 이해에 선행한다.[4] 그 증거는 동물 학습에 관한 연구(동물들은 논리 없이도 문제를 해결한다.), 전두엽Frontal Cortex의 병변에 관한 심리생리학적 연구(논리 없이도 최적의 전략을 고를 수 있다.).[5] 인공 문법 연구(규칙을 몰라도 규칙에 따를 수 있다.), 각종 인지 발달 연구(구문론Syntax을 몰라도 말을 익힐 수 있다.)에서 발견된다. 간혹 인간처럼 언어를 구사하는 동물은 그 순서가 뒤집히기도 하지만, 일반적인 동물에게는 이해보다 행동이 먼저다. 여기서 우리는 체화와 행위의 중요성을 고려하지 않고, 지각과 행동을 프로그램의 출력물로만 취급하는 일부 물리학자와 인공지능 연구자들의 관점이 틀렸음을 알 수 있다.

자연선택론Selectionism과 논리Logic 물리적 가정과 진화적 가정을 활용하면 역사적 · 실증적 · 존재론적 차원에서 무엇이 선행물이고 무엇이 부산물인지를 명징하게 판단할 수 있다. 논리는 인간이 가진 가장 강력하고도 섬세한 능력이다. 그러나 진화적 가정에 따르면 논리는 의식의 필요조건이 아니다. 컴퓨터는 논리적으로 구성되어 있고 논리에 따라 작동하는 반면, 신체와 뇌가 출현하기 위해서는 논리가 필요치 않다. 고차적 뇌 기능을 창발시킨 것은 논리가 아닌 자연선택과 그 밖의 진화적 메커니즘이었다. 논리가 이 세상에 등장하기 한참 전부터, 뇌는 자연계의 진화와 유사한 선택론적 원리에 따라 동작하고 있었다. 이 관점은 '자연선택론'이라 불리며,[6] 저자들도 여기에 동의한다. 자연선택은 논리에 선행한다. 책의 후반부에서 우리는 뇌가 자연선택적 원리와 논리적 원리 모두를 활용하고 있음을 확인하게 될 것이다. 하지만 지금은 두 가지 사실만 밝혀두고자 한다. 첫째, 자연선택의 원리가 뇌에도 적용될 수 있다는 것. 둘째, 논리는 각 개인에 의해 후천적으로 습득된다는 것. 이것을 기억하면 계산주의로 인한 역설을 피할 수 있다.

규명 대상

신경과학자 찰스 셰링턴과 철학자 버트런드 러셀은 의식 문제를 서술하기 위해 동일한 예시를 활용하였다. 빛줄기가 눈에 들어와 전기적 · 화학적 연쇄반응을 일으키고, 마침내 뇌의 최상부에서 어떠한 '효과'를 만들어낸다는 것이다. 셰링턴이 지적하였듯, 마지막에 일어나는 그 변화는 "앞선 과정들과는 전혀 다른, 설명 불가능한 무언가"이다. 우리 각자는 빛을 의식적으로 본다. 본다는 것은 주관적이며, 그것에 선행 혹은 수반되는 물리적 과정과는 본질적으로 다르다. 이것이 바로 의식의 특별한 문제, 즉 세계의 매듭이다.

때로는 올바른 질문이 최선의 해결책이 되기도 한다. 질문을 제대로 세우려면 문제 상황을 가장 명료하게 보여주는 예시를 찾는 것이 좋다. 셰링턴과 러셀의 예시를 적용하면, 의식 문제를 다음과 같이 재정의할 수 있다. 빛의 유무를 구별하는 광다이오드photodiode 회로와 같은 간단한 물리적 장치를 의식을 가진 인간과 비교해보자.[7] 왜 인간이 빛과 어둠을 식별할 때는 의식적 경험이 일어나는데, 광다이오드의 경우에는 그렇지 않을까? 온도에 따라 저항이 변하는 회로 소자인 서미스터thermistor의 경우도 마찬가지다. 서미스터가 온도를 감지할 때는 주관적 혹은 현상적 특질이 생성되지 않지만, 인간이 온도를 감지할 때는 차가움, 뜨거움, 심지어 아픔까지도 의식된다. 이 차이는 어디에서 기인하는가?

신경학적 관점에서 보면 이 문제는 한층 더 매력적이고도 불가사의하게 다가온다. 물리적 존재인 뉴런이 이른바 의식적 경험이라는 사적 · 현상적 상태를 변화시킬 수 있다는 것은 실로 놀라운 일이다. 의식을 변화시키는 능력을 지닌 뉴런은 전체 뉴런 중 일부에 지나지 않는다. 고차 시각계 뉴런 가운데 일부는 의식과 직접적인 관련이 있지만, 빛의 밝기를 감지하는 망막의 뉴런은 그렇지 않다. 게다가 우리는 뜨거움과 차가움은 의식할 수 있어도, 혈압의 높고 낮음은 의식하지 못한다. 체온 조절 회로에 못지않게 복잡한 신경회로들이 혈압 유지에 관여하고 있는데도 말이다. 그렇다면 특정 뉴런의 위치 혹은 해부학적 · 생화학적 특징이 돌연 우리로 하여금 주관적 경험의 풍미, 즉 감각질을 느끼게끔 하는 까닭은 무엇일까? 이것이 의식적 경험과 관련된 문제의 본질이다.

이 문제를 해결하기 위해서는 새로운 전략이 필요하다. 의식 현상은 너무나도 다양하기 때문에, 모든 뇌 기능—다양한 지각, 심상, 생각, 감정, 기분, 주의, 의지, 자의식 등—을 한꺼번에 설명하기란 불가능에 가깝다. 그 대신 저자는 의식의 보편 속성에 주목하고자 한다. 모든 의식 상태는 단일성unity—각 의식 상태는 하나의 의식으로서만 경험되며, 독립적인 요소들로 쪼개질 수 없다.—과 정보성

informativeness—무수히 많은 의식 상태 중 한 가지가 1초에 몇 번씩이나 선택되며, 각 상태는 서로 다른 행동적 결과를 초래한다.—을 동시에 갖고 있다. 저자는 이 두 가지 속성의 의미를 막연한 비유법이 아닌 명확한 이론에 기초하여 제시하고자 하며, 이를 분석하기 위한 모델, 개념, 측정법도 소개할 것이다. 저자들의 전략은 의식을 일종의 과정—사적이고 선택론적이며, 연속적이면서도 끊임없이 변화하는—으로 바라본 윌리엄 제임스의 선구자적인 통찰에 그 뿌리를 두고 있다.

〈그림 2.2〉 위대한 심리학자이자 철학자인 윌리엄 제임스. 그가 저술한 『심리학의 원리The Principle of Psycholgy』는 의식적 사고의 여러 속성을 다각도로 상술한 역작이다.

앞으로 우리가 몇 장에 걸쳐 살펴볼 신경 과정들은 의식의 기본 속성과 단순히 상관correlate되기만 한 것이 아니라, 그 속성을 실제로 설명할 수 있다. 신경과학자들은 이미 의식적 경험과 상관관계가 있는 신경 구조들을 상당수 찾아냈다(당연하게도, 학자마다 언급하는 구조가 각기 다르다.). 물론 특정 신경 구조가 의식에 일정 부분 관여할 수는 있을 것이다. 하지만 그 이유를 해당 구조의 해부학적 위치나 특정 뉴런의 내재적 속성에서 찾는 것은 범주 오류에 해당한다.[8] 의식을 이해하려면 뇌의 특정 영역뿐만 아니라 신경 과정까지 들여다보아야 한다. 또한 그 신경 과정은 의식이 가진 기본 속성까지도 설명해줄 수 있어야 한다.

3장

누구나 가진 나만의 극장: 쉼 없는 단일성, 끝없는 다양성

*의식의 신경 기반을 밝히기 위한 여정의 첫걸음은 모든 의식 상태가 가진 일반적 속성을 파악하는 일이다. 의식의 첫 번째 속성은 통합성*integration *혹은 단일성*unity *이다. 통합성이란 경험자가 의식 상태를 독립적인 요소들로 쪼갤 수 없음을 의미한다. 우리는 앞사람과 언쟁을 벌이면서 거스름돈이 얼마인지 계산하는 것처럼 한 번에 두 가지 이상의 동작을 의식적으로 수행하지 못한다. 두 번째 속성은 경이로운 수준의 분화성*differentiation *혹은 정보성*informativeness *이다. 뇌에서는 서로 다른 수억, 수조 가지의 의식 상태 중 하나가 1초에 몇 번씩이나 선택되고 있다. 이처럼 우리 뇌는 단일성과 일관성*coherence*을 유지하면서도 천문학적인 규모의 다양성을 처리해야 하는, 다시 말해, 단일성의 토대 위에서 복잡성을 구현해야 하*

는 역설적 상황에 처해 있다. 그것이 어떻게 가능한지를 보여주는 것이 저자들의 목표다.

의식 현상의 범위와 다양성은 인간이 경험하거나 상상할 수 있는 모든 것을 아우른다. 의식은 우리 모두에게 주어진 자신만의 극장과도 같다. 수많은 학자들이 의식의 구성 요소를 범주화하기 위해 분투하였으며, 의식의 구조를 해독하고자 했던 이들의 노력으로부터 모든 철학 체계가 태동했다고 해도 과언이 아니다. 의식적 경험은 몇 가지 분명한 특징이 있다. 첫째, 의식 상태는 감각적 지각물Sensory Percept, 심상image, 생각thought, 내적 언어Inner Speech, 감정적 느낌Emotional Feeling, 의지will, 자아self, 익숙함에 관한 느낌familiarity에 관한 느낌 등으로 구성되어 있다. 의식 상태를 이루는 정신적 요소의 조합은 그야말로 무궁무진하다. 의식적 경험의 대표적인 구성 요소인 감각적 지각물은 시각, 청각, 촉각, 후각, 미각, 고유감각proprioception(몸에 관한 느낌), 운동감각kinesthesia(자세에 관한 느낌), 쾌락, 고통 등 다양한 양식modality으로 이루어져 있다. 또한, 시각 경험이 색깔, 형태, 움직임, 깊이 등으로 나뉘는 것처럼 각 감각 양식은 다시 수많은 하위 양식Submodality으로 세분될 수 있다(그림 3.1).

생각, 내면의 목소리, 의식적 상상과 같이 뇌의 내부에서 생성된 신호도 의식적 장면을 구성할 수 있다. 물론 이러한 내부 신호들은 감각적 지각물보다 생생함이나 자세함이 떨어진다. 꿈을 꿀 때는 내부 신호만으로 의식적 경험이 형성되기도 한다. 꿈속의 의식과 깨어 있을 때의 의식은 놀라우리만치 닮아 있다. 물론 꿈속의 자아는 현실과 달리 의심이 적고, 시야가 좁으며, 자아성찰Self-Reflectiion을 하지 못한다. 하지만 꿈과 현실의 의식은 시각적 대상과 장면을 식별하고 언어를 이해할 수 있다는 공통점이 있다. 아주 생생한 꿈을 꿀 때 우리는 심지어 그 꿈을 실제 사건으로 착각하기도 한다.[1]

〈그림 3.1〉 〈석양의 처녀림〉(앙리 루소Henri Rousseau, 1910년, 바젤 쿤스트 박물관 소장)에 등장하는 우거진 풀은 두뇌 작용의 질서와 복잡도를 상징한다.

둘째, 의식은 때에 따라 능동적 상태와 수동적 상태를 오갈 수 있다. 거리를 여유롭게 거닐면서 동네의 경치를 구경할 때처럼 아무 데도 주의가 가해지지 않는 수동적 의식 상태에서는 감각 신호가 의식을 자유로이 채우며 의식은 많은 정보를 수용한다. 감각 입력이 끊임없이 유입되는 와중에 특정한 정보를 찾아내야 할 때 지각은 행동지향적Action-Oriented 행위로 변모한다. 수동적 지각과 능동적 지각의 차이는 영어를 비롯한 다양한 언어에서도 확인된다. 보기seeing와 지켜보기watching, 듣기hearing와 귀기울이기listening, 느끼기feeling와 만지기touching가 구별되는 것이 그 예다. 주의를 전환하거나 무언가를 찾을 때, 기억을 떠올리려 애쓸 때, 작업 기억Working Memory에 숫자나 생각을 저장할 때, 암산이나 상상, 깊은 번민에 빠질 때, 계획을 세우거나 그 결과를 예측할 때, 행동을 시작하거나 여러 선택지 중 하나를 고를 때, 의지를 발휘하거나 위기에서 벗어나려 힘쓸 때, 의식은 능동적이며 우리의 노력을 요한다. 그래서 우리는 그 순간을 자각할 수 있다.

셋째, 대다수 의식 상태는 시간과 공간, 신체에 대한 자각을 포함한다. 또한, 의식은 익숙함과 낯섦, 옳고 그름, 만족과 불만족 등을 분간하는 척도로도 기능한다. 이러한 의식의 섬세한 구별 기준들은 문화와 예술의 원천이 되었다.

넷째, 의식적 경험은 제각기 다른 강도intensity를 가질 수 있다. 나른한 선잠에 빠진 상태부터 전투 작전 중인 비행 조종사의 초경계hypervigilant 상태에 이르기까지 의식에는 다양한 각성alertness 단계가 존재한다. 여기에는 특정한 의식적 경험을 선택하거나 차등적으로 증폭하는 능력인 '주의'가 개입한다. 이에 따라 감각 지각의 명료함도 달라진다. 또한, 의식은 기억과도 불가분의 관계에 있다. 일부학자들은 수백 밀리초 동안 지속되는 즉시 기억Immediate Memory이 바로 의식 그 자체라고 주장하기도 한다. 전화번호, 문장, 공간상의 위치 등의 의식적 내용물을 수 초간 '마음에 담아두고' 조작하는 능력인 작업 기억도 의식과 밀접하게 관련되어 있다.

의식적 경험의 여러 양상은 원하는 만큼 무한히 세분될 수 있다. 예술 작품을 감상하는 것, 와인을 구별하는 것, 자유의지의 행사, 사고의 집중, 순수한 지각 상태에 도달하는 것 등 의식적 경험의 모든 측면을 정리하고 분석하는 것은 평생을 다 바쳐도 모자란 일이다.

의식이 이렇게나 풍부한 현상학적 특징을 가지고 있다는 것은 분명 흥미로운 사실이다. 그러나 이 책에서는 의식의 이러한 다양한 측면들을 더 다루지 않을 것이다. 의식적 경험의 양식과 내용물은 (무한하지는 않을지라도) 우리의 상상을 뛰어넘는 엄청나게 다양한 형태를 취할 수 있다. 하지만 저자는 의식이라는 극장에서 벌어지는 공연 하나하나에 주목하기보다는, 모든 의식 상태가 공유하는 원리에 집중하고자 한다. 마치 삼일치의 법칙Three Unities—시간, 공간, 사건—에 기반하여 프랑스의 고전 연극을 파악할 수 있는 것처럼 말이다. 이 장에서는 의식적 경험의 세 가지 기본 속성인 사적성privateness, 私的性(공공성publicness의 반의어로, 타인과 공유될 수 없음을 뜻하는 말이다. 이와 정확히 일치하는 한국어로 된 개념이 없어 본 도서에서는 원문의 뜻을 최대한 살려 '사적성' 또는 '공유 불가능성'으로 번역하였다.—역주), 단일성, 정보성에 관해 알아본다.

누구도 막을 수 없는 존재의 완전함: 의식적 경험의 사적성, 단일성, 일관성

찰스 셰링턴은 그의 역작 『신경계의 통합적 활동The Integrative Action of The Nervous System』의 서문에서 의식의 개인성과 단일성을 다음과 같이 유려하게 풀어냈다. "우리가 살아가는 매일매일은 '자아'라는 주인공이 희극이나 개그, 때로는 비극을 펼치는 무대와 같다. 죽음이라는 커튼이 내려오지 않는 한 이 공연은 계속된다. (중략) [의식적 자아에는] 여러 측면이 있지만, 가장 중요한 것은 통합성이다." 윌리엄 제임스 역시 통합성과 사적성이 의식의 최우선 속성임을 잘 알고 있었다. 몇몇 동양 종교에서 말하는 바와는 달리, 제임스는 각 의식적 사건이 타인과 공유될 수 없으며 단일한 '관점'과 명확한 경계를 지닌 개인적 과정이라고 주장했다.

> 이 방에는—예를 들어, 이 강의실 안에는—여러분과 나의 것을 비롯한 수많은 생각이 존재한다. 이들 중에는 서로 들어맞는 것도 있고, 아닌 것도 있을 것이다. 생각들은 서로 독립적이지도, 그렇다고 모두 한데 묶여 있지도 않다. 분리된 생각이란 존재하지 않으며, 각각의 생각은 특정한 다른 생각과 이어져 있다. 내 생각은 과거의 생각들과 이어져 있으며, 당신의 생각도 마찬가지다. (중략) 우리가 일반적으로 경험할 수 있는 의식 상태는 개인적인 의식, 마음, 자아, 특정한 '나'와 '너'의 형태뿐이다. (중략) 의식에 관한 보편적인

사실은, "느낌과 생각이 존재한다"는 것이 아니라, "내가 생각하고", "내가 느낀다"는 것이다.[2]

셰링턴과 제임스는 개별적 자아Individual Self의 개념을 통해 의식적 경험의 사적성을 설명하였다. 자아는 자전적인autobiographical 혹은 일화적인episodic 기억을 지니고 있으며, 따라서 과거와 미래라는 개념을 이해할 수 있다. 유년기의 인간은 단순한 주관성만을 지닌 사적 존재에 불과하지만, 성장 과정에서 한 명의 개인이자 주체로 변모하며, 자아가 없는 상태로 되돌아가는 것은 불가능하다. 우리 인간은 스스로에게 자각이 있다는 사실과 자신의 결정이 스스로의 경험과 계획에 기초한다는 것을 자각하는 행위자agent이다.

셰링턴의 지적처럼, 의식의 사적성은 의식의 단일성과 밀접한 연관이 있다. 의식 상태가 통합되어 있다는 것은 의식 상태의 경험이 그 부분의 합보다 크다는 것을 의미한다. 연인의 따뜻한 손길을 느끼든, 광란의 축제 속에서 날뛰든, 깊은 사색에 빠지든, 말도 안 되는 꿈을 꾸든, 특정한 의식 상태는 각종 정보가 단일하고 일관적인 총체로 통합됨으로써 생성되며, 이는 항상 부분의 합보다 크다.

'전체가 부분의 합보다 크다.'는 것을 다르게 표현하면 이렇다. 의식 상태를 이루는 각 요소는 서로 긴밀하게 연결되어 있기 때문에 독립적인 성분들로 완전히 분해될 수 없다. 만약 당신이 순간노출기tachistoscope를 통해 1초 미만의 아주 짧은 시간 동안 17이라는 숫자를 보았다고 상상해보라. 이 자극으로 촉발된 의식 상태는 단순히 1을 보는 상태와 7을 보는 상태를 합친 것과는 다르다. 숫자 17을 보는 단일한 경험을 1과 7이라는 독립적인 요소로 쪼개는 것은 불가능하다.

이는 분리뇌Split Brain 환자를 대상으로 한 실험에서 더욱 극명하게 드러난다.[3] 시야의 좌 · 우측 화면에 여러 개의 표식을 차례로 제시하면 오른쪽 시야의 내용은 왼쪽 뇌반구hemisphere로, 왼쪽 시야의 내용은 오른쪽 뇌반구로 유입된다. 분리뇌 환자들은 표식을 양쪽 화면에 동시에 제시하더라도 어렵지 않게 표식의 위치와 순서를 기억한다. 이는 그들의 두 대뇌반구가 좌우 시야를 독립적으로 지각하기 때문이다(물론 정상인 두 명을 데리고 한 사람은 왼쪽, 한 사람은 오른쪽 시야를 기억하게 해도 같은 결과가 나올 것이다.). 하지만 정상인의 뇌는 두 가지 정보를 단일한 의식적 장면으로 조합하기 때문에 좌우의 시각 신호를 단순히 독립적인 두 가지 과제의 합으로 처리하지 못한다. 두 개의 과제는 이전보다 훨씬 풀기 힘든 하나의 과제가 되어버린다. 본디 이 실험의 목적은 대뇌반구의 연결이 끊어졌을 때 어떤 현상이 일어나는지를 살펴보는 것이었다. 하지만 이 실험은 거꾸로 정상인의 뇌에서 단순하고 독립적인 지각 시스템인 두 대뇌반구가 뇌량Corpus Callosum이라는 거대한 신경섬유 다발로 연결되어 하나의 직렬적 지각 시스템으로 기능하고 있음을 보여준다.

의식적 경험의 단일성은 지각적 사건의 일관성과도 밀접한 관련이 있다. 심리학 교과서를 들여다보면 네커 큐브Necker Cube, 루빈의 꽃병Rubin Vase, 여인과 노파Young Lady-mother-in-law 등 여러 가지

다의도형Ambiguous Figure을 발견할 수 있다. 이러한 다의도형에는 두 가지 서로 비일관된 장면이나 사물이 숨어 있다. 하지만 우리의 의식은 한 번에 오직 한 가지 해석만을 지각할 수 있으며, 두 가지 해석을 동시에 자각하는 것은 불가능하다(그림 3.2). 우리의 의식 상태는 내부적으로 일관성을 유지하고 있으므로, 하나의 특정한 지각 상태가 발생함과 동시에 또 다른 상태가 일어날 수 없다.

〈그림 3.2〉 둘만의 밀담Tête À Tête 다의도형의 예시(관점에 따라 한 사람의 얼굴로도, 마주 보는 두 사람의 얼굴로도 보인다.—역주).

의식 상태의 일관성은 동음이의어를 읽을 때도 드러난다. 영어 단어 mean은 '평균'과 '저열한'의 의미를 함께 갖고 있지만, 우리는 맥락에 따라 여러 뜻 중 하나만을 의식한다.

이질적인 성분들로부터 일관된 의식적 장면을 구성하려는 경향은 의식의 모든 단계와 양식에서 나타난다. 양안 융합Binocular Fusion이 대표적인 예다. 인간의 두 눈은 코를 사이에 두고 가로로 살짝 떨어져 있기 때문에 서로 다른 장면을 받아들인다. 하지만 우리는 두 장면이 일관되게 합쳐진 하나의 장면을 지각한다. 게다가 두 장면의 차이는 깊이에 관한 정보로써 활용된다. 만일 두 눈에 제시된 이미지가 서로 합치하지 않으면, 즉 전혀 다른 두 사물을 보여주면, 양안 융합이 아닌 양안 경쟁Binocular Rivalry이 발생하게 된다. 의식은 두 사물이 겹쳐진 비논리적인 모습을 지각하기보다는, 두 사물을 한 번에 하나씩 번갈아 보는 편을 택한다. 감각 신호가 융합될지 억제될지는 정보의 일관성에 의해 결정된다. 나중에 살펴보겠지만, 양안 경쟁 현상은 의식의 신경상관물 연구에도 유용하게 활용할 수 있다.

의식의 단일성과 일관성은 의식의 용량 제한과도 긴밀히 연결되어 있다. 우리는 한 번에 여덟 자리 이상의 숫자를 기억하거나 네 개 이상의 사물을 눈으로 좇지 못한다. 이를 확인하고 싶다면 동영상 두 편을 동시에 시청해보라. 인간의 지각적 · 인지적 한계를 여실히 느낄 수 있을 것이다. 사실 우리가 경험하는 의식적 장면은 우리의 생각만큼 풍성하지도 자세하지도 않다. 높은 곳에 올라 나무와 집, 사람들을 내려다볼 때나 관현악단의 풍성하고도 섬세한 공연을 감상할 때, 우리는 스스로 그 장면의 모든 특징을 한꺼번에 지각할 수 있다고 여긴다. 하지만 시각 신호가 제시되는 시간이 안구가 움직이는 시간보다 짧다면, 또한 그 장면이 기존의 기억과 연관성이 없는 새로운 자극인 경우, 우리가 정확하게 보고할 수 있는 독립적 특징, 소위 '의미덩이Chunk'의 수는 4~7개를 넘지 못한다. 예를 들어, 4행 3열로 배열된 총 12개의 숫자를 0.15초 미만의 시간 동안 짧게 보여주면 피험자의 망막에는 모든 숫자들의 정보가 유입되며 피험자 자신도 총 12개의 숫자를 보았다는 사실을 자각한다. 그러나 피험자는 (위치와는 상관없이) 한 번에 최대 4개의 숫자만을 의식적으로 보고할 수 있다. 후술하겠지만, 이러한 용량 제한이 생기는 이유는 의식 상태의 정보 내용Information Content의 한계 때문이 아니라, 단일한 의식 상태가 통합성과 일관성을 유지하면서 구별할 수 있는 독립된 대상의 수가 유한하기 때문이다.[4]

의식의 통합성 때문에 생겨나는 이러한 용량 제한은 일상의 행동에서도 확연하게 드러난다. 우리는 말싸움을 하면서 계산서의 총액을 계산하거나, 전화번호를 되뇌면서 지도에서 목적지를 찾는 것처럼 한꺼번에 두 가지 동작을 하는 걸 어려워한다. 두 과제 중 하나가 습관화 · 자동화되지 않는 한 간섭은 해소되지 않기 때문이다. 우리는 아무리 쉬운 판단이라도 수백 밀리초 이내에 두 가지 이상의 문제에 답을 결정하지 못한다.[5] 또한, 두 가지 소리와 두 가지 모양을 동시에 구별하지 못한다. 첫 번째 과제를 해결하고 반드시 0.1~0.15초가 지나야 다음 과제를 시작할 수 있다. 이른바 '심리적 불응기Psychological Refractory Period'라고도 불리는 이 시간 간격은 개별 의식 상태의 지속 시간과도 유사하다. 심리적 불응기를 없애는 것은 근본적으로 불가능하다. 일반적인 행동은 반복을 거듭하면 자동화될 수 있지만, 의식적 결정 자체는 자동화될 수 없다. 다시 말해, 의식 상태는 통합성을 얻은 대가로 용량이 제한되었다. 우리가 한 번에 여러 가지 동작을 할 수 없는 것은, 의식이 부분의 합으로 환원될 수 없기 때문이다.

마지막으로, 의식 상태는 매우 안정적이다. 의식의 내용물은 계속 변화하지만(제임스는 이를 나뭇가지에 잠시 앉았다 날아가는 새의 모습Perches And Flights에 비유했다.), 우리가 경험하는 의식적 장면은 연속적이고도 균일하다. 이러한 의식 상태의 안정성과 일관성 덕분에 우리는 주변 세계의 모습으로부터 의미를 도출하거나 결정을 내리고 계획을 세울 수 있다.

위기 속의 통합: 신경심리학에서 얻은 교훈

의식적 경험의 단일성은 병리적 조건에서도 유지된다. 신경심리학적인 장애가 발생하면 의식은 휘거나 쪼그라들고 심지어 갈라지기도 하지만, 그 일관성까지 무너지지는 않는다. 자신의 몸이 마비되었다는 사실을 받아들이지 못하는 소위 질병불각증Anosognosia이 그 예다. 우뇌에 뇌졸중이 발생하면 좌반신이 마비되고 감각이 사라진다. 그런데 일부 환자들은 좌반신이 움직이지 않는다는 것을 인지하고 나면, 왼쪽 팔다리를 자신의 일부가 아닌 외부의 사물처럼 취급한다. 또 다른 예로는 안톤 증후군Anton's Syndrome이 있다. 안톤 증후군은 후두부에 손상을 입어 눈이 먼 환자 중 일부가 자신이 실명했음을 인식하지 못하는 현상이다. 이처럼 의식은 '구멍'이나 불연속적 상태를 극도로 기피한다. 이는 분리뇌증후군에서도 관찰된다. 뇌량이 절단되고 나면 두 뇌반구는 각각 정중앙을 기준으로 좌우 절반의 시야만을 지각할 수 있다. 하지만 분리뇌 환자들의 시야가 반으로 나뉘거나 가운데에 경계가 생기는 일은 벌어지지 않는다. 오히려 이들은 얼굴 사진 중 오른쪽 절반만 보고서도 얼굴 전체를 보았다고 느낀다.[6]

우측 두정엽이 손상되면 편측무시Hemineglect라는 아주 특이한 신경심리학적 증후군이 발생할 수 있다(그림 3.3). 편측무시 환자는 모든 사물의 왼쪽 면만을 자각한다. 옷을 입을 때도 오른쪽만 입고, 면도할 때도 오른쪽 수염만 깎으며, 아이스크림이라는 단어는 크림으로, 풋볼이라는 단어는 볼로 읽는 등 왼쪽에 제시되는 모든 감각적 자극을 무시해버린다.[7] 고작 하루 전 우측 두정엽에 발생한 뇌졸중이 세상의 왼쪽을 지각할 능력을 앗아갔지만, 환자의 의식이 재빨리 그 구멍을 감싸 숨겨버리기 때문에 그는 아무런 이상도 느끼지 못한다. 비유하자면, 이는 심장의 한 귀퉁이를 잘라내고 가장자리를 꿰맨 뒤에도 심장이 원래의 기능 그대로 박동을 계속하는 것과 같은 이치다.

〈**그림 3.3**〉 두정엽이 손상된 좌측 편측무시 환자에게 a를 베껴 그리게 하면 b와 같은 결과물을 내놓는다.

이 환자들의 주관적 경험을 우리가 직관적으로 상상하기란 쉽지 않다. 심각한 뇌졸중이나 큰 절제 수술 이후에도 인간의 의식은 새로운 조건에 따라 빠르게 '재합성' 혹은 재통일된다. 비록 그것이 정상인의 관점에서는 부자연스럽게 뒤틀려 있을지라도 그렇다. 의식적 사건의 관계망은 불연속적이거나 고장 난 채로 방치되는 법이 없으며, 풀린 매듭을 재빨리 동여매어 터진 곳을 메운다. 통합을 향한 의식의 의지가 너무나도 강력하기 때문에, 커다란 간극이 있더라도 우리는 이를 절대로 지각하지 못한다. 요컨대 뇌는 '느낌의 부재'는 허용할지라도, '부재의 느낌'은 허용하지 않는다. 앞서 언급된 여러 증후군은 기저의 신경 메커니즘이 그다지 잘 밝혀지지 않았으며, 이들이 단일한 메커니즘으로 설명될 가능성도 낮다. 하지만 의식이 쪼그라들면서도 통합성과 일관성을 유지하는 것을 보면, 의식 기저의 신경 과정이 손상을 입은 후에 의식이 대응하는 방식은 비슷한 것으로 추측된다.[8]

비할 데 없는 존재의 풍부함: 의식적 경험의 복잡성과 정보성

의식의 또 다른 기본 속성은 엄청난 분화성과 정보성이다. 의식 상태의 정보성은 의식이 한꺼번에 얼마나 많은 정보 '덩이'를 저장할 수 있느냐가 아니라, 발생 가능한 상태의 종류가 얼마나 다양한가에 따라 결정된다.[9] 우리가 매 순간 경험하는 의식 상태는 서로 다른 행동을 초래할 수 있는 수억, 수조 가지 사건 중 하나다. 일생 동안 당신이 얼마나 많은 사람, 그림, 영상을 마주하게 될지 상상해보라(그림 3.4). 경험할 수 있거나 상상 가능한 의식 상태의 다양성을 생각하면 인생이나 예술, 문학, 음악이 고갈될 일은 없을 것만 같다. 이렇게 천문학적인 가짓수의 의식 상태가 존재함에도 불구하고, 놀랍게도 우리는 각 상태를 (말로 표현하기는 어렵더라도) 쉽게 구별해낼 수 있다.

우리는 이것의 함의를 조금 더 자세히 들여다볼 필요가 있다. 거대한 레퍼토리repertoire 내에서 각각의 가능성을 구별하는 능력

〈그림 3.4〉 예이젠시테인Sergei Eisenstein 감독의 영화 〈전함 포템킨Battleship Potemkin〉의 시퀀스 중 일부. 오데사Odessa 계단에서의 대학살 장면은 인간이 경험할 수 있는 의식적 이미지가 무한히 많다는 사실을 보여준다.

은 '불확실성을 감소시킨다.'는 측면에서 정보와 동일하다.[10] 게다가 의식에 의해 구별된 정보들은 또 다른 차이를 만들어내기도 한다. 특정한 의식 상태가 만들어낸 생각과 행동이 또 다른 의식 상태를 야기할 수 있기 때문이다.[11] 이는 다음의 간단한 사고 실험을 통해 쉽게 이해할 수 있다.[12] 의식이 있는 피험자에게 여러 숫자를 단 0.1초씩만 보여준다고 상상해보자.[13] 첫 번째는 1, 그다음에는 1367, 7988, 3… 이렇게 1에서 9,999 사이의 모든 수를 무작위 순서로 제시하는 것이다. 이때 피험자는 각각의 숫자마다 서로 다른 통합적 의식 상태를 경험할 것이다. 당연하게도 피험자는 각각의 의식 상태를 쉽게 구별할 수 있을 것이며, 제시된 숫자를 소리 내어 읽게 한다면, 그 상태가 행동의 차이를 낳도록 만들 수도 있다.

숫자 대신 단어나 시각적 장면을 사용하면 1만 개가 아니라 수만 개의 시각적 자극을 구별하게 만들 수도 있다. 실험으로 밝혀진 바에 따르면, 인간은 시각적 장면을 인식하고 구별하는 데 탁월한 능력을 지니고 있어서, 수천 가지의 복잡한 장면을 수백 밀리초 내에 재빨리 구별할 수 있다고 한다.[14] 숫자와 단어를 시각이 아닌 청각 신호로 제시하더라도 결과는 마찬가지다. 사실 이 예시는 빙산의 일각에 지나지 않는다. 맨 처음 숫자 1을 보는 피험자의 의식 상태를 상상해보자. 그 의식 상태 속에는 단순히 1이라는 숫자와 나머지 9,998개의 숫자를 구별하기 위해 필요한 것보다 훨씬 더 많은 정보가 담겨 있다. 예컨대 그 속에는 피험자 자신이 지루한 심리 실험에 참여하고 있다는 정보나 실험이 진행되는 동안 자리에 앉아 있어야만 한다는 규칙에 관한 정보가 담겨 있을 수 있다. 이러한 배경 정보는 제시되는 숫자가 달라지더라도 변하지 않기 때문에 피험자는 굳이 그것을 말로 옮기지 않는다. 하지만 필요한 경우 피험자는 어렵지 않게 이것을 보고할 수 있다. 어쩌면 숫자 1을 보는 순간에 화재경보기가 울릴 수도 있고, 피험자가 배고픔 · 지루함 · 긴장감을 느낄 수도 있다. 심리 실험이 아니라, 줄을 서서 순서를 기다리거나, 스포츠 이벤트에 참석하거나, TV 채널을 고르는 등 전혀 다른 상황에서 숫자 1을 볼 수도 있다. 이처럼 숫자 1을 보는 의식 상태는 무궁무진하게 다양하며, 각 상태는 서로 다른 생각이나 행동을 야기할 수 있다. 실험실에서 숫자 1을 보는 의식 상태는 그 모든 가능성 중 하나에 불과하다.

구별 가능한 의식적 경험이 어마어마하게 다양하다는 것은 일견 당연한 사실처럼 느껴질 수 있다. 하지만 지금껏 인간이 만든 장치들을 살펴보면 의식이 얼마나 대단한지를 실감할 수 있다. 앞서 소개한 숫자 실험을 디지털카메라에 똑같이 수행했다고 상상해보자. 카메라의 각 화소는 스스로의 '시야'에 대해 밝음과 어둠이라는 두 가지 상태를 구별할 수 있다.[15] 이를 전체 센서로 확장하면, 우리는 카메라가 외부 자극에 대하여 특정한 상태를 형성할 것임을 알 수 있다. 카메라가 취할 수 있는 상태의 가짓수는 모니터 화면이 표시할 수 있는 모든 이미지의 수와 같다. 하지만 문제는 특정 부분에 위치한 화소의 상태가 나머지 화소의 상태에 영향을 줄 수 없기 때문에 카메라 스스로 그 상태들을 구별할 수 없다는 것이다.[16]

이번에는 숫자를 '읽어 들여' 문서로 변환하는 장치를 연결해, 카메라를 스캐너로 개조했다고 상상해보자. 스캐너의 상태가 변화하면 다른 숫자가 인식된다. 내적 상태의 변화가 상이한 결과물을 만들어낸다는 점에서, 스캐너는 일정 수만큼의 통합적 상태를 분간할 수 있다. 하지만 스캐너 프로그램의 성능이 아무리 우수해도 1초 동안 분간할 수 있는 숫자나 문자의 수에는 한계가 있다. 또한 스캐너는 갖가지 맥락을 분간하지도 못할 것이다. 1이라는 숫자를 읽는 순간에 화재경보기가 울렸는지 아닌지와 같은 배경 정보들은 스캐너에 아무런 영향도 끼칠 수 없다. 당신이 지금껏 경험한, 죽기 전까지 경험하게 될 의식 상태가 얼마나 다양할지 생각해보라. 수억, 수조 개의 서로 다른 의식 상태들은 설령 말로 표현될 수 없더라도, 마음속에서는 쉽게 구별 가능하며 저마다 상이한 결과를 불러일으킬 수 있다. 인간이 만든 그 어떤 기계도 의식이 지닌 이 무한한 다양성에는 발끝만큼도 미치지 못한다.

이러한 관점으로 의식을 바라보면 의식적 경험과 관련된 역설 중 상당수가 해결된다. 2장에서 우리는 광다이오드와 의식적 인간을 비교하였다. 인간이 빛과 어둠을 분간할 때는 의식적 경험이 생겨나는데, 어째서 광다이오드의 경우에는 그렇지 않은 것일까? 그 이유를 설명하자면 다음과 같다. 광다이오드의 경우에는 밝음과 어둠을 구별하는 것이 유일무이한 기능이며, 따라서 정보성이 매우 낮다. 반면 인간의 경우, '완전한 어둠'이나 '완전한 밝음'에 대한 경험은 의식적 경험의 거대한 레퍼토리 중 극히 일부일 뿐이다.

인간의 의식은 그만큼 많은 양의 정보를 담고 있으며, 잠재적인 행동의 가짓수도 다양하다.

지금까지 언급한 예시들은 모두 외부 자극으로 발생한 의식 상태 사이의 구별에 관한 것이었다. 하지만 의식 상태의 정보 내용은 외부 세계와 직접적으로 연관되지 않더라도 의식 상태 그 자체에 따라 달라질 수 있다. 예컨대 꿈은 깨어 있을 때의 의식적 사건만큼이나 정보적일informative 수 있으며, 심지어 우리에게 영감이나 통찰을 제공하기도 한다. 꿈에서의 의식 상태는 즉각적인 행동을 일으킬 수도 있다. 이는 희귀병의 일종인 렘REM, Rapid Eye Movement 수면 행동 장애에서 확연히 드러난다. 정상인은 꿈을 꾸는 중에 근육이 마비되어 몸을 움직이지 못한다. 하지만 뇌간brainstem의 일부가 손상되면 꿈의 내용을 행동으로 옮길 수 있게 된다.[17] 꿈속에서 어떠한 의식 상태를 경험하느냐에 따라 환자들은 각기 다른 행동을 보인다. 실제로 한 남자는 꿈을 꾸면서 자신의 아내를 목 졸라 죽이기도 했다.[18] 조현병Schizophrenia 환자의 행동 역시 좋은 예다. 환각을 경험하는 조현병 환자의 모습에서 우리는 의식 상태의 정보 내용이 외부 세계로부터 기인하지 않더라도 특정한 행동을 이끌어낼 수 있다는 사실을 여실히 확인할 수 있다.

한 가지 유의해야 할 것은, 의식 상태의 정보 내용이 방대하다고 해서 아무 내용이나 다 의식할 수는 없다는 점이다. 의식할 수 있는 것과 없는 것 사이에는 분명한 경계가 있다. 선천적인 맹인은 시각적 지각물의 느낌을 알 수 없고, 말문이 트이지 않은 갓난아이는 셰익스피어 문학의 의미를 의식할 수 없다. 뇌의 일부가 항상 혈압을 조절하고 있지만, 우리는 혈압계와 같은 외부 장치 없이는 혈압을 의식하지 못한다.

전체 뇌 활동 중 오직 일부만이 의식을 변화시킬 수 있는가에 대한 구체적인 이유는 이후에 다시 살펴본다. 단, 이 장을 마치면서는 의식 상태가 어마어마하게 높은 정보성을 지녔다는 사실을 다시금 강조하고자 한다. 이는 각각의 의식 상태가 (상이한 행동 결과를 일으킬 수 있는) 무수히 많은 상태들과 배제 혹은 구별되기 때문이다. 의식의 또 다른 일반적인 현상학적 특징은 단일성, 일관성, 사적성이다. 따라서 의식 상태는 순차적으로 일어날 수밖에 없다. 이는 우리의 선택과 행동을 제한하는 병목으로 작용하기도 한다. 2부에서는 이러한 현상학적 특징들이 실제 뇌의 작용과 어떠한 관련이 있는지 알아본다.

2부
의식과 뇌

모든 철학 체계가 주관적 현상학, 즉 철학자 개개인의 의식적 경험에 기초하여 구축되었다는 사실은 인간의 지적 오만을 잘 드러내는 징표다. 물론 그럴 수밖에 없었던 합당한 이유가 있기는 하다. 데카르트가 말한 것처럼, 우리가 직접적으로 알 수 있는 대상은 스스로의 의식적 경험뿐이다. 쇼펜하우어는 여기에 흥미로운 역설이 숨어 있음을 포착하였다.[1] 우리가 경험하는 이 풍부한 현상학적 세계, 소위 의식적 경험은 일견 아주 사소해 보이는, 일반인들은 보지도 못할 두개골 속 어느 말랑말랑한 조직에 의해 생성된다. 의식이라는 무대에서 뇌라는 존재는 스쳐 지나가는 엑스트라만도 못한 배역을 맡고 있지만, 그와 동시에 전체 공연을 좌지우지하는 막강한 권력을 쥐고 있다. 아주 작은 뇌 손상이나 단순한 화합물, 마취제, 독극물도 나라는 존재와 내가 경험하는 의식 세계를 영영 소멸시켜 버릴 수 있다.

독자의 이해를 돕기 위해, 우리는 먼저 뇌와 뇌세포(뉴런neuron)의 구조와 동역학을 간단히 개괄한다. 그다음에는 의식의 신경 메커니즘과 관련된 다양한 신경생리학적 · 신경심리학적 연구를 살펴본다. 그 과정에서 우리는 의식적 경험 기저의 신경 과정이 몇 가지 일반적 특성을 공유하고 있음을 확인한다.

이를 통해 저자들이 제시하고자 하는 결론은 다음과 같다. 첫째, 의식적 경험은 다양한 뇌 영역의 신경집단에서 동시다발적으로 일어나는 분산된 신경 활동과 관련 있다. 의식은 어느 한 영역에 국한되어 있지 않으며, 시상피질계Thalamocortical System와 관련 영역에 광범위하게 분포되어 있다. 둘째, 의식적 경험이 발생하려면 다수의 신경집단이 양방향으로reciprocally 빠르게 소통하는 재유입reentry이라는 과정이 일어나야 한다. 재유입 상호작용이 차단되면 의식의 통합성이 무너지며, 의식이 쪼그라들거나 분열할 수 있다. 마지막으로, 의식적 경험 기저의 신경집단은 변화무쌍하고 서로 구별 가능한 활동 패턴을 보여야 한다. 깊은 수면이나 간질 발작처럼 대다수 뉴런이 함께 발화하는 상황에서는 신경 레퍼토리의 다양성이 감소하며 의식은 사라진다.

4장

뇌 톺아보기

의식이 일종의 과정이라는 사실을 이해하려면 먼저 뇌의 작동 원리, 즉 구조, 발생, 동역학적 기능을 알아야 한다. 이 장에서는 뇌의 가장 중요한 두 가지 특징, 해부학적 구성과 그로 인해 생겨나는 엄청난 역동성에 관해 간략하게 살펴본다. 의식이 출현하는 원리를 파악하고 싶다면 이 큰 그림을 반드시 숙지해야 한다.

뇌는 이 우주에서 가장 복잡한 존재이자, 진화가 빚어낸 가장 놀라운 구조물이다. 뇌가 지각 · 느낌 · 생각을 관장하는 기관이라는 사실은 현대 신경과학이 태동하기 전부터 잘 알려져 있었다. 하지만 어째서 특정한 두뇌 과정만이 의식을 일으키는지는 현재까지도 베일에 싸여 있다.

인간의 뇌는 매우 독특한 사물이자 체계다. 뇌의 연결성, 역동성, 기능 양식, 신체 또는 외부 세계와의 관계는 다른 그 어떤 것에서도 찾아볼 수 없다. 이러한 상황에서 뇌의 청사진을 그린다는 것은 실로 엄청난 도전이 아닐 수 없다. 현재 우리에게 주어진 뇌에 대한 지식은 전체 그림 가운데 극히 일부에 불과할 것이다. 하지만 비록 그리다 만 스케치라도 빈손으로 달려드는 것보다야 낫지 않을까? 특히 그것이 제대로 된 의식 이론을 구축하기에는 충분한 수준이라면 말이다.

내 머릿속의 정글

성인의 뇌는 약 3파운드(1.36kg—역주)이며, 1,000억 개가량의 신경세포, 즉 뉴런으로 이루어져 있다(그림 4.1). 뇌의 가장 바깥쪽 주름진 껍질인 대뇌피질Cerebral Cortex은 진화상 가장 최근에 출현한 구조이며, 뉴런의 수는 약 300억 개, 신경 접합부(시냅스synapse)는 1,000조 개에 달한다. 시냅스를 1초에 한 개씩 세더라도 다 세기까지는 3,200만 년이나 걸리는 셈이다. 조합 가능한 신경회로의 가짓수는 최소 $10^{1000000}$개(10 다음에 0이 100만 개가 붙는다!)에 이르는데, 이는 단순히 '천문학적'이라는 표현만으로도 부족한, 엄청나게 큰 숫자다(참고로, 전체 우주에 존재하는 입자의 총수는 대략 10^{80}개다.).

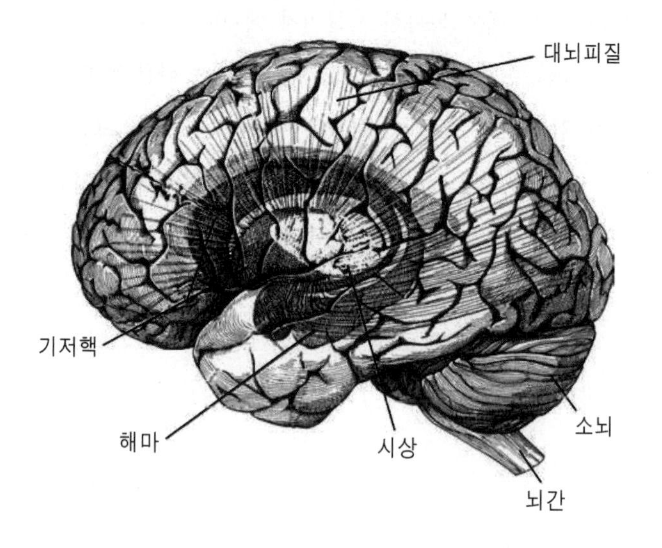

〈그림 4.1〉 뇌의 개략적인 해부도 (1) 시상피질계를 구성하는 대뇌피질과 시상(중간의 타원형 구조), (2) 피질의 세 가지 주요 부속기관인 기저핵 · 소뇌 · 해마, (3) 진화상 가장 오래된 부위이자 광범위 투사형 가치 시스템의 주요 신경핵이 위치한 뇌간.

모든 뉴런은 시냅스 연결을 받아들이는 나뭇가지 모양의 수상돌기dendrite와 기다랗게 뻗어 나와 다른 뉴런의 수상돌기나 세포체Cell Body에 연결되는 축삭axon이 있다. 뉴런의 형태는 매우 다양하며, 그 종류는 대략 50가지에 달한다. 같은 종류의 뉴런이라도 수상돌기와 축삭의 길이나 형태가 얼추 비슷할 뿐, 형태가 완벽히 똑같은 뉴런은 없다(그림 4.2).

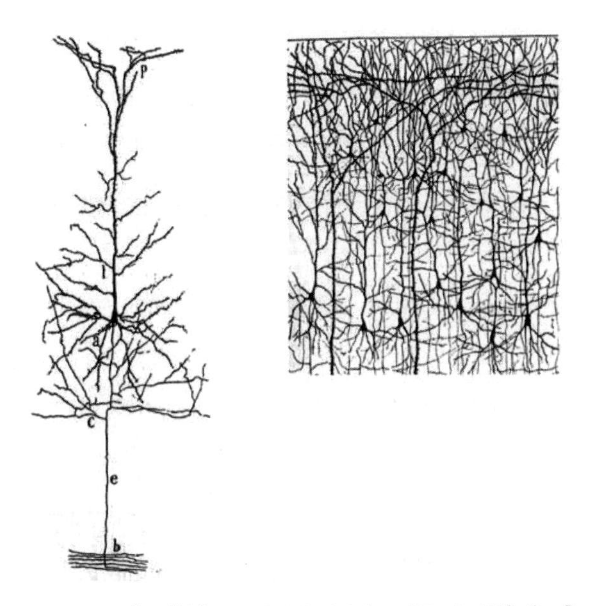

〈그림 4.2〉 신경조직학Neurohistology의 아버지 산티아고 라몬 이 카할Santiago Ramôn ý Cajal이 그린 두 장의 도해 (왼쪽) 중간의 자그마한 세포체로부터 위로는 뾰족한 수상돌기가, 아래로는 축삭이 뻗어 나와 있다. (오른쪽) 대뇌피질 뉴런의 그물망 구조. 카할이 사용한 골지 염색법은 전체 뉴런 중 일부만을 염색하므로, 실제 세포의 밀도는 이보다 훨씬 더 높다.

신경계의 가장 대표적인 특징은 세포들이 매우 빽빽하게, 멀리까지 들어차 있다는 것이다. 뉴런 세포체의 최대 지름은 약 50㎛(1㎛는 1,000분의 1㎜이다.)에 불과하지만, 축삭의 길이는 몇 ㎛에서 최대 몇 m에 달할 수 있다. 대뇌피질의 세포 밀도는 우리의 상상을 초월한다. 은을 이용한 전통적인 골지 염색법Golgi Stain으로 대뇌피질의 세포 전체를 물들인다면, 그 단면은 그야말로 새까맣게 보일 것이다(사실, 골지 염색법이 널리 쓰인 까닭은 주어진 면적 내 일부 세포만이 염색되므로 개별 세포를 구별할 수 있기 때문이었다. 〈그림 4.2〉). 뉴런들 사이사이에는 교세포glia도 존재한다. 교세포는 신호를 직접 전달하지는 않지만, 뉴런의 기능을 보조하고 양분을 공급하는 중요한 역할을 수행하고 있다. 일부 뇌 영역에서는 교세포의 수가 뉴런의 수를 웃돌기도 한다. 신경계의 또 다른 주요 특징은 경이적인 혈액 공급망이 이러한 '세포의 정글'을 지탱하고 있다는 점이다. 뇌는 우리 몸에서 신진대사가 가장 활발한 장기이다. 혈액은 대형 동맥과 모세혈관망을 통해 뇌에 산소와 포도당을 전달하며, 뇌의 혈류량은 개별 뉴런 단위에 이르기까지 미세하게 조절되고 있다. 혈액의 흐름과 그로 인한 산소 공급은 시냅스 활동과도 밀접하게 관련되어 있다. 살아 있는 뇌의 활동을 촬영하는 영상 기법인 fMRI는 바로 이 혈류량과 산소 공급량의 변화를 측정하는 것이다.

네트워크 구조로서 뇌가 가진 가장 놀라운 특징은 수상돌기와 축삭돌기의 겹침 구조다. 하나의 축삭은 곳에 따라 1㎣ 이상의 거대하고 복잡한 나뭇가지 구조를 이루며, 이 가지들에 또다시 무수히 많은 뉴런들의 수상돌기가 맞닿아 시냅스를 형성한다(그림 4.3). 뇌에서 시냅스가 차지하는 부피를 모두 더하면 전체의 최대 70%에 이를 것으로 추정된다(실제 정글 속 나무들은 절대로 그만큼 많이 겹치지 않는다.). 게다가 각각의 시냅스들은 서로 다른 구조를 띠고 있다. 그렇기 때문에 결과적으로 뇌의 각 영역은 서로 전혀 다른 연결 패턴을 갖게 된다. 단일 뉴런의 가지 구조를 전부 추적하는 것이 가능해진 오늘날에도, 해당 뉴런이 이웃 뉴런들과 시냅스 규모에서 어떠한 미세해부학적 구조를 형성하는지를 모두 파악하기란 불가능하다.

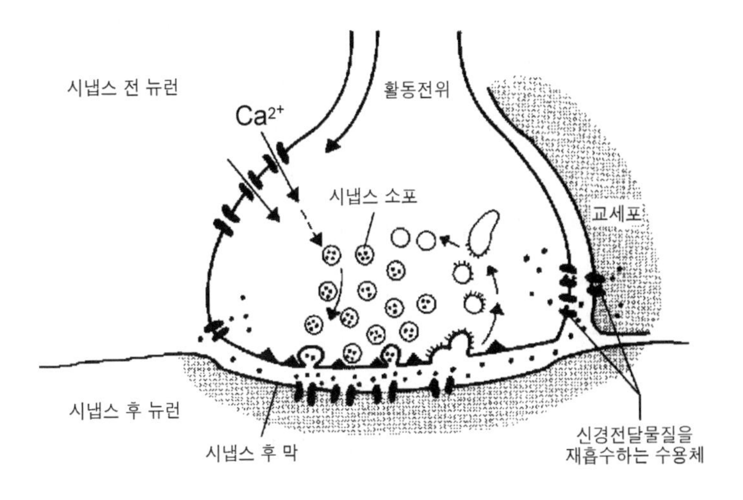

〈그림 4.3〉 시냅스의 모식도 시냅스 전 뉴런의 활동전위가 칼슘 채널을 열면 양전하를 띤 칼슘 이온이 세포 내부로 유입되어 신경전달물질을 시냅스 간극으로 방출시킨다. 신경전달물질 분자(까만 점)는 시냅스 후 막에 존재하는 수용체에 결합하여 시냅스 후 뉴런의 발화를 유도한다.

뉴런의 가장 고유한 특성은 세포 호흡, 유전물질 전달, 단백질 합성과 같은 일반적인 기능을 수행할 뿐만 아니라, 시냅스를 통해 다른 세포와 신호를 교환할 수 있다는 점이다. 뉴런은 크게 흥분성excitatory 뉴런과 억제성inhibitory 뉴런으로 나뉜다. 이 둘의 미세구조는 서로 다르지만, 전기적 또는 화학적으로 신호를 전달한다는 점에서 기본적인 작동 원리는 같다. 모든 시냅스가 전기적 시냅스인 종도 있지만, 인간의 경우에는 대부분이 화학적 시냅스이다. 시냅스 전 뉴런Presynaptic Neuron과 시냅스 후 뉴런Postsynaptic Neuron이 좁은 간극cleft을 사이에 두고 분리된 것이 시냅스의 일반적인 형태이다. 뉴런은 기본적으로 음전하를 띠고 있는데, 이웃 뉴런으로부터 자극을 받으면 나트륨이나 칼륨 이온 등이 세포막을 통과하여 뉴런의 전위가 상승한다. 이로 인해 발생한 전기 신호인 활동전위Action Potential가 축삭을 타고 흘러 시냅스에 도달하면 시냅스 전 뉴런 내부의 소포vesicle로부터 신경전달물질neurotransmitter이 방출된다. 방출된 신경전달물질은 시냅스 간극을 가로질러 시냅스 후 뉴런의 수용체에 결합한다. 시냅스 전 뉴런이 흥분성 뉴런이라면, 시냅스 후 뉴런의 전위가 상승할 것이다. 이 자극이 여러 번 중첩되어 시냅스 후 뉴런의 전위가 특정 역치threshold를 넘어서면, 시냅스 후 뉴런은 발화하여—활동전위를 일으켜—다른 뉴런에 그 신호를 전달한다. 억제성 뉴런의 작용도 이와 비슷하지만, 시냅스 후 뉴런의 전위를 발화를 억제하는 방향으로 변화시킨다는 점이 다르다. 그런데 이 모든 과정이 일어나기까지는 수십에서 수백 밀리초밖에 걸리지 않는다.

뇌에는 그 밖에도 시냅스 전달에 시공간적인 영향을 주는 여러 상호작용이 존재하므로, 뉴런 간 연결 구조의 복잡성은 더욱 증대된다. 여러 신경전달물질과 신경조절물질neuromodulator은 다양한 수용체와 결합하여 각종 생화학적 경로에 변화를 일으킨다. 각 뉴런의 역치는 신경전달물질과 수용체의 화학적 특성, 신경전달물질의 방출 확률과 빈도, 전기적 · 생화학적 상호작용이 일어나는 때와 장소를 비롯한 수많은 조건에 따라 매우 섬세하고 가변적으로 조절되고 있다. 그뿐만 아니다. 신경전달물질이 방출되면 시냅스 후 뉴런의 생화학적 · 유전적 특성이 변화한다. 이러한 분자생물학적 복잡성과 역동성은 뇌의 구조가 가진 가변성을 몇 곱절 더 심화시키고, 결과적으로 각 개인의 뇌는 이른바 역사적 고유성Historical Uniqueness을 갖게 된다. 비유하자면, 우리 각자의 머릿속에는 복잡한 정글이 하나씩 들어 있는 셈이다.

신경해부학의 중요성

미세해부학적 수준에서 보자면, 뇌는 엄청나게 가변적인 구조다. 그런데 거시적 수준에서는 뇌의 조직화 방식과 관련하여 몇 가지 핵심 원리가 관찰된다. 누군가 저자들에게 뇌를 이해하기 위해 가장 중요한 것이 뭐냐고 묻는다면, 저자는 신경해부학을 꼽을 것이다. 언젠가 뇌의 복잡다단한 연결망 구조가 완전히 규명되는 날이 온다면, 우리는 뇌가 이 세상에서 가장 놀라운 생물학적 구조였음을 깨닫게 될 것이다. 생물학자들에게는 '형태가 기능을 이해하기 위한 왕도'라는 것이 너무도 당연한 이치다.

이 책이 일반적인 신경해부학 교과서라면 뇌의 각 영역과 신경

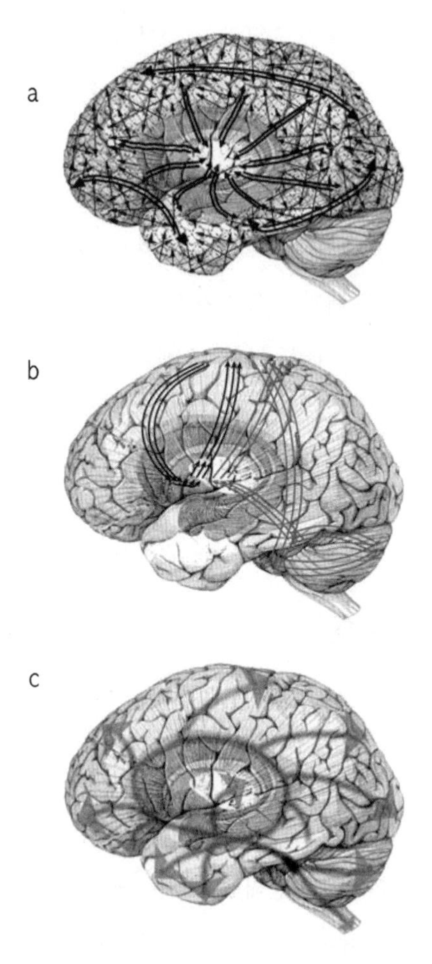

〈그림 4.4〉 신경해부학에서 가장 기초적인 세 가지 주요 위상학적 배열 구조 (a) 시상피질계는 시상-피질 재유입 연결망과 피질-피질 연결망으로 구성된다. (b) 피질에서 뻗어 나온 기다랗고 평행한 다시냅스성 고리들이 피질 부속기관(여기서는 기저핵과 소뇌)을 지나 피질로 되돌아온다. (c) 광범위 투사형 가치 시스템 중 하나인 노르아드레날린 시스템이 신경조절물질인 노르아드레날린의 분비를 조절하고 있다. 뇌간의 청반핵에서 뻗어 나온 신경섬유들이 뇌 전체에 널리 퍼져 있다.

핵들의 구조와 기능을 상세히 다루어야겠지만, 저자들은 뇌의 전반적인 기능을 이해하기 위해 반드시 알아야 할 세 가지 주요 위상학적 배열 구조Topological Arrangement를 살펴보는 것으로 갈음하고자 한다.

첫 번째 구조인 시상피질계는 서로 분리 또는 통합된 각종 신경회로들로 구성된 거대한 3차원 그물망이며, 크게 시상thalamus과 대뇌피질로 나뉜다(〈그림 4.4〉 a). 대뇌피질은 뇌의 얇고 굴곡진 껍질로, 제각기 다른 입출력 신호들을 주고받는 총 6개의 층으로 이루어져 있다. 시상은 뇌의 깊숙한 곳에 자리하고 있으며, 감각을 비롯한 여러 입력 신호를 받아들인다. 또한, 시상은 대뇌피질과도 양방향으로 연결되어 있다. 대뇌피질과 시상은 기능에 따라 수많은 하위 영역들로 나뉠 수 있다. 이러한 기능적 분리는 다양한 규모에서 관찰된다. 뇌 전체 규모에서 보자면, 시상피질계의 뒤쪽 부위들은 지각을, 앞쪽 부위들은 계획과 행동을 관장한다. 좀 더 자세히 들여다보면, 피질은 마치 지도 위의 나라들처럼 여러 영역으로 세분될 수 있다. 물론 이 영역들은 서로 완전히 단절된 것은 아니어서, 한 영역의 뉴런이 이웃 영역의 뉴런들과도 연결되어 있다. 각 피질 영역과 그와 관련된 시상핵들은 시각, 청각, 촉각 등 어느 한 기능에 특화되어 있다. 시각의 경우, 형태 · 색깔 · 움직임 등의 여러 하위 양식이 각기 다른 영역에서 처리된다. 더군다나 단일 영역 내에서도 각 신경집단이 같은 자극에 대해 제각기 다른 선호도를 보이기도 한다. 실제로 V1에서는 두 신경집단이 서로 인접하고 있더라도 처리하는 방향 자극은 서로 다르다.

하지만 시상피질계의 각 부분이 마냥 분리되어 있기만 한 것은 아니다. 해부학적 통합 역시 시상피질계의 주요 특성이다. 대부분의 신경집단은 특정한 패턴을 따라 양방향으로 연결되어 있다. 같은 집단에 속하는 뉴런들은 더더욱 긴밀하게 연결되어 있으며, 이들 중 상당수는 적합한 자극이 주어질 때 함께 반응한다.[1] 또한, 두 신경집단이 해부학적으로 멀리 떨어져 있더라도 유사한 자극에 반응한다면 그 둘은 서로 연결될 수 있다. 예를 들어, 수직 방향의 시각 신호에 반응하는 신경집단들은 다른 방향에 반응하는 집단들보다 서로 더 끈끈히 연결된다. 두 신경집단의 반응 자극이 시야상에서 가까운 경우에도 연결이 강화된다. 이 때문에 시야를 뒤덮는 커다란 물체를 보더라도 연결된 신경집단들이 동시에 발화하므로 뇌는 그 자극을 한꺼번에 처리할 수 있다.

물론 이는 감각영역뿐만 아니라 운동영역에서도 마찬가지다. 더 큰 규모에서 보자면, 피질영역들 역시 양방향적 · 수렴적(여러 영역에서 한 영역으로 모이는) · 발산적(한 영역에서 여러 영역으로 퍼지는) 경로를 따라 서로 이어져 있다. 영역과 영역을 잇는 이러한 경로들은 '투사projection'라 불리기도 한다. 예를 들어, 원숭이의 시각계에는 최소 30여 개의 영역과(인간은 이보다 더 많다.) 이들을 잇는 최소 305개의 투사가 존재한다. 영역 간 경로들은 양방향적 경로가 80% 이상이며, 개중에는 무려 수백만 가닥의 축삭 섬유로 이루어진 것들도 있다. 요컨대 시상피질계의 각 영역들은 기능적으로 분리되어 있으면서도 동시에 양방향으로 연결되어 있다. 이러한 양방향적 경로는 여러 뇌 기능이 통합되는 주요 수단이자, 재유입reentry의 구조적 기반이기도 하다.[2] 기능적으로 분리된 여러 뇌 영역들이 중앙 조절 영역의 부재에도 불구하고 통합될 수 있는 것은, 양방향적 연결로를 따라 재유입이 발생하기 때문이다.

지금까지 살펴본 시상피질계의 조직화 방식을 요약하자면 다음과 같다. 시상피질계에는 기능적으로 특화된 수백 개의 영역들이 존재하며, 각 영역은 또다시 수만 개의 신경집단으로 나뉜다. 이 수백만 개의 신경집단들은 각각 행위 계획을 수립 · 실행하거나, 감각 자극에 반응하거나, 자극의 세부 사항 · 불변 요소 · 추상적 속성을 처리하는 등 저마다 다른 역할을 수행한다. 또한, 이들은 하나의 거대한 수렴적 · 발산적 · 양방향적 연결망에 의해 하나로 엮여 있다. 그래서 이들은 각자의 기능적 특이성을 유지하면서도 잘 짜인 그물처럼 함께 행동할 수 있다. 그물의 일부가 자극을 받으면 그 동요가 나머지 부분으로도 빠르게 전달되므로, 이러한 시상피질계의 그물망 구조는 다양한 '전문가'들의 반응을 하나로 수렴하기에 아주 적합하다.

두 번째 위상학적 배열 구조는 피질과 그 부속기관appendage—소뇌cerebellum, 기저핵Basal Ganglia, 해마hippocampus—들을 잇는 병렬적 · 단방향적 사슬 구조이다. 소뇌는 대뇌의 꽁무니에 붙어 있는 미려한 신경 구조로, 병렬적으로 조직된 가느다란 미세영역microzone들로 이루어져 있다. 미세영역은 대뇌피질로부터 신호를 전달받아 여러 시냅스 단계에 걸쳐 처리한 뒤에 시상을 통해 대뇌로 되돌려보낸다. 소뇌는 신체 협응과 운동 동조synchrony를 관장하는 것으로만 알려져 있었지만, 생각과 언어에도 상당 부분 관여한다는 사실이 최근에 드러나고 있다. 또 다른 부속기관인 기저핵은 뇌의 심부에 자리한 거대 신경핵들을 총칭하는 말이다. 기저핵도 소뇌와 마찬가지로 대뇌피질로부터 신호를 받아 몇 단계에 걸쳐 처리한 후에, 그 결과물을 시상을 통해 다시 피질에 보낸다. 기저핵을 구성하는 신경핵들은 복잡한 운동, 인지 행위의 계획과 실행에 관여하며, 기저핵의 손상은 파킨슨병Parkinson's Disease이나 헌팅턴병Huntington's Disease의 발병으로 이어질 수 있다.

세 번째 부속기관인 해마는 측두엽의 아래쪽 귀퉁이에 위치한 길쭉한 모양의 신경 구조로, 상당히 많은 대뇌피질 영역들로부터 신호를 입력받는다. 해마와 피질의 연결 방식은 소뇌나 기저핵과는 다소 상이하다. 해마는 피질 영역으로부터 신호를 받아 몇 단계에 걸쳐 처리한 뒤, 그 결과물을 신호를 보냈던 피질 영역으로 시상을 거치지 않고 곧장 되돌려보낸다. 해마의 주요 기능은 단기 기억Short-Term Memory을 대뇌피질 속에 장기 기억의 형태로 응고화consolidate하는 것이며, 그 밖에도 다양한 뇌 기능을 보조하고 있다.

이 세 피질 부속기관과 대뇌의 상호작용을 세부적으로 들여다보는 것도 물론 중요하겠지만, 여기서 우리가 강조하고 싶은 것은 기본적으로 이 부속기관들(특히 소뇌와 기저핵)의 조직화 양식이 동일하다는 사실이다. 대뇌피질로부터 길고 평행한 다시냅스성

polysynaptic 경로가 뻗어 나와 부속기관의 특정 영역에 도달하면, 그 경로는 시상을 지나든 안 지나든 결국 피질로 되돌아간다(〈그림 4.4〉 b). 이러한 다시냅스성 연쇄 구조는 시상피질계와는 근본적으로 다르다. 부속기관과 대뇌의 연결은 단방향적이며 긴 고리의 형상을 하고 있다. 양방향적 억제가 소규모로 발생하기는 하지만, 각 회로가 수평적으로 상호작용하는 일도 비교적 드물다. 이처럼 각 요소가 기능적으로 서로 격리되어 있기 때문에, 이러한 구조는 높은 속도와 정확성을 필요로 하는 복잡한 운동 루틴routine이나 인지 루틴의 실행에 매우 적합하다.

마지막 세 번째 배열 구조는 그물망 구조도 병렬적 사슬 구조도 아닌, 커다란 부채의 살을 닮은 성긴 연결망이다(〈그림 4.4〉 c). 이들은 뇌간과 시상하부hypothalamus에 위치한 소수의 신경집단에서 뻗어 나온다. 이 신경핵들에는 어떤 물질을 분비하느냐에 따라 노르아드레날린성 청반핵Noradrenergic Locus Coeruleus, 세로토닌성 솔기핵Serotonergic Raphé Nucleus, 도파민성 신경핵Dopaminergic Nuclei, 콜린성 신경핵Cholinergic Nuclei, 히스타민성 신경핵Histaminergic Nuclei과 같은 멋들어진 학술명이 붙어 있다. 이 신경핵들의 가장 큰 특징은 마치 머리에 덮어쓰는 성긴 '머리망hairnet'처럼 뇌의 거의 전 영역에 광범위하게 투사하고 있다는 점이다. 청반핵을 예로 들자면, 청반핵 자체는 뇌간 속의 수천 개의 세포 집단에 불과하지만 피질 전체, 해마, 기저핵, 소뇌, 척수 등에 널리 신경섬유를 뻗고 있다. 그 때문에 청반핵은 수십억 개에 달하는 시냅스에 영향을 줄 수 있다. 청반핵의 뉴런들은 굉음이나 섬광, 갑작스러운 고통처럼 커다란 사건이 일어날 때 발화한다. 이러한 신경핵들이 방출하는 신경조절물질은 뉴런의 활동과 시냅스 가소성plasticity에 영향을 주어 적합한 행동 반응을 일으킨다. 이들 신경핵의 해부학적 속성, 물질 방출 특성, 목적 뉴런Target Neuron과 시냅스에 미치는 효과, 진화적 기원 등을 고려한 끝에, 우리는 이들을 '가치 시스템Value System'이라 부르고자 한다.[3]

오랜 세월 동안 많은 신경생물학자와 약리학자들이 가치 시스템의 중요성에 주목하였지만, 아직 우리는 그들의 정확한 기능이 무엇인지조차 모르고 있다. 한 가지 분명한 사실은 각종 정신 질환 치료제를 개발하는 데 가치 시스템이 엄청나게 중요하다는 점이다. 현재 상용되는 대부분의 정신과 약물들은 가치 시스템의 세포들을 작용점Site of Action으로 삼고 있다. 가치 시스템에 약간의 약리학적 변화를 일으키는 것만으로도 전체적인 정신 기능에 막대한 영향을 줄 수 있다. 7장에서 다시 살펴보겠지만, 가치 시스템은 수십억 개에 이르는 시냅스의 강도를 바꿀 수 있기 때문에 중요한 사건이 발생했다는 정보를 뇌 전체에 전달하기에 매우 적합한 구조다.

뇌는 컴퓨터가 아니다

신경해부학이나 신경동역학과 관련한 사실들은 뇌의 조직과 기능이 정해진 규칙을 따르거나 계산을 수행하기에 적합하지 않음을 보여준다. 뇌의 상호 연결 구조는 인간이 만든 그 어떤 기계보다도 훨씬 더 복잡하다. 뇌의 연결망을 구성하는 수천조 개의 시냅스들은 개체마다 모두 다르다. 컴퓨터의 경우에는 제조 공정이 같다면 내부 연결 구조도 같겠지만, 뇌의 경우에는 결코 그런 일이 일어날 수가 없다. 똑같은 뇌라는 것은—일란성 쌍둥이라도—존재하지 않는다. 물론 거시적 수준에서는 특정 영역의 전반적인 연결 패턴을 일반화하여 서술할 수 있을 것이다. 하지만 세포 수준에서 보면 우리 각자의 뇌는 모두 고유하다. 특정한 규칙이나 계산에 기반하여 뇌를 모델링하기 어려운 것도 뇌가 가진 어마어마한 가변성 때문이다. 이후에 살펴보겠지만, 이러한 사실은 변이에 기반하여 뇌 기능을 설명하는 소위 '자연선택 뇌 이론'에 힘을 실어준다.[4]

뇌는 매우 가변적인 존재이므로, 각 개인의 뇌에는 고유한 발생적 · 경험적 역사의 결과물이 축적된다. 매일을 살아가는 동안 뇌에서는 시냅스 연결 가운데 일부가 변화한다. 그날 일어난 사건이 무엇이냐에 따라 일부 세포는 가지를 새로이 뻗을 수도, 뻗었던 가지를 거두어들일 수도, 아니면 죽어버릴 수도 있다. 이러한 개인적 가변성은 단순한 잡음이나 오류에 그치는 것이 아니라, 사물이나 사건에 관한 기억에 실제로 영향을 미친다. 예견할 수 없는 수많은 장면에 뇌가 대응하고 반응할 수 있는 것도 이러한 가변성 때문이다. 언젠가는 뇌를 진정으로 모사하는 기계가 만들어질 날이 올 수도 있겠지만, 적어도 현재까지는 '개인적 다양성'을 중심 원리로 삼아 작동하는 인공물은 존재하지 않는다.

뇌가 처리하는 신호와 컴퓨터가 처리하는 신호는 전혀 다르다. 즉, 디지털 신호는 0과 1로 확실하게 나뉘지만, 뇌가 받아들이는 외부 세계에 관한 정보는 그렇지 않다. 그럼에도 불구하고 뇌는 환경을 느끼고, 불명확한 각종 신호로부터 패턴을 범주화하고, 그에 따라 신체를 움직일 수 있다. 무언가를 배우거나 기억하고, 개체의 신체 기능을 조절할 수도 있다. 빛이나 소리처럼 제각기 다른 신호를 정해진 부호 없이 지각적으로 범주화Perceptual Categorization하여 일관되게 나누는 신경계의 탁월한 능력을 컴퓨터는 아직 흉내조차 낼 수 없다. 지각적 범주화의 메커니즘은 아직 완전히 밝혀지지 않았지만, 저자는 그것이 뇌가 신체 또는 환경과 상호작용하는 가운데 전체 신경 활동 중 특정한 패턴이 선택되는 과정일 거라고 추정하고 있다.

앞서 살펴보았듯, 뇌에는 '가치 시스템'이라는 특수한 신경핵들이 존재한다. 가치 시스템은 중요한 사건이 발생하였을 때 광범위한 투사망을 통해 전체 신경계에 그 신호를 전달하고 시냅스 강도의 변화를 조절한다. 인공적인 시스템 가운데는 이와 유사한 것을 찾기 어렵다. 가치 시스템은 학습이나 적응적 행동에 매우 중요하다. 가치 시스템이 (뇌의 형태학적 특성이나 뇌와 신체의 연결 구조와 더 붙어) 주요한 제한 조건으로 기능하기 때문에 각각의 종은 자신에게 적합한 방식으로 지각적 범주화와 적응 학습을 수행할 수 있다.

신경동역학의 관점에서 보자면, 고등 척추동물의 뇌가 지닌 가장 놀라운 특징은 바로 '재유입 과정'이다. 9 · 10장에서 설명하겠지만, 재유입이란 시상피질계 등의 신경 네트워크에서 양방향으로 연결된 뇌 영역 간에 신호가 병렬적 · 반복적으로 순환하는 신경 과정이다. 재유입 신호 교환은 두 신경 지도를 시공간상에서 서로 연결한다. 재유입은 다수의 평행 경로를 따라 발생할 뿐만 아니라 규칙을 지정하는 오류 함수Error Function도 없다는 점에서 단순한 되먹임feedback과는 다르다. 재유입은 여러 영역 간의 상관관계를 변화시킴으로써 뇌에서 발생하는 선택적 사건에도 영향을 주기 때문에, 뇌 영역들의 기능이 서로 동기화 · 조직화되기 위해 필수적이다.

재유입은 기능적으로 특화된 많은 신경집단의 활동을 광범위하게 동기화시킨다. 뉴런들의 발화가 동기화되면 지각 과정과 운동 과정이 통합되며, 이는 궁극적으로 지각적 범주화, 즉 적응을 목적으로 사물이나 사건을 배경과 구분하는 능력을 만들어낸다. 영역 간 재유입 경로가 끊어지면 이러한 통합 과정에도 장애가 발생한다. 10장에서 자세히 언급하겠지만, 상세 규칙이 담긴 중앙 처리장치나 알고리즘적 계산 없이도 우리 뇌가 각 영역을 통합하여 지각과 행동을 수행할 수 있는 것은 전적으로 재유입의 존재 때문이다.

누군가 저자들에게 고등한 뇌만이 가진 고유한 특징이 뭐냐고 묻는다면, 우리는 주저 없이 '재유입'을 꼽을 것이다. 세상 어디에도 인간의 뇌처럼 독특한 회로 구조를 가진 존재는 없다. 이 장의 초반부에 저자는 뇌를 정글에 비유하였다. 그러나 정글에서는 재유입과 같은 현상을 일체 찾아볼 수 없다. 인간이 만든 통신 시스템의 경우도 마찬가지다. 뇌의 재유입 체계에는 인간의 통신망과는 비교할 수 없을 정도로 많은 병렬적 연결이 존재한다. 또한, 인간의 통신망에서는 정해진 규칙에 따라 부호화된, 의미가 분명한 신호만이 오고 가지만 뇌는 그렇지 않다.

재유입은 역동성과 병렬성을 동시에 지닌 고차적 선택 과정이기 때문에, 한 가지 비유로 그 특성을 모두 담아내기는 쉽지 않다. 그래도 굳이 비유를 찾자면, 악보 없이 즉흥 연주를 벌이는 괴짜 현악 4중주에 비할 수 있을 것 같다. 주어진 악보가 없으니 각 멤버는 감각 신호에 자기 생각을 더하여 즉흥적으로 자신만의 선율을 연주해야 한다. 그래서 때로는 네 명의 멜로디가 서로 조화되지 않을 수 있다. 그런데 이때 여러 가닥의 실로 각 연주자의 몸을 서로 연결했다고 상상해보자. 그렇다면 각자의 움직임이 실의 장력을 통해 다른 멤버에게 즉시 전달되어 서로의 행동에 영향을 주게 되고, 멤버들의 연주에도 상관관계가 형성된다. 결과적으로 그들의 연주는 실로 연결되기 전보다 훨씬 더 일관되고 통합적으로 변할 것이다. 이러한 상관 과정은 각 멤버의 다음 행동에 계속 영향을 주기 때문에, 연주의 상관성은 시간이 갈수록 점점 더 증가하게 된다. 전체 연주를 감독하거나 조율하는 지휘자가 없고, 각 멤버가 자신만의 연주 스타일이나 역할을 고수하는 상황에서도 이들은 통합적이면서 균형 잡힌 연주를 선보일 수 있을 것이다. 이러한 상호일관성은 각 멤버가 혼자 연주할 때는 절대로 만들어질 수 없다.

앞에서 언급된 뇌의 모든 특징—연결성, 가변성, 가소성, 범주화 능력, 가치 판단, 재유입 동역학—은 '행동의 조율'이라는 하나의 목표를 위해 제각기 다른 방식으로 기능하고 있다. 의식의 기저에 놓인 지각적 범주화, 운동, 기억 등의 여러 신경 과정을 이해하기 위해서는 뇌 · 신체 · 환경 간 상호작용의 비선형성도 함께 고려되어야 한다.

5장

의식과 분산적 신경 활동

5 · 6장에서는 신경 활동과 의식 상태 사이의 관계를 다각도로 조명하고, 의식적 경험을 낳는 신경 과정들의 전반적인 특성에 대해 고찰한다. 신경생리학과 신경심리학 등 다양한 분야에서 의식의 출현과 관계된 여러 관찰 결과들을 살펴보고, 이를 통해 의식적 경험을 일으키는 특수한 영역은 존재하지 않으며, 뇌에 광범위하게 분산된 (특히 시상피질계에 존재하는) 신경 대집단population이 의식의 신경 기반이라는 결론에 이른다. 이 장의 후반부에는 학습된 과제를 반복할수록 과제의 수행에 관여하는 뇌 영역이 감소하고 그에 따라 과제의 수행이 무의식화 · 자동화되는 현상도 논의된다.

뇌가 '의식의 장기'라는 것이 알려진 지는 그리 오래되지 않았다. 뇌와 의식의 관계에 대해서는 고대 그리스 시대부터 다양한 학설이 존재했다. 플라톤은 의식이 뇌에 연결되어 있다고 확신했던 반면, 그의 제자 아리스토텔레스는 의식이 심장과 이어져 있다고 여겼다. 생각해보면, 뇌가 의식을 관장하는 기관이라는 사실이 밝혀진 일은, 심장이 혈액을 순환시킨다는 것을 발견한 윌리엄 하비William Harvey의 업적에 비견될 만큼 중대한 사건이라 말할 수 있다.

오늘날 우리는 뇌가 얼마나 독특한지 잘 알고 있으며, 의식의 발생에 중요한 뇌 영역이 어디인지도 대강은 이해하고 있다. 이 장에서는 의식 기저의 신경 과정을 살펴보기에 앞서, 뇌 속 여러 구조들이 의식의 형성에 어떠한 역할을 맡고 있는지 살펴보고자 한다.

살아 있는 뇌의 활동을 촬영하는 기법은 여러 가지가 있다. 이 기법들은 정상인뿐만 아니라 환자들 의식의 신경상관물까지도 보여준다는 점에서 굉장히 유용하다. 이들의 기반이 되는 여러 복잡한 물리학 법칙이 존재하지만, 이 책에서는 그에 관해 상세히 다루지 않을 것이다. 먼저 뇌전도electroencephalography, EEG와 뇌자도magnetoencephalography, MEG는 수백만 개 뉴런의 동기화된 활동을 측정하는 기법이다. EEG는 전위를, MEG는 전류를 측정한다. 자극을 반복해서 제시한 뒤에 뉴런들의 전기 반응을 기록하면 EEG 혹은 MEG 유발 전위Evoked Potential를 측정할 수 있다. EEG와 MEG는 우수한 시간 분해능을 가지고 있으나, 공간 분해능이 낮아 특정 신경집단을 잡아내지는 못한다. 양전자 방출 단층 촬영Positron Emission Tomography, PET이나 기능적 자기공명 영상Functional Magnetic Resonance

Imaging, fMRI은 뇌의 대사 작용과 혈류량의 상대적 변화를 측정하는 기법으로, 살아 있는 뇌의 작동이나 의식적 경험과 관련된 뇌 영역을 관찰하기에 적합하다. 이들은 시간 분해능은 낮지만 공간 분해능이 우수한 것이 특징이다(참고로, 자극에 대한 반응 시간은 통상적으로 1,000분의 1초인 밀리초 단위로 표현한다. 또한, 1Hz는 신호가 1초에 한 번 진동하는 것을 말한다.).

지금껏 수많은 과학자들이 의식과 관련된 두뇌 구조가 무엇인지를 밝혀내려 노력하였으며, 오늘날에도 대뇌피질의 특정 영역이나 뉴런이 의식적 경험에 관여하는지를 두고 학자들 간에 가열한 논의가 벌어지고 있다.[1] 하지만 이 책에서는 의식적 경험의 기본 속성을 설명할 수 있는 신경 과정이 무엇인지를 밝히는 일에 주력할 것이다. 저자들이 주장하는 바는 크게 다음 세 가지다. 첫째, 의식적 경험 기저의 신경 과정은 광범위하게 분산된 신경집단이다. 둘째, 이 집단들은 강력하고 신속한 재유입 상호작용을 일으킬 수 있다. 셋째, 의식이 출현하기 위해서는 이 집단들이 충분한 수의 서로 다른 활동 패턴 가운데 한 가지를 선택할 수 있어야 한다.

분산적 신경 대집단의 활성화 · 비활성화와 의식적 경험

인간이 뇌의 전체 능력 중 극히 일부만을 사용하고 있다는 말을 한 번쯤 들어보았을 것이다. 뇌의 잠재력을 전부 발휘할 수 있다면 얼마나 좋을까! 하지만 이러한 통념은 (아예 틀린 것은 아니지만) 사실과는 거리가 멀다. 간혹 뇌종양이나 난치성 간질을 치료하기 위해 뇌의 절반가량을 절제하는 경우가 있는데, 놀랍게도 환자의 인지 능력은 뇌가 절제된 이후에도 별반 달라지지 않는다.[2] 심지어 어떤 환자는 심각한 뇌수종hydrocephalus으로 뇌실ventricle이 엄청나게 부풀어 올라 얇은 대뇌피질 층을 제외한 나머지 뇌가 전부 사라졌는데도 정상적인 지능지수를 보이기도 했다.[3] 그러나 이러한 특수한 사례들을 제외한 대다수 연구에서는, 의식적 과제를 수행할 때 뇌의 대부분이 활성화되거나 비활성화된다.[4]

신경학과 신경생리학에서 얻은 교훈

대뇌피질의 주요 기능은 의식의 내용물을 결정하는 것이다. 각종 병변 형성lesioning이나 뇌 자극 연구는 각 피질 영역이 의식의 특정 측면과 밀접한 관련을 맺고 있음을 보여준다. 이는 의식적 경험을 일으킨 것이 외부 자극이든, 기억이든, 심상이든, 꿈이든 마찬가지다.[5] 가령 피질의 여러 영역 중 방추상이랑Fusiform Gyrus과 혀이랑Lingual Gyrus이 손상되면 색을 지각할 수 없게 되는데, 놀랍게도 환자는 색을 상상하거나 기억할 수도 없게 되며, 심지어 꿈까지 무채색으로 변한다. 한편, 우리가 꿈을 꾼다는 사실은 의식이 시상피질계의 활동만으로도 생성될 수 있음을 보여준다. 꿈을 꾸는 동안 시상피질계는 외부 세계나 나머지 신체와 기능적으로 분리되어 입출력 신호를 주고받을 수 없다. 하지만 꿈속에서도 우리는 현실과 구분하기 힘들 정도로 생생한 의식적 장면을 경험하고는 한다.

시상피질계의 여러 영역이 활성화되어야 의식이 생겨난다는 증거는 신경학적 병변 연구에서도 발견된다. 일반적인 통념과는 달리, 대뇌피질 중에는 의식 자체를 켜고 끄는 스위치 기능을 하는 영역은 존재하지 않는다.[6] 대뇌피질이 부분적으로 손상되면 사물의 색이나 움직임 등 의식적 경험의 일부 측면이 소실될 수는 있지만, 의식 자체가 사라지지는 않는다.

손상될 경우 의식이 사라지는 영역은 뇌 전체에서 딱 한 군데 있는데, 바로 그물 활성계Reticular Activating System다.[7] 그물 활성계는 상부 뇌간(상부 뇌교pons와 중뇌mesencephalon), 등쪽 시상하부Posterior Hypothalamus, 시상의 수질판내핵Thalamic Intralamina Nuclei, 그물핵Reticular Nuclei, 기저전뇌Basal Forebrain 등 진화적으로 오래된 뇌 부위에 자리한 복잡한 신경 구조이다. 그물 활성계는 시상과 피질의 대부분에 광범위하게 투사하고 있으며, 시상피질계에 '활력을 불어넣어' 멀리 떨어진 피질 영역 간의 상호작용을 촉진하는 것이 그 주기능으로 추측된다. 실제로도 그물 활성계의 활동이 의식 상태의 유지에 필수적이라는 것이 잘 알려져 있다.[8] 예를 들어, 그물 활성계는 수면 여부를 결정하는 데 핵심적인 역할을 맡고 있다.[9] 깨어 있는 동안에는 그물 활성계가 시상과 피질의 뉴런들을 탈분극depolarize시켜 규칙적tonic 혹은 연속적으로 발화시키기 때문에 시상피질계의 뉴런들이 외부 자극에 더 잘 반응할 수 있다. 반면, 꿈을 꾸지 않는 깊은 수면 상태에서는 그물 활성계의 활동이 줄어들거나 사라진다. 이때 시상피질계의 뉴런들은 과분극hyperpolarize되어 폭발적 발화와 휴지pause 상태를 오가며, 외부 자극에도 거의 반응하지 못한다. 그물 활성계가 손상되면 의식을 완전히 잃고 코마 상태에 빠진다.[10] 이를 두고 일부 학자들은 그물 활성계가 의식적 경험과 직접적으로 관련되어 있다고 주장하기도 했지만,[11] 그물 활성계 자체가 의식을 생성하지는 않는다는 것이 학계의 중론이다.[12] 그러나 그물 활성계의 작용이 의식이 일어나기 위한 전제 조건인 것은 분명한 사실이다. 그물 활성계의 고유한 해부생리학적 특성은 시상피질계에 분포된 신경 대집단들이 의식적 경험에 적합한 방식으로 발화하게끔 만든다.

뇌 영상 실험들도 의식적 경험의 기저에 분산적 신경 활동 패턴이 있다는 주장에 힘을 실어준다. 지금도 많은 신경과학자와 심리학자들이 인지적 과제를 수행하는 피험자의 두뇌 활동 패턴을 분석하여 해당 과제와 관련된 영역이 어디인지를 확인하는 연구를 수행하고 있다. 실제로 이와 관련하여 매년 수백 건의 논문이 신경학 학술지에 새로이 발표되고 있다. 그런데 여기서 우리가 주목해야 할 것은 이 모든 연구들이 "모든 의식적 과제의 수행은 광범위하게 분포된 뇌 영역들의 활성 혹은 비활성을 수반한다."는 공통된 하나의 결론을 시사한다는 점이다.[13]

그러나 의식적 경험 자체와 상관된 뇌 영역이 정확히 어디인지를 판단하기 위해서는 통제 상태Control State와의 엄밀한 대조가 필요하다. 의식은 아무런 과제도 수행하지 않을 때도 존재하기 때문에 휴식 중의 뇌를 통제 상태로 삼을 수는 없다. 깊이 잠들면 EEG에서 고진폭의 서파Slow Wave가 나타나며 의식적 보고가 불가능해지는데,[14] 이것이 통제 상태로서는 더 적합하다고 말할 수 있다. 최근의 연구에서는 서파 수면 중에 뇌의 시냅스 활동의 간접적 지표인 대뇌 혈류량이 비수면 상태나 렘수면(생생한 꿈을 꾸는 수면 단계) 상태에 비해 전반적으로 감소하는 것으로 나타났다.[15] 깨어 있는 정상인의 뇌와 코마 환자 혹은 깊게 마취된 환자의 뇌를 비교한 연구에서도 대뇌피질과 시상의 신경 활동 저하와 무의식이 서로 관련되어 있음이 밝혀지기도 했다.[16]

더 정확한 통제를 위해서는 피험자에게 단순한 감각 입력을 제시하고 피험자가 그 입력을 자각했을 때와 자각하지 못했을 때의 반응을 비교하면 된다. 최근 저자는 양안 경쟁 상황에서 두뇌 반응의 차이를 관찰하여 의식의 신경상관물을 측정하는 실험을 실시하였다. '양안 경쟁'이란, 양쪽 눈에 서로 다른 자극을 제시하였을 때 피험자가 두 자극 중 하나만을 의식적으로 지각하는 현상을 말한다. 이러한 지각적 우세Perceptual Dominance는 별다른 주의를 기울이지 않더라도 몇 초 간격으로 뒤바뀐다. 만약 당신이 왼쪽 눈으로는 빨간색 세로줄 무늬를, 오른쪽 눈으로는 파란색 가로줄 무늬를 본다면, 비록 두 자극이 함께 제시될지라도 두 자극을 번갈아 보게 될 것이다. 시각계는 두 자극으로부터 동시에 신호를 받지만, 결국에는 둘 중 하나만이 의식적 경험에 떠오르는 것이다.

경쟁하는 두 시각적 자극에 대한 전기적 두뇌 반응을 측정하기 위해서 저자는 MEG를 활용하였다. 두뇌 반응과 자극 간의 대응 관계를 찾는 것이 이 연구의 핵심이었으므로, 저자는 두 자극을 서로 다른 주파수로 깜박거리게 하고 이에 대한 정상 상태 유발 반응Steady-State Evoked Response을 측정한 뒤, 그 주파수들을 표지tag로 삼아 자극 신호의 위치를 파악하였다.

이 실험을 더 구체적으로 소개하자면 이렇다. 양쪽 눈에 제시되는 자극은 대략 7~12Hz 사이의 서로 다른 두 주파수로 표지되었다. 즉 빨간색 세로줄은 7.4Hz로, 파란색 가로줄은 9.5Hz로 깜박이게 하였다. 그 결과, 다수의 MEG 전극에서 두 자극 중 하나로 인한 정상 상태 유발 반응이 감지되었다. 저자들이 데이터를 분석하면서 가장 먼저 알게 된 사실은, 시각 자극에 대한 신경 전기 반응은 자극의 의식 여부와 무관하게 다양한 피질 영역에서 광범위하게 발생한다는 것이었다. 단, 피험자가 자극을 의식하였을 때가 그렇지 않을 때보다 신경 자기 반응의 세기가 50~85% 정도 높았다(그림 5.1). 의식적 지각에 따른 신경 반응의 증가는 후두엽, 측두엽, 전두엽을 비롯한 매우 다양한 뇌 영역에서 관찰되었다(물론 이 모든 영역들이 해당 자극만을 처리하지는 않을 것이다.). 또한, 활동 증가세를 보인 뇌 영역은 피험자마다 모두 달랐다. 다시 말해 의식적 경험과 상관된 뇌 영역은 특정 부위에 국소적으로 위치한 것이 아니라, 광범위하게 분포되어 있으며, 그 분포 상태 역시 개인에 따라 다르다는 것이다.

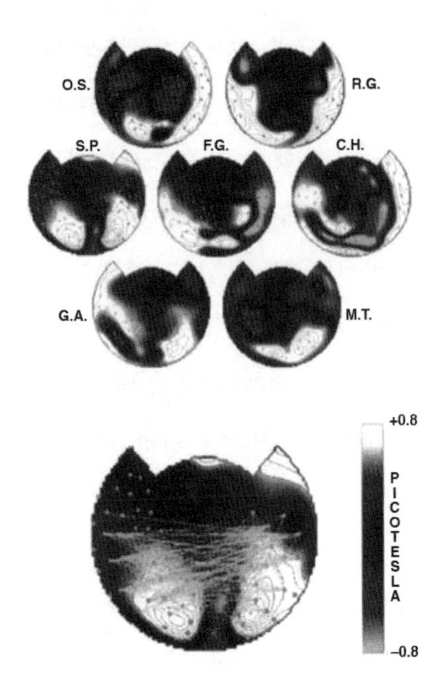

〈그림 5.1〉 의식적 경험 기저의 분산적 신경 과정 그림은 7명의 피험자가 양안 경쟁 상황에서 특정 자극을 의식하였을 때 MEG에서 관찰된 신경 발화의 변화를 나타낸 것이다. 개인별로 큰 차이가 있음에 주목하라.

연습에서 얻은 교훈: 의식적 수행 vs 자동적 수행

앞서 살펴보았듯, 모든 의식적 과제는 피질 활동의 광범위한 증가 혹은 감소를 수반한다. 그런데 과제를 무의식적으로 수행할 경우에는 관여하는 뇌 영역이 감소한다는 보고도 있다.

새로운 기술을 처음 배울 때는 의식적으로 모든 동작을 통제해야 한다. 하지만 시간이 지나 수행이 자동화되면서 각 동작은 의식에서 점점 희미해진다. 자동차 기어 변속하기, 자전거 타기, 악기 연주 등이 그 대표적인 예다. 학습의 초기 단계에는 모든 세부 사항에 대해 의식적 통제가 개입한다. 따라서 이 시기의 동작은 느리고 에너지가 많이 들며 오류율도 높다. 하지만 연습을 반복하면 불필요한 의식적 통제가 줄어들고 수행 과정이 자동화되면서 동일한 동작을 더 빠르고 쉽게, 정확히 수행할 수 있게 된다. 숙련된 피아니스트는 건반에 손을 올리기만 해도 의식적 통제 없이 놀라운 속도로 곡을 연주해낸다. "연습이 완벽을 만들지 않는다면, 습관이 신경과 근육의 에너지 소모를 절약하지 않는다면, 우리는 엄청난 곤란에 처할 것이다."[17] 영국의 정신의학자 헨리 모즐리Henry Maudsley 역시 다음과 같이 말했다. "반복이 행동을 더 쉬워지게 하지 않는다면, 모든 행동이 의식의 세심한 감독을 요한다면, 우리는 일생 동안 고작해야 한두 가지 행동밖에 할 수 없을 것이다."[18]

인간의 인지 활동 중 대부분은 어쩌면 고도로 자동화된 루틴의 산물일지 모른다. 우리 인간은 마치 숙련된 피아니스트처럼 무언가를 말하고, 듣고, 읽고, 쓰고, 기억한다. 아마 이 글을 읽는 당신의 머릿속에서도 글꼴과 크기에 관계없이 글자를 식별하고, 이를 어절 단위로 쪼갠 뒤, 각 어휘의 의미와 문법 구조를 이해하기 위해 갖가지 신경 과정들이 작동하고 있을 것이다. 유년기에 처음 글을 배울 때는 모든 글자와 단어를 일일이 의식적으로 학습해야 하지만, 그 시기가 지나면 별다른 노력 없이도 글을 자동적으로 읽을 수 있다. 어떻게 우리의 뇌가 이처럼 어려운 과제들을 수행할 수 있는지는 거의 밝혀진 바가 없다. 예를 들어, 의식적으로 두 숫자를 더하는 경우 우리가 뇌에다 숫자 두 개를 전달하면 뇌 어딘가에서 계산이 수행되고, 계산이 끝나면 어디선가 답변이 툭 주어지는 것처럼 느껴진다. 무언가를 기억해내려 애쓸 때도 마찬가지다. 의식이 어떠한 질문을 만들면 뇌가 한동안 그에 대한 답을 찾으려 애쓰고, 이윽고 질문에 대한 답변이 의식에 주어진다. 이는 마치 어느 기업의 CEO가 보고서를 요청하면 부하 직원 가운데 한 명이 그것을 작성하고(CEO는 그게 어느 부서의 누구인지 몰라도 된다.) 일정한 시간이 흐른 뒤 CEO가 그 보고서를 받아 들게 되는 것과도 비슷하다.

우리의 행위 중 대부분이 자동화되어 있다는 것은, 선택이나 계획을 요하는 결정적 순간에만 의식적 통제가 발휘된다는 것을 의미한다. 그 밖의 상황에서는 무의식적 루틴이 계속해서 촉발 · 실행되며, 의식은 각종 세부 사항이 아닌 전체적 맥락만을 처리한다. 이는 지각뿐만 아니라 행동의 경우에도 마찬가지다. 우리는 행위에 대한 통제, 분석 과정에서 마지막 단계의 결과물만을 의식할 수 있으며, 나머지는 전부 자동적으로 처리된다. 요컨대 우리의 자아가 의식할 수 있는 것은 뇌에서 일어나는 '계산' 그 자체가 아닌, 계산의 결과다. 의식이라는 CEO가 가진 역량은 유한할지라도,[19] 그가 속한 뇌라는 기업은 거의 무한한 자원을 지니고 있다.[20] 이를 더 엄밀하게 서술하자면 이렇다. 행위의 자동화가 생존에 유용한 이유는 거대 단위의 행동들을 단 한 단계만에 선택할 수 있게 함으로써 필요한 선택의 수를 감소시키기 때문이다. 다양한 선택지 중에 하나를 고르는 과정이 인지 과정에서 엄청난 병목으로 작용한다는 점을 고려할 때, 행위가 자동화되면 행동의 속도가 획기적으로 개선될 수 있다.

윌리엄 제임스는 의식적 수행이 자동적 수행으로 전환되는 과정을 다음과 같이 유려하게 묘사하였다.[21]

> 습관은 행위의 수행에 필요한 의식적 주의를 감소시킨다. 이를 추상적으로 표현하자면 다음과 같다. 예를 들어, 어떠한 행위가 실행되기 위해서는 A, B, C, D, E, F, G 등의 신경 사건이 연쇄적으로 일어나야 한다고 가정해보자. 이 행위를 처음 수행하는 사람은 의식적 의지를 활용하여 여러 오답들 가운데서 매번 적절한 사건을 골라내야 한다. 하지만 습관은 의식적 의지의 개입 없이도 각 사건 다음에 그 다음 사건이 올바르게 일어날 수 있게끔 한다. 그 결과, 습관이 완전히 자리 잡고 나면 A가 발생하기만 해도 B, C, D, E, F, G가 차례로 일어나게 된다. (중략) [이러한 원리로] 피아니스트들은 악보를 흘끗 보기만 해도 손가락 끝에서 아름다운 선율을 폭포수마냥 쏟아내는 것이다.

행동 통제의 두 가지 모드인 의식적 통제와 무의식적 통제는 제각기 다른 장단점을 지니고 있다. 의식의 메커니즘을 규명하기 위해 중요한 것은, 어떠한 신경 기제에 의해 그 두 가지 모드가 전환되는지, 의식적 수행과 무의식적 수행을 오갈 때 뇌 기능에서는 어떠한 변화가 수반되는지다. 사실 무언가를 연습하기 전이든 후든 동작 자체는—속도나 매끄러움을 제외하면—크게 달라지지 않는다. 유일한 차이는 행위가 의식적으로 수행되느냐 무의식적으로 수행되느냐 하는 것뿐이다. 두 가지 모드에서 두뇌 활동의 차이가 밝혀진다면, 의식의 토대가 되는 신경 과정이 무엇인지도 더 잘 이해할 수 있을 것이다.

운동 행위를 의식적으로 수행할 때는 온몸의 근육이 전부 관여하지만, 습관적 행동을 할 때는 필요한 근육만이 사용된다. 윌리엄 제임스의 말처럼,[22] "초보 피아노 연주자는 건반 하나를 누를 때 손가락뿐만 아니라 손 전체와 팔, 심지어 온몸을 다 움직인다. 그중에서도 머리가 특히 심한데, 그 모습은 마치 손가락이 아닌 머리로 건반을 누르는 것 같다." 하지만 연습 이후에는 "한때 몸 전체를 움직였던 신경 자극은 (중략) 특정 기관에 속한 몇 가지 근육만을 수축시키게 된다." 연습에 의해 감소하는 것은 근육의 움직임뿐만이 아니다. 연습 전에는 무수히 많은 감각 입력 신호, 불필요한 세부 사항에 관한 자극들까지도 의식적 통제에 '간섭하여' 행동의 수행에 영향을 준다. 하지만 연습을 거치고 나면 입력 신호의 범위가 제한되어 꼭 필요한 정보만이 행동에 영향을 주게 된다.

이러한 입출력 신호의 제한은 두뇌 동역학의 변화와도 관련이 있다. 익숙한 조건 자극Conditioned Stimulus과 낯선 무조건 자극Unconditioned Stimulus을 동물에게 한꺼번에 제시하였을 때 두뇌 활동의 패턴이 알파 활동Alpha Activity(약 10Hz의 동기화된 진동)에서 더 높은 주파수의 광역적인 비동기화 패턴으로 변화한다는 것은 1930년대에도 이미 잘 알려져 있었다.[23] 이러한 비동기화 패턴은 처음에는 뇌 전반에서 관찰되다가 반복 학습을 통해 조건 반응Conditioned Response이 정립됨에 따라 반응 조절에 관여하는 피질 영역으로 국한된다(즉, 조건 자극이 빛 신호이고 조건 반응이 운동 반응이라면 시각피질Visual Cortex과 운동피질Motor Cortex에서만 비동기화된 패턴이 나타나는 것이다.). 실제로 고양이에게 일정한 주파수로(예를 들어 6Hz로) 깜박거리는 시각 자극을 매일 보여주었을 때, 처음에는 뇌 전반에서 6Hz 주파수의 반응이 관찰되다가 고양이가 깜박임에 적응하면서 6Hz 반응은 급격히 감소하다 이내 완전히 사라졌다. 그러나 이 깜박임 자극을 사용하여 발바닥 전기 쇼크Foot-Shock를 동반하는 재강화reinforcement 훈련을 실시하자, 뇌 전반에서 6Hz 반응이 되살아났다. 학습이 끝나자 반응의 양과 규모는 다시금 감소했지만, 재강화 훈련의 대상 자극이 새롭거나 복잡한 경우에는 다양한 뇌 영역에서 오랫동안 6Hz 반응이 유지되었다.[24]

현대적 영상 기법들을 사용하면 인간의 뇌에서 실제로 무슨 일이 일어나는지 볼 수 있다. 실제로 한 연구팀은 어린이들에게 테트리스 게임을 연습하게 하고, PET를 이용하여 연습 전후의 대뇌 포도당 대사율을 측정하였다.[25] 4~8주간 매일 테트리스를 연습하고 나자, 어린이들의 게임 점수는 7배 이상 상승한 반면, 놀랍게도 피질의 포도당 대사율은 오히려 감소하였다. 실력의 향상폭이 클수록 포도당 대사율은 더 많이 줄어들었다. 또 다른 연구에서는 피험자들에게 사물의 사진을 보여주고 이름에 해당하는 명사나 그 사물과 어울리는 동사(예를 들어, '망치'를 보면 '두드리다' 같은)를 말하게 하였는데, 명사를 말할 때에 비해 동사를 말할 때 뇌의 여러 영역(전측대상회, 좌측 전전두엽, 좌측 후측두엽, 우측 소뇌반구)에서 활동 증가가 관찰되었다.[26] 하지만 연습을 거듭하자 해당 영역들의 활성도는 유의미하게 감소하였다.[27] 단 15분의 연습만으로도 명사를 말할 때와 동사를 말할 때의 두뇌 활동의 차이를 사라지게 만들기에는 충분했다. 하지만 새로운 사물들을 추가하자 그 효과는 사라졌다.

최근 한 연구팀은 피험자들에게 손가락을 사용하는 일련의 동작들을 몇 주에 걸쳐 연습시키고, 동작의 속도와 정확성의 변화를 관찰하였다(동작의 순서를 뒤바꿀 경우, 연습의 효과는 나타나지 않았다.). 또한, fMRI를 사용하여 1차 운동피질Primary Motor Cortex 부근의 영역별 활성도의 상대적 차이를 분석하였다. 그 결과, 연습 전에는 동작을 수행할 때 1차 운동피질이 강하게 활성화되지만, 연습을 거듭함에 따라 활성화 범위가 급속히 줄어드는 것이 확인되었다.[28]

이로부터 우리는 의식적 연습이 과제의 수행과 관련된 피질 신호가 전파되는 영역을 감소시키고, 과제의 수행에 필요한 정보의 양 역시 제한시킨다는 것을 알 수 있다. 불필요한 간섭 없이 꼭 필요한 정보만을 처리하면 수행 능력 역시 증가한다. 이때 연습량을 더 늘리면 과제의 수행에 특화된 신경회로들이 새로 만들어져, 해당 과제를 더 빠르고 정확하게, 무의식적으로 수행할 수 있게 된다. 비유하자면 이렇다. 처음에는 새로운 과제를 해결하기 위해 피질의 각 영역에 있는 '전문가'들이 한데 소집된다. 이들 중 과제를 처리하기에 가장 적합한 인물들이 선정되면 이윽고 대책위원회Task Force가 꾸려진다. 이 대책위원회는 뇌의 각지에 자리한 국소적 신경집단들의 도움을 받아 과제를 빠르고 정확하게 수행해낸다.

이 장의 서두에서 지적하였듯, 연습 초반의 통제적 수행은 많은 의식적 주의를 요하지만, 이후의 자동적 수행은 적은 양의 주의만으로도 일어날 수 있으며 의식에 선명하게 떠오르지도 않는다. 앞서 소개한 신경생리학 실험들은 모두 의식적 수행과 관련된 시상피질계의 활동이 자동적 수행과 관련된 두뇌 활동에 비해 훨씬 더 넓은 영역에서 발생한다는 것을 보여준다. 14장에서 우리는 의식적 계획과 무의식적 루틴을 연결하기 위한 피질과 피질하 영역Subcortical Region들의 협력 관계를 자세히 살펴볼 것이다. 그러나 이 장을 마치면서는, 뇌의 각 부위를 잇는 양방향 경로들을 따라 재유입 상호작용이 일어난다는 것, 그리고 그 재유입 과정에 따라 의식 기저의 여러 신경 활동이 통합 또는 분화된다는 사실을 이해하는 것만으로도 충분할 듯싶다.

6장
신경 활동: 통합된 그리고 분화된

5장에서 살펴본 바대로, 의식적 경험은 뇌의 특정 부위가 아닌 광범위한 영역에서 동시에 일어나는 활동 패턴의 변화와 관계되어 있다. 하지만 시상피질계에 분포된 신경집단의 활동만으로 의식이 생성될 수 있을까? 의식은 그저 뉴런이 한꺼번에 많이 활성화되기만 하면 생겨나는 것일까? 많은 실험 결과들은 그렇지 않다고 말한다. 의식적 경험이 출현하기 위해서는 무언가 더 필요하다. 저자들의 관찰에 따르면, 의식의 발생은 광범위한 신경집단들의 강력하고 급속한 재유입 상호작용을 필요로 한다. 이 신경집단들의 활동 패턴은 계속해서 변화해야 하며, 서로 충분히 구별 가능해야 한다. 이에 대한 증거는 정상인을 대상으로 한 연구뿐만 아니라 뇌 질환 연구에서도 발견된다.

지난 5장에서 우리는 의식적 경험이 시상피질계에 광범위하게 분포된 신경 대집단의 활성화 또는 비활성화와 관련되어 있음을 확인하였다. 이 장에서는 신경 질환이나 정신 질환과 관련된 여러 사례들을 들여다보고, 이로부터 의식적 경험 기저의 신경 과정들이 지닌 보편 속성들에 대해 고찰해본다.

의식적 경험은 강력하고 급속한 재유입 상호작용을 필요로 한다

통합된 의식적 경험이 형성되려면 급속한 재유입 신경 상호작용이 반드시 일어나야 한다. 이를 단적으로 보여주는 예로, 신경학에는 절단증후군Disconnection Syndrome이, 정신의학에는 해리성 장애Dissociation Disorder가 있다. 이 둘은 병리적 과정, 트라우마, 수술 등에 의해 뇌의 일부 영역이 나머지 영역과 해부학적 혹은 기능적으로 분리되어 생기는 질병이다. 이때 분리된 영역 그 자체에는 별다른 문제가 없는 경우가 많다.

절단증후군[1]

여러 절단증후군 가운데 가장 잘 알려진 것은 바로 분리뇌증후군이다. 분리뇌증후군은 난치성 간질의 치료법 중 하나인 뇌량 절제술의 결과로 발생할 수 있다(〈그림 6.1〉 참조: 뇌량과 전교련Anterior

Commisure이 두 뇌반구를 연결하고 있다.). 분리뇌 환자들은 두 뇌반구 간의 양방향적 연결이 차단되어 있음에도 불구하고 일상생활을 비교적 정상적으로 영위할 수 있다(사실은 뇌량을 자르고 나서도 의식이 남아 있다는 것 자체가 놀라운 일이다.). 이로부터 우리는 두 뇌반구 중 우성dominant 뇌반구(대부분은 좌뇌) 하나만으로도 충분히 의식적으로 환경을 지각하고 행동을 통제할 수 있음을 알 수 있다.[2]

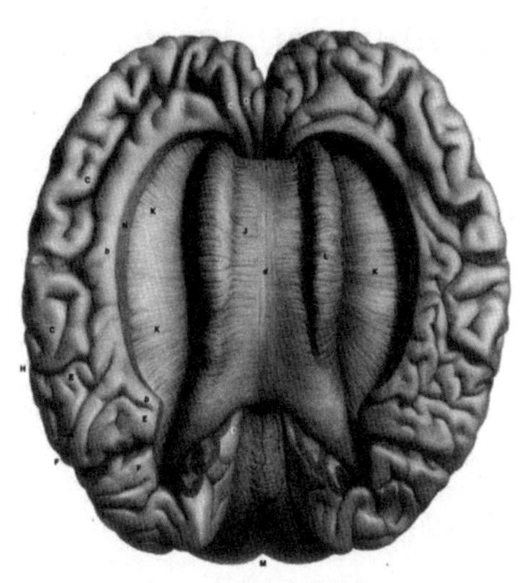

〈그림 6.1〉 뇌량은 두 대뇌반구를 양방향으로 연결하는 약 2억 가닥의 신경섬유다. 위 그림은 뇌의 상층부를 들어내고 뇌량을 위에서 내려다본 모습이다. 섬유들의 가로 줄무늬가 희미하게 보인다.

분리뇌 환자들과 정상인의 가장 큰 차이는 두 뇌반구가 감각 정보나 운동 정보를 제대로 통합하지 못한다는 점이다. 즉, 분리

뇌 환자들은 좌우 시야의 시각 정보를 한꺼번에 지각하지 못한다. 또한, 한쪽 손에 제시된 체감각somatosensory 정보는 같은 쪽(동측ipsilateral) 뇌반구에는 전달되지 않는다. 수십 년간 분리뇌증후군을 연구한 로저 스페리Roger Sperry는 자신의 소회를 다음과 같이 요약했다.

> 수술로 인해 환자들의 마음은 둘로 쪼개진다. 요컨대 두 뇌반구에 의식이 하나씩 생기는 것이다. 좌뇌는 우뇌의 경험을 전혀 자각하지 못하는 것처럼 보인다. 이러한 정신의 분리는 지각, 인지, 의지, 학습, 기억 등의 기능에서 모두 나타난다. 우성 뇌반구인 좌뇌는 언어 능력을 지니고 있으며 상황에 대해 설명하고 싶어한다. 반면, 우뇌는 벙어리여서 비언어적 반응을 통해서만 스스로를 표현할 수 있다.[3]

하지만 때로는 좌뇌가 행동을 통제하는 와중에 우뇌가 끼어들기도 한다. 예를 들어, 환자의 오른손은 옷을 입으려 하는데 왼손은 자꾸만 옷을 벗어대는 것이다. 이러한 비우성nondominant 뇌반구의 반항 행위는 '외계인손증후군Alien Hand Syndrome'이라고도 불리며, 앞쪽 뇌량이 손상된 환자에게서 특히 더 자주 관찰된다.[4]

분리뇌증후군의 해부학적 발병 원인은 명확하다. 두 뇌반구를 연결하던 수백만 개의 재유입 연결로들이 잘려 나갔기 때문이다. 하지만 그 기저의 신경생리학적 원리는 그리 간단하지 않다. 뇌량이 절단되어 직접적인 피질-피질corticocortical 연결이 끊어진 이후에도 각 뇌반구의 활동 패턴은 크게 달라지지 않는다. 다만 소실되는 것은 재유입 상호작용이 조절하던 두 뇌반구 신경집단 간의 단기적 상관관계다. 뇌량의 절단에 따른 두 뇌반구 간 신경 발화의 상관성correlation과 결맞음coherence의 감소는 사람[5]과 동물[6] 모두에게서 관찰된다. 예를 들어, 고양이의 뇌량을 절단하더라도 양 뇌반구의 V1 뉴런들은 각자가 선호하는 자극(특정 방향의 막대)에 정상적으로 반응한다. 그러나 시야의 중앙을 가로지르는 기다란 막대를 보여주었을 때, 정상 고양이는 두 뇌반구의 신경 활동이 높은 상관성을 보인 반면, 뇌량이 절제된 고양이의 뇌에서는 아무런 상관성이 나타나지 않았다. 이로부터 우리는 재유입 상호작용이 두 뇌반구의 신경 활동의 시간적 상관관계를 조절하기 위해서는 두 뇌반구가 반드시 양방향으로 연결되어 있어야 한다는 것을 알 수 있다. 인간의 경우에는 이러한 재유입 상호작용이 소실되면 두 뇌반구 사이의 의식적 통합도 무너진다.

해리성 장애

절단증후군의 경우에는 재유입 상호작용과 의식적 통합의 관련성을 쉽게 알 수 있다. 하지만 그 밖의 해리 현상들에 관해서는 재유입 상호작용의 중요성이 간과되곤 한다. 오늘날 전환 장애Conversion Disorder 혹은 심인성psychogenic 증상이라 불리는 각종 히스테리성 감각 증상들은 19세기에 장 샤르코Jean Charcot, 피에르 자네

Pierre Janet, 지그문트 프로이트Sigmund Freud의 여성 환자들에게서 자주 관찰되었다(그림 6.2). 오늘날에는 이러한 증상이 예전만큼 흔하지 않지만, 흥미로운 현상임에는 틀림이 없다. 중증 히스테리성 실명 환자는 자신의 시각 능력이 의식적 자아에서 떨어져 나가 무의식화되기라도 한 듯, 스스로의 앞에 놓인 장애물들을 전부 피하면서도 아무것도 보이지 않는다고 주장한다.

1900년 무렵, 피에르 자네는 해리성 장애의 몇몇 사례를 자세히 기록하였다. 그는 여성 환자의 손에 연필을 쥐어주고 주의를 다른 데로 돌려서 환자가 자동 기술Automatic Writing을 하게끔 유도하자, 환자의 손이 부지불식간에 질문에 대한 바른 답을 적어내는 것을 관찰하였다.[7] 프로이트 역시 다양한 신경증 사례들을 분석하고 그 무의식적 기원을 탐구하였다. 특히 프로이트는 일상 속의 말실수나 선택적 기억상실Selective Amnesia도 해리성 장애와 밀접한 연관이 있다고 주장하였다.[8]

오늘날에는 둔주 상태Fugue State 등에 관한 연구가 활발히 진행되고 있다. '둔주 상태'란 어떤 행위를 의식적으로 한 뒤에 그 행위에 관한 기억을 떠올리지 못하는 증상을 말한다. 미국의 심리학자 어니스트 힐가드Ernest Hilgard는 둔주 상태, 다중 인격Multiple Personalities, 최면으로 인한 무통 또는 기억상실을 비롯한 여러 현상들을 재검토하여 이들을 '해리된 의식 상태Dissociated States of Consciousness'라 총칭했다.[9] 오늘날 해리는 "의식, 기억, 정체감Identity, 환경 지각 등 일반적으로는 통합되어 있어야 할 기능들이 분열된 상태"

〈그림 6.2〉 안나 O(본명 베르타 파펜하임Bertha Pappenheim). 1880년 비엔나에 사는 젊은 여성이었던 안나 O는 복합적인 해리성 혹은 히스테리성 증상으로 지그문트 프로이트와 그의 동료 조세프 브로이어Josef Breuer를 찾았다. 그녀는 오른쪽 손발에 감각 상실과 마비 증세를 보였고, 간헐적으로는 청각과 독일어 구사 능력을 잃기도 했다(그 와중에 영어는 구사할 수 있었다.). 프로이트와 브로이어는 증상이 처음 발병할 당시의 사건들을 회상하게 하는 정화 요법Cathartic Method을 실시하여 이를 해결하였다. 1895년, 프로이트와 브로이어는 안나 O를 비롯한 여러 환자들의 사례를 정리한 정신분석학계의 명저 『히스테리 연구Studies on Hysteria』를 출간하였다. 한편 베르타 파펜하임의 증상은 완전히 사라졌고, 그녀는 여성운동 지도자로서 여생을 보냈다.

로 정의된다.[10] 통합되어 있던 의식적 경험이 쪼개지면 해리성 기억상실, 해리성 둔주, 해리성 인격 장애(다중인격 장애), 이인 장애Depersonalization Disorder 등 갖가지 형태의 해리성 장애가 일어날 수 있다.[11] 조현병을 비롯한 여러 정신 질환도 신경 통합이 정상적으로 일어나지 않는다는 측면에서 일견 해리성 장애와 유사한 점이 있다.[12]

절단증후군과 해리성 장애는 서로 놀라우리만치 닮아 있다. 절단증후군은 시각영역이나 운동영역 등의 뇌 부위들이 물리적으로 끊어져 발생하는 반면, 해리성 장애는 '보기', '움직이기' 등의 정신적 기능 사이에 단절이 생겨 발생한다는 것이 둘의 가장 큰 차이점이다. 하지만 저자들은 두 질병 모두 기능의 통합에 장애가 생겨 발생한다는 점에서 하나의 범주로 묶일 수 있다고 생각한다. 뇌 기능이 신경해부학적 손상 때문에 통합되지 못하면 절단증후군이, 두뇌 연결망의 '기능적' 또는 동역학적 손상 때문에 통합되지 못하면 해리성 장애가 발생한다. 두 질병 모두 문제가 되는 것은 특정한 뇌 영역이나 정신 기능의 활동이 아닌, 여러 영역이나 기능 사이의 상호작용성interactivity이다. 하지만 안타깝게도 해리성 장애의 신경학적 기반에 관해서는 아직 밝혀진 바가 거의 없기 때문에, 해리성 장애가 재유입 상호작용의 결함 때문에 발생한다는 저자들의 가설을 당장 검증하기는 어려울 듯싶다.

자각 없는 지각

오래전부터 심리학자들은 의식적으로 지각되지 않는 미약하고 짧은 자극이라도 행동 반응을 일으킬 수 있음을 알고 있었다.[13] 이러한 '역하 지각Subliminal Perception' 현상은 1950년대 미국의 저널리스트 밴스 패커드Vance Packard의 베스트셀러 『숨은 설득자들The Hidden Persuaders』에 언급되면서 널리 알려졌다. 영화 중간중간에 '코카콜라를 마셔요Drink Coke'와 같은 메시지를 짧게 넣으면 관객들이 무의식적으로 목마름을 느끼게 할 수 있다는 유명한 일화가 바로 이 책에서 나왔다.[14] 역하 지각이 정말 과학적인 근거가 있는지에 대해서 많은 이들이 의심과 비판을 던지기도 하였으나, 연구자들은 이를 실험적으로 통제하고 재현하는 데 성공하였다.[15]

오늘날에는 역하 지각을 '자각 없는 지각Perception without Awareness'으로 부르기도 한다. 자각 없는 지각의 가장 대표적인 사례는 너무 약하거나, 짧거나, 잡음이 많아서 의식적으로 지각될 수 없는 자극이 어휘 판단이나 그와 유사한 과제의 수행에 영향을 주는 것이다.[16] 예를 들어, 피험자에게 리버river라는 단어를 아주 잠깐 동안 보여주고 머니money와 보트boat 가운데 뱅크bank와 더 잘 어울리는 단어를 고르게 하면, 피험자는 자기도 모르게 보트를 고른다(뱅크는 영어로 '은행'을 뜻하기도 하고 '강둑'을 뜻하기도 한다.—역주). 역하 자극으로 인한 신경 활동은 행동 반응을 촉발할 수는 있지만, 의식적 경험을 일으키지는 못한다.[17] 그렇다면 의식적 경험이 발생하기 위해서는 무엇이 더 필요할까?

그에 관해서는 1970년대 미국의 심리학자 벤저민 리벳Benjamin Libet이 수행한 연구들에서 실마리를 엿볼 수 있다. 리벳은 치료 목적으로 시상에 전극을 이식한 난치성 통증 환자의 뇌에 미약한 전기 충격을 1초에 72번 가하였다.[18] 시상의 특정 부분을 자극하면 촉각과 관련된 신경회로가 활성화되어 촉감이 생겨난다는 것은 이미 잘 알려져 있었다. 리벳이 새롭게 밝혀낸 것은, 그러한 미약한 자극이 의식적 감각 경험을 일으키기 위해서는 자극으로 인한 대뇌피질의 활동이 약 0.5초 이상 지속되어야 한다는 사실이다. 자각 없는 지각을 일으키기에는 0.15초 미만의 짧은 자극만으로도 충분했다. 환자들은 자극을 전혀 지각하지 못했음에도 자극의 제시 여부를 올바르게 추측할 수 있었다. 이를 두고 리벳은, 시상에서 대뇌피질로 가는 입력 신호의 지속 시간을 늘리는 것만으로도 자각 없는 지각을 '자각 있는 지각'으로 변화시킬 수 있다고 보았다.

의식적 경험은 피부 자극에 의해서도 유도될 수 있다. 피부가 자극되면 피질에서는 빠른 전기 반응(P1)이 일어난 뒤에 늦은 전기 반응(N1)이 발생한다. P1은 자극이 제시되고 약 25밀리초 후에 최고점에 도달하는 반면, N1은 100밀리초 후에 시작되어 수백 밀리초 동안 지속된다. P1 전위는 의식적 경험이 없는 수면이나 마취 도중에도 나타나지만, N1 전위는 서파 수면이나 마취 시에 나타나지 않으며 주의에 의해 조절될 수도 있다. 이처럼 자연적인 피부 자극의 경우에도 피질의 전위가 수백 밀리초 동안 길게 변화해야 체감각 신호가 의식되는 것이다.

P1과 N1 전위는 인간뿐 아니라 원숭이의 뇌에서도 발견된다. 원숭이에게 촉각 자극의 세기를 구별하는 법을 가르친 뒤에 뇌의 활동을 측정하였을 때, P1은 오직 자극의 세기에 따라서만 변화한 반면, N1은 원숭이의 지각적 변별, 즉 행동적 반응과 상관성을 보였다. N1을 일으키는 뉴런들은 1차 체감각피질Primary Somatosensory Cortex의 가장 바깥층까지 수상돌기를 뻗어서 긴 피질-피질 연결을 형성하고 있다. 이 뉴런들이 흥분되면 N1이 발생하는데, 흥미롭게도 이들의 발화는 다른 피질 영역들로부터의 재유입에 의해 조절된다.[19]

이처럼 자극이 의식적으로 지각되려면 다양한 뇌 영역 사이에 재유입 상호작용이 일어나야 한다. 그런데 위에서 소개된 실험 결과에서 알 수 있듯, 재유입 상호작용이 발생 또는 유지되기 위해서는 자극에 대한 신경 반응이 최소 수백 밀리초는 지속되어야 한다.

한편, 리벳은 의식과 운동의 연관성에 대해서도 실험을 진행했다. 리벳은 피험자들로 하여금 자신들이 원할 때 손가락을 움직이되, 그 의도를 자각한 순간 시곗바늘의 위치를 기록하게 하였다. 그 결과, 행동에 대한 의도가 의식에 떠오르기 약 0.35초 전에 대뇌피질에서는 신경 활동이 시작된다는 것이 드러났다.[20] 즉 운동 행위를 개시하기 이전에 우리 뇌에서는 이른바 '준비 전위Readiness Potential'라 불리는 사건 관련 전위Event-Related Potential가 발생하는데, 이 준비 전위는 의도의 자각에 비해 평균 0.35초, 최소 0.15초 전에 발생하는 것으로 보인다. 이에 관해 리벳은 의사 결정에 대한 의식적 자각 없이도 대뇌가 자발적이고 자유로운 수의적 행위를 무의식적으로 시작할 수 있다고 결론 내렸다. 여기서 우리가 주목해야 할 것은, 감각 자극뿐만 아니라 운동 행위에 대한 의도 역시 의식적으로 자각되기 위해서는 기저의 신경 활동이 0.1~0.5초 정도 지속되어야 한다는 점이다.

신경 활동의 지속 시간과 의식적 경험의 상관관계는 공간상의 위치를 떠올리는 능력인 시공간적visuospatial, 視空間的 작업 기억과 관련된 과제에서도 발견된다. 공간상의 위치, 전화번호, 기발한 생각과 같은 정보를 의식의 내부나 가까이에 저장하고 다시 인출하는 것이 작업 기억의 역할이다.[21] 원숭이의 경우에는 작업 기억과 관련된 과제를 수행할 때 전전두엽이 켜지는데, 이 신경 활동은 전두엽과 두정엽 사이의 재유입 상호작용에 의해 유지되는 것으로 추정된다.[22] 신경 활동이 지속되지 않으면 멀리 떨어진 여러 뇌 영역의 활동이 통합되지 않는다. 일상에서 우리가 의사 결정을 내리거나 계획을 세울 수 있는 것은 통합된 신경 과정이 일정 시간 이상 안정적으로 유지되고 있기 때문이다.[23]

최근 저자는 자각이 요구되는 인지적 과제를 수행할 때 시상피질계에 분포된 신경 대집단 간에 짧은 시간적 상관관계가 형성된다는 것을 실험으로 확인하였다.[24] 저자는 여러 영역 간의 상호작용을 관찰하기 위해 양안 경쟁 중인 뇌의 활동을 MEG로 측정하였는데, 결과는 놀라웠다.[25] 멀리 떨어진 뇌 영역들의 활동이 얼마나 동기화되었는지를(같은 위상phase을 보이는지) 정량화하기 위한 지표로 흔히 '결맞음'이 사용된다. 결맞음 값이 높을수록 두 영역 간의 재유입 상호작용도 강력하다고 볼 수 있다. 저자들의 예측대로, 피험자가 양안 경쟁 상황에서 두 자극 중 하나를 자각할 때 해당 자극에 반응하는 영역들 간의 결맞음 값도 상승했다[26](그림 6.3). 이는 의식적 경험이 발생하려면 재유입 상호작용을 통하여 여러 뇌 영역의 활동이 빠르게 통합되어야 한다는 저자들의 주장을 뒷받침하는 확실한 증거다.

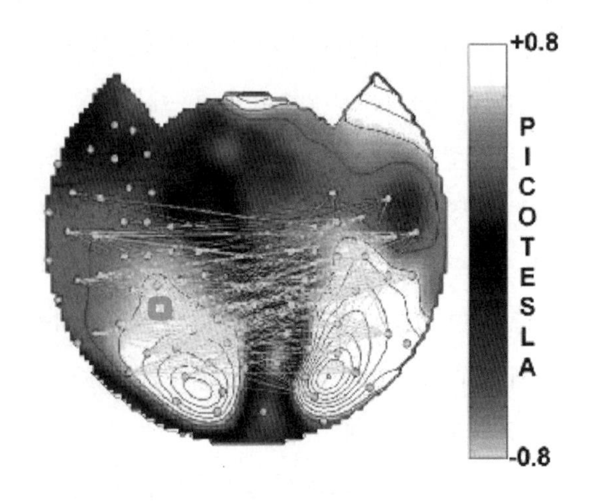

〈그림 6.3〉 의식 기저 신경 과정들의 결맞음 위 그림은 〈그림 5.1〉의 일부로, 양안 경쟁에서의 두뇌 활동을 MEG로 측정한 결과다. 피험자가 자극을 의식할 때 동기화 수준이 상승하는 피질 영역들이 흰 직선으로 이어져 있다.

의식적 경험은 고도로 분화된 신경 활동 패턴을 필요로 한다

분산적 신경집단 간의 지속적인 상호작용은 의식적 경험의 필요조건이지만 충분조건은 아니다. 의식이 없는 전신 간질 발작 Generalized Epileptic Seizure이나 서파 수면 중에도 신경집단 간의 상호작용이 존재하기 때문이다.

간질 발작

간질 발작이 일어나면 대뇌피질과 시상의 대다수 뉴런이 급속히 과동기화hypersynchronous되어 거의 동시에 높은 발화율Firing Rate(1초당 발화 횟수—역주)로 함께 방전한다. 소아에게서 자주 발생하는 전신 간질의 경우에는 피질 전체에서 과동기화된 신경 방전이 일어나며, 이때 EEG상에서는 3Hz대에 독특한 형태의 극서파 복합체Spike-And-Wave Complex가 관찰된다. 이러한 소발작Petit Mal은 잠깐 동안의 의식의 소실, 즉 '결신absence, 缺神'을 동반하기도 한다. 발작이 일어나면 환아는 말을 하거나 길을 걷다가 갑자기 외부 자극에 반응하는 능력을 잃고, 그대로 멈추어 멍하게 앞을 응시하다가 몇 초가 흐르면 다시 회복한다. 그러나 무의식 상태에서 벗어난 후에도 환아는 발작의 순간을 전혀 기억하지 못한다.

이러한 발작은 뇌가 비활성화되는 것이 아니라 오히려 과활성화되기 때문에 발생한다. 뇌파상에서 극서파 복합체가 관찰되는

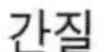

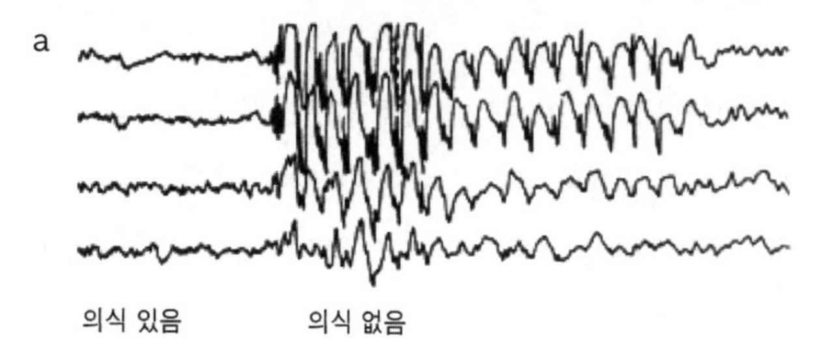

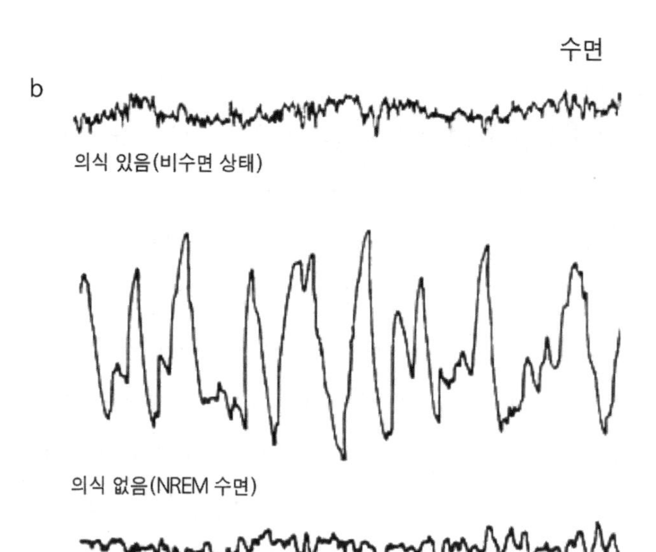

〈그림 6.4〉 간질과 수면 상태의 EEG 패턴 의식적 경험이 일어나려면 신경 과정이 고도로 분화되어 있어야 한다. EEG상에서 이는 저진폭의 빠른 활동과 같은 다양한 패턴으로 나타난다. 간질 발작이나 비렘NREM 수면과 같이 의식이 없는 상태에서는 고진폭의 동기화된 파형이 관찰된다.

이유도 거의 모든 피질 뉴런이 발화 상태와 침묵 상태를 1초에 세 번씩 반복하기 때문이다(〈그림 6.4〉 a). 이처럼 몇 가지 정형화된 신경 상태만을 오가는 모습은 깨어 있는 정상인의 뇌가 수십억 가지의 서로 다른 발화 패턴을 계속 옮겨다니는 것과는 매우 대조적이다. 그러한 점에서, 발작으로 인한 의식의 소실은 신경 상태 레퍼토리의 복잡도가 현저하게 감소하는 것과 관련이 있다고 말할 수 있다.

수면의 여러 상태

수면은 크게 서파 수면과 렘수면의 두 가지 상태로 나뉜다. 서파 수면 중에는 의식이 줄어들거나, 파편화되거나, 완전히 사라지는 반면, 렘수면 중에는 꿈을 생생하게 의식할 수 있다. 서파 수면 중에 의식이 사라지는 것은 신경 활동이 감소하기 때문이 아니다.[27] 신경생리학자들이 밝혀낸 바에 따르면, 개별 뉴런의 발화율은 잠을 자든 깨어 있든 크게 다르지 않으며, 심지어 일부 영역은 수면 중에 발화율이 오히려 증가하기도 한다.[28] 다시 말해, 피질 활동과 의식은 서로 별개의 현상인 것이다. 피질이 정상 수준으로 발화한다고 해서 반드시 의식이 생겨나지는 않는다.[29] 수면이 시작될 때 변화하는 것은 뉴런의 발화율이 아닌 발화 패턴이다. 깨어 있을 때나 렘수면 중에는 뉴런들이 연속적이거나 규칙적으로 발화함에 따라 피질 전체에서 저전압의 빠른 활동 패턴이 관찰된다. 그러나 서파 수면 중에는 뉴런들이 독특한 폭발적 고주파 진동과 잠잠한 휴지기를 오가기 때문에 고전압의 느린 파형이 산발적으로 나타나는 것을 볼 수 있다.[30]

서파 수면 상태에서의 이러한 '폭발-휴지Burst-Pause' 양상은 상당히 많은 뉴런에 영향을 미치며, 이로 인해 신경 대집단의 느린 반복적 발화가 뇌 전체 규모에서 고도로 동기화된다. 반면, 비수면 상태에서는 신경집단들이 역동적으로 이합집산하면서 끊임없이 새로운 발화 패턴을 만들어낸다(〈그림 6.4〉 b). 따라서 신경 상태의 레퍼토리는 의식이 있을 때가 서파 수면 상태에 비해 훨씬 더 크다. 전신 간질 발작의 경우처럼 구별 가능한 신경 상태의 가짓수가 줄어들면 의식은 희미해지거나 사라진다. 이는 의식이 발생하기 위해서는 신경 활동이 지속적으로 변화하고 시공간적으로 분화되어야 한다는 것을 보여주는 증거다. 피질의 신경집단들이 지나치게 동기화되면 집단 간의 기능적 구분이 사라지고 뇌의 신경 상태는 매우 균질해진다. 이로 인해 두뇌 상태의 레퍼토리가 줄어들면 의식도 사라지게 된다.[31]

학자들이 충분히 주목하지 않을 뿐, 두뇌 활동의 분화가 의식의 형성에 필수적이라는 것은 실험으로 이미 입증되었다. 무언가를 의식적으로 지각하려면 신경 활동이 시간에 따라 변화해야 한다. 특수 콘택트렌즈를 이용하여 망막에 제시되는 상을 고정시키면 그 상에 대한 시지각은 급속히 사라진다. 비슷한 현상은 간츠펠트 자

〈그림 6.5〉 〈밤La Notte〉 미켈란젤로 조각. 미켈란젤로는 자신의 작품을 찬미하는 한 피렌체 청년에게 다음의 시로 화답했다. 잠들고 싶어라, 돌이 되고 싶어라/아픔과 치욕이 밀려들 때/아무것도 보고 느끼지 않게 되기를/나를 잠들게 해주오! 그대여 목소리를 죽여주오(Caro m'e' il sonno, e piu' l'esser di sasso,/mentre che 'l danno e la vergogna dura,/non veder, non sentir, m'e'gran ventura:/pero' non mi destar, deh! parla basso).

극기Ganzfeld Stimulation를 이용하여 전체 시야를 하얗게 메워도 일어난다. 이는 북극 탐험가들이 눈으로 뒤덮인 하얀 평원을 바라보면서 경험했던 '설맹Snow-Blindness, 雪盲'과도 유사하다. 1930년대의 심리학자들은 아무런 특징이 없는 화면(간츠펠트)을 계속 쳐다보면 이내 시야에서 모든 색깔이 사라지고, 그다음에는 시각 경험 자체도 희미해진다는 것을 알고 있었다. 이는 의식적 경험이 생겨나거나 유지되기 위해서는 서로 다른 두뇌 상태의 가짓수가 지속적으로 유지되어야 함을 보여준다.[32]

지금까지 소개한 각종 신경학적 · 신경생리학적 증거들로부터 도출한 결론을 요약하자면 다음과 같다. 첫째, 의식적 과정은 대개 시상피질계의 분산적 활동의 변화와 연관되어 있다. 둘째, 재유입 상호작용에 의해 빠르고 효과적으로 통합된 신경 활동만이 의식적 경험과 연관될 수 있다. 셋째, 의식과 연관된 재유입 상호작용은 일정하거나 균질해서는 안 되며, 고도로 분화되어 있어야 한다. 5 · 6장의 실험 결과들은 분산적 신경 과정이 의식의 토대로 기능하고 있음을 시사한다. 이 신경 과정들은 재유입 상호작용에 따라 강하게 통합되어 있지만, 지속적으로 변화한다는 점에서 고도의 분화성을 띠고 있기도 하다. 이것이 3장에서 살펴본 의식적 경험의 두 가지 보편 속성—통합성과 분화성—과도 일치한다는 점 역시 주목할 만하다.

의식의 현상학적 속성들과 실제 신경 메커니즘의 관계를 이해하기 위해서는 단순히 사실 관계를 축적하기보다는 확고한 이론적 토대를 정립하는 것이 먼저다. 또한, 제대로 된 의식 이론이라면 패턴 형성, 지각적 범주화, 기억, 개념, 가치 등의 기능도 포괄해야 한다. 과연 의식적 경험의 보편 속성과 신경 활동 패턴 사이의 인과관계를 설명할 수 있는 이론이 존재할까? 다음 3부에서 우리는 전체 뇌 기능의 핵심 원리를 설명하는 이론 하나를 살펴볼 것이다. 그것은 바로, 뇌는 선택적 체계, 즉 다윈주의적 체계이며, 따라서 뇌가 다양한 기능을 수행하려면 오히려 가변성이 필요하다는 것이다. 우리는 이 이론에 기반하여 뇌가 어떠한 체계인지, 그 체계의 속성이 어떻게 의식을 발생시킬 수 있는지, 뇌의 어마어마한 가변성이 뇌의 기능과는 어떠한 관련이 있는지를 들여다본다.

3부

의식의 메커니즘: 다원주의적 관점

찰스 다윈Charles Darwin은 자연선택론을 주창하여 현대 생물학의 기틀을 닦았다. 그는 비글Beagle호를 타고 떠난 여정에서 돌아온 뒤, 각종 뇌 기능의 진화 과정을 규명하는 작업에 오랫동안 매달렸다. 다윈의 연구 노트에는 이른바 계승descent의 원리로 지각, 기억, 언어 등을 설명하려 노력한 그의 흔적이 빼곡히 담겨 있다. 다윈의 사고방식은 진화론이라는 거대한 학문 분야를 탄생시켰지만, 그가 그토록 밝혀내고 싶어했던 정신 과정의 본질은 오늘날에도 여전히 미제로 남아 있다. 그의 숙원을 완수하는 것은 이제 신경과학자들의 몫이다.

제3부에서는 다윈주의적 뇌 기능 이론에 입각하여 의식의 주요 기능인 지각, 기억, 가치 부여의 메커니즘을 설명하고, 진화와 발생 과정에서 의식을 출현시킨 신경 메커니즘에 관해서도 고찰한다. 맨 먼저 살펴볼 것은 현재에 대한 통합된 정신적 장면을 구성하는 능력인 일차 의식Primary Consciousness이다(일차 의식은 언어나 자아감Sense of Self과는 무관하다.). 통합된 정신적 장면, 즉 '기억된 현재Remembered Present'가 형성되기 위해서는, 실시간으로 유입되는 감각 자극의 지각적 범주화(현재)뿐만 아니라 자극과 범주 기억Categorical Memory의 상호작용(과거)도 필요하다. 기억된 현재를 구성하는 시상피질계 신경집단 간의 재유입 상호작용은 6장에서 소개한, 신경 활동의 통합과 분화를 가능케 했던 재유입 상호작용과도 다르지 않다.

7장
자연선택론

*종의 기원에 관한 찰스 다윈의 눈부신 학문적 성과는 집단 기반 사고*Population Thinking*에 그 뿌리를 두고 있다. 집단 내 개체들의 변이나 다양성을 자연선택 경쟁을 위한 토대로 바라보는 것이 집단 기반 사고의 핵심이다. 자연선택이란 종 안에서 더 적합한*fitter *개체가 더 많이 번식하는 것을 뜻하는데, 자연선택이 일어나기 위해서는 다음 세 가지 조건이 충족되어야 한다. 첫째, 개체 간 유전적 변이의 다양성이 유지되어야 하고, 둘째, 환경 신호가 그중 일부를 선택해야 하며, 셋째, 적합한 요소 또는 개체가 더 많이 증폭·번식되어야 한다. 저자는 우리의 뇌도 비슷한 원리를 따르고 있다고 생각한다. 그것이 바로 이 장에서 살펴볼 신경집단 선택 이론, 이른바 '신경 다윈주의'이다. 위에서 소개한 자연선택의 세 가*

*지 조건을 뇌의 작용에 비유하자면 다음과 같다. 첫째, 뇌의 발달 과정에서 신경해부학적 원리에 기반하여 신경집단들의 1차 레퍼토리가 형성된다(발생적 선택). 둘째, 의식적 경험을 통해 시냅스 강도가 변화함에 따라 신경회로들의 2차 레퍼토리가 형성된다(경험적 선택). 셋째, 신경집단 간의 재유입 신호 처리가 신경 사건*Neural Event*들의 시공간적 상관관계를 결정한다. 이 세 가지 요소는 신경집단 선택 이론의 요체이자, 의식과 관련된 주요 신경 상호작용들을 이해하기 위한 강력한 도구이기도 하다.*

사실 자연선택 원리를 발견한 것은 다윈 혼자가 아니었다. 앨프리드 러셀 월리스Alfred Russel Wallace 역시 자연선택의 공동 발견자로 인정받고 있다. 하지만 두 사람은 뇌의 진화에 관해서는 극명한 의견 대립을 보였다. 월리스는 기본적으로 심령론자spiritualist였으며, 뇌와 정신은 자연선택에 의해 만들어질 수 없다고 믿었다. 수학이나 추상적 사고 능력이 없는 야만인과 문명화된 영국인이 같은 크기의 뇌를 가지고 있으므로, 정신에 관해서는 자연선택이 작동하지 않았다는 것이 그의 주장이었다. 월리스는 자연선택론을 너무 곧이곧대로 받아들인 탓에, 상관적 변이Correlative Variation의 존재를 깨닫지 못했다. '상관적 변이'란 어느 한 형질의 선택 과정에서 수반된 부가적인 변화가 이후 또 다른 선택적 조건에서 유리하게 작용하는 것을 말한다. 만약 과거의 어느 진화적 시점에 커다란 뇌와 뛰어난 지각 능력을 지닌 개체가 선택되었고, 그 과정에서 이웃한 뇌 영역들도 함께 커졌다고 가정해보자. 그 영역들은 해당 시점에는 별다른 효용성을 지니지 않았을지라도, 이후에 기억과 같은 다른 복잡한 뇌 기능이 필요해지면 진화적으로 유리하게 작용할 수 있다. 1869년 봄, 노년의 다윈은 월리스에게 다음과 같이 적어 보냈다. "우리가 낳은 자식을 자네가 섣불리 죽여버리는 일이 없기를 바라네." 물론 여기서 그가 말한 '자식'이란 자연선택론을 가리킨다[1](그림 7.1).

〈그림 7.1〉 젊은 시절의 찰스 다윈.

마음의 진화에 대한 월리스의 생각은 분명 틀렸다. 수많은 실험적 증거 역시 월리스가 아닌 다윈의 편을 들어주고 있다. 인간의 뇌가 상당히 독특한 것은 사실이지만, 그 기능을 설명하겠답시고 영적인 힘과 같은 심령론적 요소들을 끌어올 필요는 없다. 인간의 마음과 뇌도 어디까지나 진화의 산물이기 때문이다. 의식의 탄생은 모집단의 변이와 자연선택과 같은 다윈주의적 원리들만으로도 충분히 설명할 수 있다. 관련된 인류학적 증거들 역시 다윈주의의 이념적 우수성을 예증하고 있다.

뿐만 아니라 다윈주의는 뇌 기능 자체를 이해하는 데도 활용될 수 있다. 척추동물의 뇌는 개체별로 엄청나게 다양한 구조와 기능을 지니고 있다. 또한, 뇌는 개체의 경험에 의해서도 계속 변화한다. 따라서 두 개체의 뇌가 똑같아지는 일은 없다고 봐도 무방하다. 이러한 고도의 가변성은 뉴런의 생화학적 특성, 개별 시냅스의 강도, 뇌의 거시적 구조 등 뇌 조직의 모든 수준에서 나타난다. 그러한 점에서 뇌는 고정된 코드와 기억장치를 가진 컴퓨터와는 본질적으로 다르다. 뇌가 외부 세계로부터 신호를 전달받는 방식 역시 컴퓨터가 자기 테이프나 디스켓으로부터 명확한 메시지를 읽어들이는 과정과는 전혀 다르다. 자연에는 뇌의 전위나 활동 패턴을 해독하는 판단 주체가 존재하지 않으며, 우리 머릿속에도 패턴을 선택하거나 해석하는 소인간homunculus 따위는 존재하지 않는다. 흔히 우리는 뇌가 컴퓨터처럼 명확한 알고리즘이나 규칙에 따라 작동한다고 여기지만, 이는 잘못된 생각이다. 외부 환경이 정보 처리의 주체가 필요로 하는 형태의 정보를 신뢰성 있게 제공할 수 있다는 믿음인 규칙주의Instructionism는, 뇌의 작동 원리를 설명하기 위한 토대로서는 적합하지 않다.

지구상의 동물들은 종에 따라 일관된 행동을 보이면서도 개체별로 자극에 대해 다양하게 반응할 수 있다. 뇌는 어떻게 이러한 반응을 낳는 것일까? 뇌의 전반적인 작동 원리는 도대체 무엇일까? 여기에 답하기 위해서는 다양한 신경망의 작동 원리를 한꺼번에 설명할 수 있는 포괄적인 뇌 이론이 필요하다. 또한, 우리는 그 이론이 의식 기저의 신경 과정에 관해 알려진 사실들과 잘 부합하는지도 따져보아야 할 것이다.

신경집단 선택 이론

여러 차례 강조하였듯, 뇌의 가장 놀라운 특성은 그 개인성individuality과 가변성에 있다. 뇌 조직의 모든 수준에서 나타나는 가변성은 의식의 분화성과 다양성의 원천이므로, 뇌 기능에 관한 기계론적 이론을 구축하고자 한다면 뇌의 가변성을 단순한 잡음으로 치부하거나 무시해서는 안 된다. 뇌의 다층 구조가 자아내는 동역학의 다양성과 개인성은 뇌 기능에 관한 이론을 구축하는 일을 어렵게 만든다. 하지만 개체 간 변이가 자연선택의 토대로 작용하며 이것이 새로운 종의 탄생으로 이어진다는 다윈의 집단 기반 사고를 적용하면 이러한 곤란을 해결할 수 있다.

다윈은 유전학을 제대로 알지 못했지만, 각각의 개체가 상이한 형질을 물려준다는 사실은 주지하고 있었다. 환경이 달라지면 특정 개체의 적합도fitness가 상승한다. 적합도가 높은 개체들은 생존과 번식 경쟁에 필요한 자원을 더 잘 활용하기 때문에 다음 몇 세대에 걸쳐 더 많은 자손을 낳는다. 이렇게 자연선택은 평균적으로 더 높은 적합도를 가진 개체가 더 많이 번식하게 만든다. 그런데 선택과 변이는 세포 단위에서도 일어나기 때문에, 자연선택 원리는 종의 진화뿐만 아니라 체세포 선택Somatic Selection에도 똑같이 적용될 수 있다. 체세포 선택은 개체의 일생 동안 계속되며, 1초 미만의 찰나부터 몇 년에 이르기까지 다양한 시간 단위에 걸쳐 발생한다.

체세포 선택의 대표적인 예로는 면역 체계가 있다.[2] 모든 척추동물은 외래 분자, 박테리아, 바이러스, 심지어 다른 개체의 피부까지도 식별할 수 있다. 이는 순환계의 백혈구가 외부 물질을 인식하는 단백질인 항체antibody를 생산하기 때문이다. 항체는 마치 쿠키가 반죽 틀에 들어맞듯 다른 분자(항원antigen)의 일부분에 결합할 수 있는 부위를 갖고 있다. 우리 몸은 그 어떤 항원에 노출되더라도 그에 대응하는 항체를 생산하여 방어해낼 수 있다.

처음에 학자들은 항원과 항체의 상보적 대응을 결정하는 특정한 '규칙'이 있을 거라 추측했다. 이를테면 항원의 모양대로 항체가 접힌 뒤에 그 접힘 구조가 유지되는 식으로 말이다. 하지만 면역 체계는 체세포 선택의 원리에 따라 작동하는 것으로 밝혀졌다.

우리 몸이 무수히 많은 항원을 인식할 수 있는 것은, 각 면역세포가 가진 항체 유전자가 변이되면서 상이한 결합 부위를 가진 항체의 거대한 레퍼토리가 형성되기 때문이다. 항원이 이 항체 레퍼토리에 노출되면 해당 항원의 화학적 구조와 충분히 잘 들어맞는 항체를 보유한 세포가 선택·복제된다. 우리의 면역 체계는 이러한 방식으로 지구상에 존재하지 않는 완전히 새로운 분자구조까지도 인식할 수 있다. '진화'와 '면역'이라는 이 두 가지 현상은 세부적인 기전이나 시간 규모는 다를지라도 다윈주의적 변이와 선택에 의해 일어난다는 점에서 그 기본 원리는 같다.

20여 년 전, 저자들 중 한 명(제럴드 에델만을 가리킨다.—역주)은 진화와 발생 과정에서 인간의 마음이 어떻게 탄생하는지를 고민하였고,[3] 마음이 자연선택과 체세포 선택이라는 두 가지 선택 과정의 산물이라고 결론 내렸다. 마음이 자연선택에 의해 탄생했다는 사실은 일부 철학자나 신학자를 제외하고는 모두가 인정하는 바다. 그런데 마음과 체세포 선택의 관계를 설명하기 위해서는 뇌의 진화, 발생, 구조, 기능을 설명하는 새로운 이론 체계를 고안할 필요가 있었다. 그 이론이 바로 '신경집단 선택 이론Theory of Neuronal Group Selection(TNGS)' 혹은 '신경 다윈주의Neural Darwinism'이다. 의식의 복잡성을 제대로 이해하기 위해서는 특히 TNGS가 뇌의 가변성을 어떻게 취급하는지에 주목할 필요가 있다. TNGS는 크게 다음 세 가지 요소로 이루어져 있다(그림 7.2).

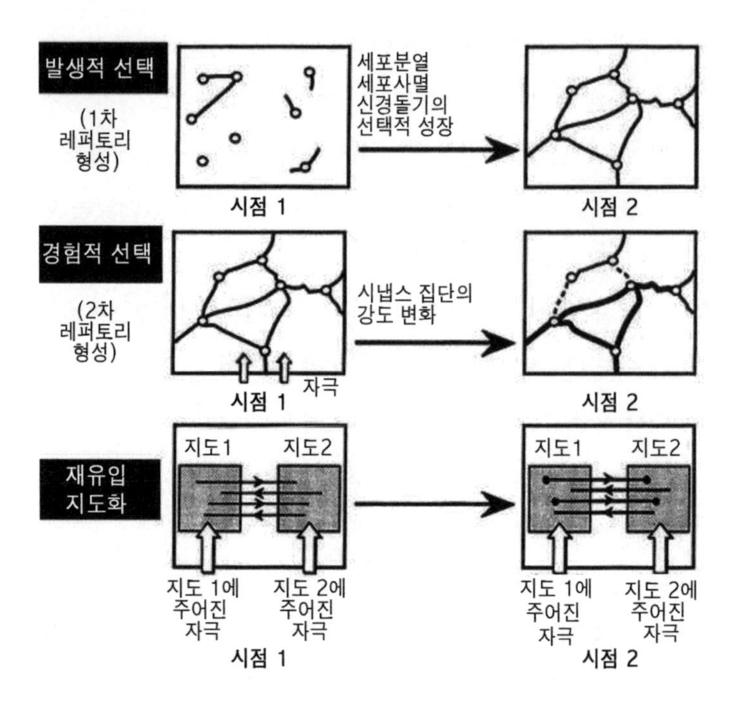

〈그림 7.2〉 신경집단 선택 이론(TNGS)의 세 가지 요소 (1) 발생적 선택: 발생 과정에서 무수히 많은 신경회로들이 형성된다. (2) 경험적 선택: 경험을 통해 시냅스의 연결 강도가 조절되고 특정 경로가 강화된다. (3) 재유입 지도화: 양방향 연결을 통한 신호 전달이 뇌 지도의 시공간적 배열을 결정한다. 지도 위 검은 점들은 강화된 시냅스를 상징한다.

1. 발생적 선택

배아가 수정된 직후에는 유전자의 지시에 따라 뇌의 초기 해부학적 구조가 형성된다. 뉴런은 다양한 방향으로 무수히 많은 가지를 뻗치고, 이는 신경회로의 거대한 레퍼토리를 만든다. 결과적으로 뇌의 연결 패턴은 엄청난 가변성을 갖게 된다. 그러다 어느 단계를 지나면서부터는 시냅스 연결은 체세포 선택 원리를 따르기 시작한다. 이때부터는 뉴런 간의 연결이 전기적 활동 패턴에 따라 강화되거나 약화된다(간단히 말해, 함께 발화하면 함께 연결된다.Fire Together, Wire Together). 이는 하나의 신경집단을 이루는 뉴런들이 다른 집단에 속한 뉴런들보다 서로 더 긴밀히 연결되는 결과를 낳는다.

2. 경험적 선택

일생 동안 개체가 무엇을 경험하느냐에 따라 신경집단의 레퍼토리 안에서 특정한 시냅스가 선택된다. 예를 들어, 각 손가락의 촉각 입력에 대응하는 신경 지도들은 자주 쓰는 손가락이 바뀌면 그 경계가 달라진다. 이는 인접한 뉴런들 간의 시냅스가 해부학적 변화를 동반하지 않고도 강화되거나 약화될 수 있기 때문이다. 경험적 선택은 광범위 투사형 가치 시스템Diffusely Projecting Value System의 통제를 받으며, 가치 시스템 역시 행동의 결과에 의해 지속적으로 변화한다.

3. 재유입

재유입은 고유성과 가변성을 갖춘 신경계에서만 일어나는 신경과정이다. 우리가 소인간이나 컴퓨터 프로그램 없이도 외부 세계를 사물이나 사건이라는 꼬리표를 달고 이들을 개념화할 수 있는 것은 재유입의 존재 때문이다. 재유입은 다양한 뇌 지도의 활동을 동기화하며, 여러 뇌 지도에서 발생하는 선택적 사건 간에 상관관계를 형성하고, 이를 통해 뇌 지도들을 시간적으로 일관된 출력 신호를 만들어내는 하나의 회로로 재연결한다. 따라서 재유입은 감각이나 운동과 관련된 여러 사건들의 시공간적 배열을 결정하는 핵심 메커니즘이라 말할 수 있다.

발생적 선택과 경험적 선택은 의식과 관련된 신경 상태가 막대한 가변성과 분화성을 지닌 이유를, 재유입은 그 신경 상태들이 고도로 통합되어 있는 이유를 설명해준다. 제대로 된 의식 모델을 구축하기 위해서는 재유입의 역할을 이해하는 것이 특히 중요하다. 그러므로 여기서는 재유입에 관해 좀 더 자세히 짚고 넘어가고자 한다. 재유입이 일어나기 위해서는 뇌 영역들이 평행 경로를 통해 서로 연결되어야 한다. 우리 뇌에는 두 신경 지도가 단순히 병렬적 신경섬유에 의해 연결되는 것 이외에도(뇌량이 두 뇌반구를 연결하는 것이 그 예다.) 복잡한 기하학적 · 위상학적 패턴을 지닌 배열 구조가 얼마든지 존재할 수 있다. 그러므로 우리 뇌에서는 상상을 초월할 만큼 다양한 재유입적 선택이 일어날 수 있다.

물론 자연계의 정글이나 먹이사슬에도 신호가 전달되는 다양한 계층과 경로가 있다. 하지만 재유입에 비견될 만한 특징을 지닌 체계는 찾아볼 수 없다. 누군가 저자들에게 고등동물의 뇌가 다른 사물이나 체계들과 무엇이 다른지 묻는다면, 저자는 '재유입 조직화 Reentrant Organization'를 꼽을 것이다. 복잡한 광대역 컴퓨터 네트워크 역시 재유입 체계의 속성을 띠기 시작한 것이 사실이다. 하지만 컴퓨터 네트워크는 정해진 부호에 따라, 다시 말해 선택이 아닌 규칙에 의해 작동한다는 점에서 뇌 신경망과는 다르다.

재유입reentry과 되먹임feedback은 다르다. 되먹임은 단일한 고정된 양방향적 회로를 따라 일어나며, 오류 신호Error Signal와 같이 기존의 규칙에서 유래한 정보를 활용하여 시스템을 제어하거나 교정한다. 반면 재유입은 선택적 체계 내에서 다양한 병렬적 경로를 따라 일어나며, 정보의 내용이 결정되어 있지 않다. 단, 재유입과 되먹임 둘 다 특정 뇌 지도 안에서 국소적으로 발생할 수도, 뇌 지도나 전체 영역 간에 전역적으로 발생할 수도 있다.

재유입의 주요 기능은 다음과 같다.[4] 우리가 움직이는 점들을 보고 모양을 식별할 수 있는 것은 시각적 움직임을 담당하는 뇌 영역과 모양을 담당하는 뇌 영역 간에 재유입 상호작용이 일어나기 때문이다.[5] 재유입은 색깔이나 움직임 등 여러 하위 양식을 연결하여 새로운 반응 속성이나 뇌 기능을 만들어낼 수 있다. 또한, 재유입은 여러 신경 신호 간의 경쟁을 해소하기도 한다.[6] 특정 영역의 활동이 그로부터 멀리 떨어진 시냅스의 효율성Synaptic Efficacy을 조절할 수 있는 것도, 이로 인해 시냅스가 맥락 의존성을 갖는 것도 재유입의 작용 때문이다. 재유입은 신경 발화의 시공간적 상관관계를 결정한다는 점에서 신경 통합의 주요 메커니즘이기도 하다.

TNGS가 처음 정립된 이래로 이를 뒷받침하는 많은 실험적 근거가 발견되었다. 또한, 이 이론은 축퇴degeneracy와 가치value 개념이라는 두 가지 측면에서 상당 부분 확장되었다. 이제부터 이 둘을 차례로 살펴보자.

축퇴

선택적 체계에서는 하나의 출력값이 구조적으로 상이한 여러 가지 방식에 의해 발생할 수 있다. 이러한 독특한 기능적 속성을 우리는 '축퇴'라 부른다.[7] 축퇴는 슈뢰딩거 방정식의 특수 해나 유전 암호 등에서도 발견된다. 유전 암호의 경우, 아미노산을 암호화하는 트리플렛 코드Triplet Code의 세 번째 자리가 축퇴적 속성을 띠고 있어서, 서로 다른 DNA 서열이 같은 단백질을 암호화하는 일이 벌어지곤 한다.

간단히 말해, 축퇴는 구조적으로 서로 다른 요소들의 집합이 유사한 출력이나 결과값을 만들어내는 능력을 말한다. 신경계는 어마어마하게 큰 신경회로의 레퍼토리를 지니고 있기 때문에 축퇴가 필연적으로 생겨날 수밖에 없다. 축퇴는 하나의 조직화 단계에서 일어날 수도, 다양한 단계에 걸쳐 일어날 수도 있다. 축퇴는 신경계뿐만 아니라 유전자 네트워크, 면역 체계, 진화에서도 관찰된다. 예를 들어, 유전학에서는 서로 다른 유전자가 동일한 단백질을 암호화하고, 면역 체계에서는 서로 다른 구조의 항체가 동일한 항원을 인식한다. 진화 과정에서는 서로 다른 생명체가 같은 환경에 비슷한 방식으로 적응한다. 축퇴가 없다면 아무리 높은 다양성을 가진 선택적 체계도 제대로 기능할 수 없다. 거의 모든 돌연변이는 치명적으로 작용할 것이며, 아무런 항체도 정상적으로 작동하지 못할 것이다. 뇌의 경우도 마찬가지다. 두 영역을 잇는 네트워크 경로가 단 하나뿐이라면 신호는 제대로 전달될 수 없을 것이다.

신경계에서 발견되는 축퇴의 사례는 그야말로 무궁무진하다. 시상피질계의 복잡한 그물망 구조에서는 다양한 신경집단이 특정 뉴런의 출력값에 대해 비슷한 영향을 줄 수 있다. 요컨대 여러 신경회로가 동일한 운동 출력 혹은 행동을 일으킬 수 있다는 것이다. 뇌가 부분적으로 손상되더라도 꾸준한 재활을 통해 회복될 수 있는 것은, 뇌가 비슷한 행동을 야기하는 새로운 회로를 찾아내기 때문이다. 이것이야말로 신경계가 축퇴적이라는 가장 확실한 증거다. 축퇴는 세포 수준에서도 나타난다. 뉴런 간의 신호 전달에는 전달물질, 수용체, 효소 등 매우 다양한 2차 전달자Second Messenger들이 관여하는데, 상이한 생화학적 요소들이 동일한 유전자의 발현을 유도할 수 있다는 점에서 세포는 축퇴적이다.

축퇴는 단순히 선택적 체계의 여러 특성 가운데 하나가 아니라, 선택론적 메커니즘의 불가피한 산물이다. 진화적 선택압을 예로 들어보자. 생물체는 일반적으로 매우 복잡한 일련의 사건을 통해 진화적 선택압을 경험한다. 진화적 사건을 이루는 수많은 요소들은 다양한 시공간 규모에서 상호작용한다. 그렇기 때문에 생물계에서는 기능에 의거하여 특정 '요소'나 '과정'을 정의하기가 거의 불가능하다. 인류의 이족보행이 대표적인 사례다. 인류가 두 발로 걷도록 진화하면서 여러 뇌 영역과 근골격계의 구조도 함께 변화하였다. 신경회로는 축퇴되어 있으므로, 그 과정에서 두 발로 서거나 뛰어오르는 것과 같은 다른 기능도 영향을 받을 수밖에 없었다. 지금껏 생물계가 새로운 환경에 성공적으로 적응해왔던 것은 자연선택이 축퇴를 통해 비슷한 기능을 수행하는 여러 구조들을 탄생시켰기 때문이었다.

가치

축퇴는 주어진 기능을 수행하기 위한 대안을 제시할 수는 있어도, 선택의 기준을 결정하지는 못한다(오히려 축퇴는 선택의 제한을 완화시킨다.). 그렇다면 선택적 체계는 어떻게 구체적인 규칙 없이도 주어진 목표를 달성할 수 있을까? 이는 다양한 표현형적 구조와 신경회로가 생존에 필요한 제한 조건, 즉 '가치'를 구성하고 있기 때문이다. 가치는 '체세포 선택을 결정하는 유기체의 표현형적 양상'으로 정의된다. 가치는 진화를 통해 선택되었으며, 발달과 경험 과정에서 시냅스 변화에 영향을 준다. 인간의 손을 예로 들어보자. 손의 모양과 크기는 대체로 일정하며, 우리는 한쪽 방향으로만 손가락을 오므릴 수 있다. 그런데 이 단순한 사실에 기반하여 행동을 결정하는 시냅스와 신경 활동 패턴이 선택된다. 로봇공학자들이 손에 대한 아무런 사전 지식 없이 이러한 행동을 합성하거나 프로그래밍하는 것은 불가능에 가깝다. 이외에도 신생아의 각종 반사 행동, (감각기와 운동기 등) 여러 신체 부위와 뇌의 연결망, 호르몬 회로, 팔다리의 모양과 같은 형태학적 특성 역시 가치의 형성에 관여한다. 이러한 방식으로 가치는 범주화와 행동이 발달 또는 개선되기 위한 토대로 기능한다.

단, 가치와 범주는 다르다. 가치는 지각적 · 행동적 반응이 형성되기 위한 전제 조건일 뿐이다. 실제로 개체가 특정한 행동을 보이는 것은 선택 과정을 통해 지각적 범주화가 일어나고, 이에 따라 범주적 반응이 결정되기 때문이다. 가치는 범주화의 큰 틀을 결정할 수는 있어도, 실제 사건들의 세부 사항을 반영하지는 못한다. 예를 들어, 가치는 신생아가 밝은 곳을 바라보게끔 만들 수는 있지만, 그것만으로 사물 인식 능력이 생겨나지는 않는다.

가치는 크게 두 가지 한계점을 지니고 있다. 첫째, 손가락이나 관절의 구조와 같이 형태학에 기반한 가치들은 지각적 범주화와 같은 신경 활동을 야기할 만큼 구체적이지 않다. 둘째, 진화적으로 정의되어 이미 고정된 가치 변수들은 개체가 새로운 환경에 대응하여 풍부한 행동을 만들어내기에 적합치 않다.

첫 번째 한계점은 4장에서 언급된 광범위 투사형 가치 시스템의 진화를 통해 해결될 수 있다. 고등 척추동물의 뇌에 존재하는 광범위 투사형 가치 시스템은 뇌 전체 뉴런과 시냅스에 지속적으로 신호를 보낼 수 있다. 그 신호 속에는 새로운 자극, 고통, 보상 등 중요한 사건의 발생뿐만 아니라 잠자기, 깨어 있기, 탐색하기, 몸 가꾸기 등 현재의 행동 상태에 관한 정보도 담겨 있다.[8] 가치 시스템을 이루는 신경집단은 전체 뇌의 극히 일부에 지나지 않지만 엄청나게 중요한 기능을 수행하고 있다(〈그림 4.4〉 c). 노르아드레날린성, 세로토닌성, 콜린성, 도파민성, 히스타민성 신경핵 등 여러 신경핵들은 광범위한 뇌 영역에 널리 투사하고 있다. 예를 들어, 청반핵은 뇌간 속 고작 몇천 개의 뉴런에 불과하지만 피질, 해마, 기저핵, 소뇌, 척수 등 중추신경계 전체를 아우르는 거대한 축삭 그물망을 형성하고 있으며, 수십억 개에 달하는 시냅스의 신호 전달에 영향을 미칠 수 있다(그림 7.3).

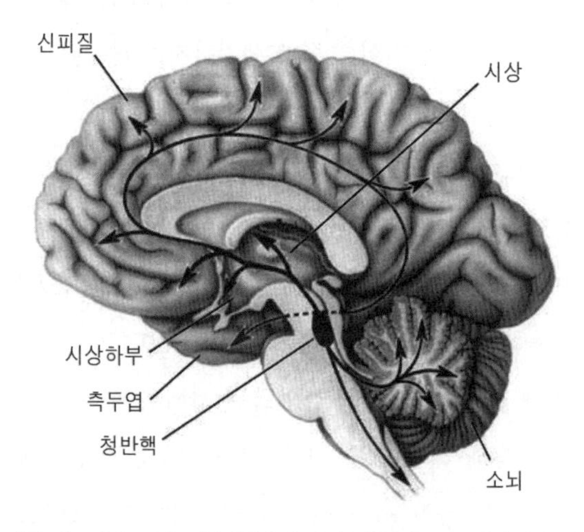

〈그림 7.3〉 가치 시스템의 모식도 청반핵에서 뻗어 나온 노르아드레날린성 시스템이 뇌 전체에 투사망을 뻗어 신경조절물질의 일종인 노르아드레날린을 분비하고 있다.

이들 신경핵 가운데는 깨어 있을 때는 규칙적으로 발화하다가 잠들면 발화를 멈추는 것도 있고, 중요한 사건이 일어날 때만 폭발적으로 발화하는 것도 있다. 예를 들어, 청반핵 뉴런은 새로운 환경에 맞닥뜨리거나 예기치 못한 사건이 발생했을 때 발화한다. 청반핵이 발화하면 노르아드레날린이 뇌의 전 영역에 분비된다. 가치 시스템이 분비하는 신경조절물질들은 수많은 목적 뉴런의 신경 활동을 변화시킬뿐더러, 시냅스가 강화 혹은 약화될 확률에도 영향을 준다.[9] 이처럼 가치 시스템들은 중대한 사건의 발생을 뇌 전체에 알리기 위한 만반의 태세를 갖추고 있다.

가치 시스템의 중요성은 인간의 행동을 모사하는 종합적 모델Synthetic Model과 관련된 연구에서도 확인된다.[10] 한 예로, 다윈 4호Darwin IV의 개발자들은 로봇의 눈이 움직이는 목표를 좇게 하기 위해 가치 시스템을 구현하였다(그림 7.4). 다윈 4호의 가치 시스템은 빛줄기가 눈의 정중앙에 닿을 때마다 발화하여 가상의 조절물질을 방출하였고, 결과적으로 다윈 4호는 '밝음이 어둠보다 좋다.'는 유전적 편향Inherited Bias을 갖게 되었다. 개발자들은 이 가상의 조절물질이 시간에 따라 감쇠하되, 그 농도가 일정 수준에 이르면 시냅스를 선택적으로 강화하도록 설계하였다. 가치 시스템이 장착되자 다윈 4호의 눈은 몇 번의 시도 만에 물체를 성공적으로 좇기 시작했다. 만약 반대로 '어둠이 밝음보다 좋다.'는 가치가 부여되었다면, 다윈 4호는 어두운 조건에서 잘 반응했을 것이다. 실제로 박쥐들은 음파 탐지 체계를 사용하여 캄캄한 동굴 속에서도 마치 한낮의 독수리마냥 잘 날아다닐 수 있다. 박쥐든 독수리든, 이들이 성공적으로 비행할 수 있는 것은 가치 시스템이 작용하고 있기 때문이다.

〈그림 7.4〉 색깔 육면체를 추적하는 다윈 4호 다윈 4호의 뇌를 시뮬레이션하는 것은 고성능 컴퓨터이지만, 다윈 4호를 제어하는 프로그램은 일반적인 컴퓨터 프로그램과는 다르다.

가치의 두 번째 한계점은 진화로부터 유래한 가치 제한 조건들이 고정되어 있기 때문에 선택적 체계가 폭넓은 반응 레퍼토리를 갖출 수 없다는 것이었다. 하지만 이는 가변적modifiable 가치 시스템의 진화를 통해 해결될 수 있다. 저자는 학습 과정에서 상향 가치 시스템Ascending Value Systems의 반응을 변화시킬 수 있는 모종의 신경망이 우리 뇌에 존재할 거라고 추측한다. 최근 한 시뮬레이션 연구에서는 고정된 가치 시스템과 가변적 가치 시스템을 비교함으로써 학습을 통해 가치 조건이 변화할 수 있다면 어떠한 효과가 일어나는지를 탐구하였다. 가변적 가치 시스템을 도입하자 고정된 가치 조건에서는 보이지 않던 풍부한 행동들이 나타났고, 그 행동들에 대한 고차원적인 조건화까지도 관찰되었다.[11]

우리 뇌에서는 다양한 가치 시스템이 신경조절물질을 함께 분비하는 등 갖가지 방식으로 상호작용함으로써 두뇌 활동에 다양한 영향을 미치고 있다. 예를 들어 노르아드레날린 · 세로토닌 · 콜린 시스템은 비수면 상태에서 함께 발화하다가 서파 수면 상태에서는 활동이 줄어든다. 그런데 렘수면 중에는 콜린 시스템의 발화는 되살아나지만, 노르아드레날린 시스템과 세로토닌 시스템은 완전히 비활성화된다. 뇌가 자극에 대한 반응, 학습, 기억, 감정, 인지 등 여러 행동 상태에서 적합한 기능을 수행할 수 있는 것은 여러 신경조절물질이 다양한 방식으로 조합되어 뇌에 영향을 주기 때문이다. 그러나 아직도 이와 관련한 체계적인 연구는 이루어지지 않고 있다.

가치 시스템 간의 상호작용은 쾌락, 고통, 신체 상태, 감정과 관련된 피질 반응의 형성에 있어서도 중요한 역할을 수행할 것으로 보인다. 하지만 이 모두는 빙산의 일각에 불과하다. 가치 의존적 학습은 외양간올빼미Barn Owl 뇌간의 청각 지도와 시각 지도의 정렬[12]로부터 와인 전문가의 놀라운 식별 능력, 범죄자의 감정 반응에 이르기까지 매우 폭넓은 분야에서 다양한 작용을 일으킬 수 있다. 의식적 경험의 핵심 요소인 가치와 감정, 쾌감과 불쾌감은 이렇듯 서로 밀접하게 연관되어 있다.[13]

가치는 선택적 체계가 내포되어 있다nested는 증거이기도 하다. 자연선택에 의해 형성된 가치는 표현형의 변화로 이어질 수 있고, 변화된 표현형은 개체의 신경계에서 체세포 선택이 일어날 때 새로운 제한 조건으로 기능할 수 있다. 진화와 달리 체세포 선택은 외부 환경의 핵심 특징을 빠르게 범주화할 수 있고, 결과적으로 개체는 낯선 환경이나 우발적인 변화에도 효과적으로 대응할 수 있다. 그러나 신경집단의 선택이 외부 환경을 일관성 있게 범주화할 수 있는 것은 어디까지나 진화에 의해 결정된 가치 제한 조건이 존재하기 때문이다. 가치 시스템은 개체에 내포되어 해당 종에 적합한 필요적 편견Necessary Prejudice—살아남기 위해 필요한 편견—을 형성한다. 가치 시스템은 기억 체계의 핵심 제한 조건으로 기능함으로써 우리의 의식에도 영향을 준다. 8장에서는 기억의 특성에 관해 고찰한 뒤, 범주화 체계와 기억 체계 간의 상호작용이 의식적 장면을 구성하는 메커니즘을 살펴본다.

8장
기억의 비표상성

*기억은 의식을 일으키는 핵심 메커니즘 가운데 하나다. 흔히 우리는 기억이 정보를 기록하고 저장하는 과정이라고 여긴다. 그런데 정확히 무엇이 저장되는 것일까? 만일 부호화된 메시지가 저장된다면, 그 메시지가 '읽히거나' 복구될 때, 내용이 뒤바뀌지는 않을까? 이러한 생각은 기억 과정에서 뇌에 모종의 표상*representation*이 저장된다는 통념에 근거하고 있다. 그러나 저자는 기억이 비표상적*nonrepresentational*이라고 생각한다. 기억의 비표상성은 7장에서 소개된 자연선택론적 사고와도 맞닿아 있다. 기억은 선택 과정에 의해 형성되는, 역동적 체계가 가진 능력이다. 기억은 축퇴적이어서, 우리는 정신적 혹은 물리적 행동을 반복하거나 억제할 수 있다. 지질학에 비유하자면, 기억은 글자가 새겨진 돌보다는 녹기와 얼기*

를 반복하는 빙하에 가깝다.

뇌는 컴퓨터와는 전혀 다른 방식으로 조직되어 있다. 컴퓨터와 달리 뇌의 기능은 가변성, 차등적 증폭, 축퇴, 가치 등의 속성에 기반하고 있기 때문이다. 그렇다면 기억은 어떻게 작동하는 것일까? 현재의 통념에 따르면, 뇌는 (적어도 인지 기능에 관해서는) 표상을 처리하는 기관이며, 그러한 표상이 저장되는 과정이 바로 기억이다. 다시 말해 기억은 신경학적 변화의 영구적인 축적물이며, 이것이 적절히 호출되면 표상을 다시 떠올리거나 관련된 행동을 할 수 있다는 것이다. 표상은 명확한 절차나 암호를 저장하며, 학습된 행동은 표상의 산물이다.

어떤 학자들은 기억을 컴퓨터의 정보 교환 과정에 비유하기도 한다. 하지만 이러한 관점은 더욱 많은 문제들을 야기할 뿐이다. 인간이 컴퓨터를 사용할 때 무슨 일이 일어나는지 생각해보자. 컴퓨터의 기억장치에는 구문론적syntactical 문자열 부호가 물리적으로 저장되어 있다. 이를 해석하기 위해서는 의미론적 조작이 필요한데, 이는 컴퓨터가 아닌 사용자의 뇌 속에서 발생한다. 컴퓨터의 부호는 일정한 규칙을 따라야 하며(그렇지 않은 경우에는 버그를 고쳐야 한다.), 기억 장치의 용량은 정해져 있다. 무엇보다도 컴퓨터의 가장 대표적인 특징은 입력 신호가 명확한 방식으로 부호화되어 있다는 점이다.

반면, 뇌가 받아들이는 감각 입력 신호는 일정한 규칙에 의해 부호화되어 있지 않으며, 맥락에 따라 여러 의미를 갖기도 한다. 그 신호의 중요성을 판단하는 것 역시 뇌의 몫이다.[1] 예를 들어, 정글에 사는 어느 동물이 바람에 따라 이리저리 흔들리는, 초록색과 갈색이 뒤섞인 물체를 쳐다보았다고 가정해보자. 이 시각 신호는 무수히 많은 방식으로 해석될 수 있다. 그렇지만 동물은 자신의 적응적 목적에 맞게 그 신호를 분류하고 과거의 경험과 연합해야 한다. 만약 당신이 그 물체를 보았다면 당신은 '나무가 보인다.'고 답했을 것이다. 오늘날의 컴퓨터가 이처럼 무궁무진한 조합 가능성을 지닌 외부 세계의 신호를 처리하려면, 오류 교정 과정이 무한히 반복되어야 함은 물론이요, 현존하는 기술의 수준을 상회하는 정밀도가 요구될 것으로 예상된다. 무엇보다도 뇌나 뉴런에는 무언가를 직접 계산하는 구조가 존재하지 않는다. 우리의 계산 능력은 뇌에 직접 표상된 것이 아닌, 문화적 · 언어적 상호작용과 논리의 산물이다. 물론 그것도 어디까지나 뇌가 존재하기 때문에 탄생한 능력이지만.

물론 우리 뇌가 표상을 전혀 활용하지 않는 것은 아니다. 표상이란 곧 상징을 조작하는symbolic 활동이며, 이것이 인간의 언어 능력의 요체다. 하지만 과거에 경험한 심상을 떠올리거나 같은 행동을 반복하는 능력은 표상과는 무관하다. 자연에는 미리 부호화된 메시지, 혹은 패턴에 대한 판단을 제공하는 주체 따위는 존재하지 않는다. 우리의 머릿속에도 부호를 처리 · 저장할 수 있는 구조나 메시지의 의미를 해석하는 소인간은 없다. 그렇기 때문에 뇌는 컴퓨터처럼 표상적으로 작동할 수 없는 것이다.

그렇다면 기억은 도대체 어떻게 비표상적으로 작동할 수 있는 것일까? 면역 체계를 떠올려보자. 항체는 항원의 표상이 아니다. 그럼에도 불구하고 면역학적 기억 체계는 항원을 인식할 수 있다. 이와 마찬가지로, 어느 동물이 특정 환경에 적응했다고 해서 그 동물이 환경의 표상인 것은 아니다. 우리의 기억 역시 표상이 아니라, 반복적 수행이 뇌의 동역학적 특성을 변화시킨 결과다.

고등동물의 뇌는 외부 세계, 신체, 뇌 자체로부터 다양한 신호를 받아들인다. 현재의 신호와 분산적 신경 활동 사이에는 선택적 대응이 발생하며, 그 결과물이 바로 기억이다. 기억은 시냅스를 변화시키며, 이로 인해 개체는 미래에 유사한 신호가 주어졌을 때 더 적합한 반응을 보일 수 있다. 시간이 흘러 맥락이 변화하더라도 심상을 '불러오는recall' 등의 정신적 · 물리적 행위를 반복할 수 있는 것도 이 때문이다. 여기서 행위act란, 지각 · 운동 · 언어 등과 관련된 특정한 신경 출력을 일으키는 일련의 두뇌 활동을 뜻한다. 저자들이 반복 능력을 강조하는 것은, 신호를 받아들인 후 일정한 시간이 지난 뒤 행위를 재생성하는 능력이 기억의 주요 특징이기 때문이다. 기억이 맥락의 변화와 무관하게 작동할 수 있다는 것은, 기억이 과거 사건에 대한 단순한 복사본이 아님을 시사한다. 기억은 현재의 경험을 통해 점진적으로 발전하는, 일종의 발전적 재범주화 Constructive Recategorization 과정이다.

전역 지도

정상적인 삶을 영위하기 위해서는, 감각 신호를 지각적으로 범주화하고 동시에 신체의 움직임도 제어해야 한다. 하지만 대뇌피질이 이 두 가지 과제를 한꺼번에 수행하기에는 어려움이 있다. 이를 돕는 것이 바로 전역 지도Global Mapping라는 신경 구조다(그림 8.1). 전역 지도는 시상피질계에 피질 부속기관들이 연결된 구조로, 신체의 움직임과 감각 입력의 신호를 해마, 기저핵, 소뇌에 전달한다. 전역 지도는 수많은 국소적 신경 지도Local Map를 포함하는 역동적 구조이며 뇌간, 기저핵, 해마, 소뇌처럼 지도화되지 않은 뇌 영역과도 상호작용할 수 있다. 지각은 행위에 따라 달라지며, 반대로 행위를 일으키기도 한다. 움직이는 사물을 따라 머리를 움직일 때는, 단순히 감각 영역에서 범주화가 일어난 뒤 운동 출력이 실행되는 것이 아니라, 전역 지도 내부의 운동영역과 감각영역이 지속적으로 재조정된다. 지각적 범주화가 일어나기 위해서는 감각 신호뿐만 아니라 운동에 관한 신호도 반드시 필요하다. 전역 지도는 몸짓과 자세를 각종 감각 신호와 대응시키는 신경집단을 계속해서 선택한다. 전역 지도의 동역학적 구조는 운동 행동과 그에 대한 예행연습rehearsal에 의해 유지되거나 발달하기도 한다.

외부 자극의 의미와 가치를 해석하기 위해서는 지각적 범주화와 기억 사이에 연관관계가 형성되어야 한다. 그러나 이는 어느 한 신경 영역만으로는 불가능한 일이다. 전역 지도는 신경계의 대부

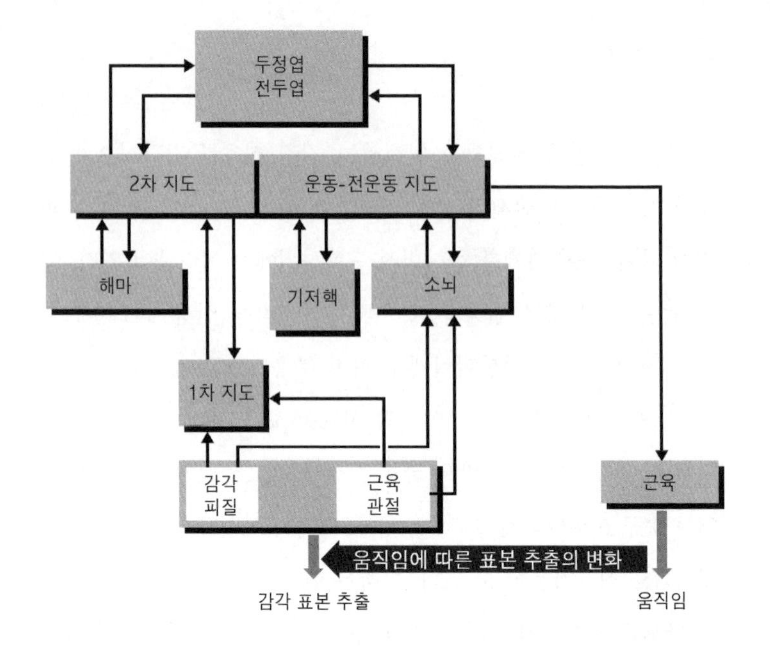

〈그림 8.1〉 전역 지도의 모식도 전역 지도는 다양한 뇌 지도가 모여 만들어지며 해마, 기저핵, 소뇌 등의 피질 부속기관과도 연결되어 있다. 외부 세계의 입력 신호는 전역 지도를 거쳐 뇌에 유입된다. 전역 지도의 출력 신호는 신체를 움직이며, 이는 다시 감각 신호의 추출 과정에 영향을 준다. 따라서 전역 지도는 시간과 행동에 따라 바뀌는 역동적 구조다. 각종 국소적 신경 지도들은 특징과 움직임 사이에 상관관계를 형성하여 사물을 지각적으로 범주화한다.

분을 포함하고 있기 때문에 범주화와 기억이 연관되기 위한 토대로 기능할 수 있다. 개체의 행동은 전역 지도 내부의 시냅스 강도에 장기적인 변화를 일으키고, 결과적으로 여러 신경집단 가운데 많은 신경 지도와 상관관계를 맺고 있는 집단의 상호적 재유입이 강화된다. 물을 마시기 위해 유리잔을 집어 들 때, 뇌에서는 과거의 시냅스 변화를 통해 형성된 수많은 신경회로가 호출된다. 이러한 전역 지도의 시냅스 변화가 바로 기억의 본질이다. 그러나 전역 지도가 기억을 저장하는 방식은 컴퓨터가 고정된 부호를 기억 장치에 저장하는 방식과는 전혀 다르다. 기억은 지속적인 재범주화의 산물이며, 그렇기 때문에 우리는 잔을 집어드는 것과 같은 절차적 수행을 반복할 수 있다. 행동에 대한 상상이나 예행연습 역시 시냅스 변화를 수반할 수 있는데, 이는 비슷한 출력을 야기하는 다양한 신경 경로들이 함께 강화되는 축퇴 현상을 일으킨다. 어떤 동작을 무의식적으로 수행할 수 있는 것 역시 전역 지도가 기억에 관여하기 때문이다. 무의식적 행동과 의식적 과정의 연관성에 대해서는 14장에서 자세히 살펴본다.

기억과 선택

뇌는 어떻게 부호화된 표상 없이도 역동적 기억을 만들어낼 수 있는 것일까? 그 답은 선택적 체계의 특성에 있다. 뇌는 크게 다음과 같은 세 가지 선택론적 특성을 지니고 있다. 첫째, 뇌에는 축퇴적 신경회로의 거대한 레퍼토리가 존재한다. 둘째, 다양한 입력 신호들이 시냅스 집단에 변화를 줄 수 있다. 셋째, 가치 제한 조건들은 진화적으로 유용하거나 보상을 제공하는 출력이 반복될 가능성을 증대시킨다. 이러한 조건하에서 뇌는 엄청나게 다양한 신경회로 가운데 적합한 것을 선택해낸다. 신경회로의 선택은 개별 시냅스의 효율성이나 강도를 조절함으로써 이루어지며, 이 과정에서는 과거의 경험뿐만 아니라 상향 가치 시스템(청반핵, 솔기핵, 콜린핵 등)의 활동도 영향을 준다.

적응에 유리한 출력 반응을 야기하는 신경회로는 모두 정신적 · 물리적 행위의 반복을 위한 토대로 기능할 수 있다. 다시 말해, 기억은 선택된 신경회로의 활동으로부터 역동적으로 생성된다. 기억의 신경회로는 축퇴적이어서, 여러 가지 회로가 동일한 출력을 반복시킬 수 있다. 특정한 행동적 출력과 관련된 시냅스는 행위 과정에서도 달라질 수 있다. 그렇기 때문에 기억은 시냅스 변화의 고정된 집합으로 정의될 수 없다. 우리가 어떤 행위를 반복할 때 실행되는 것은 단일한 세부 사건이 아니라, 행위의 수행에 적합한 하나 이상의 신경 반응 패턴이다.

시냅스 변화는 기억의 필수 요소다. 그러나 시냅스 변화가 기억 그 자체인 것은 아니다. 우리 뇌에는 부호나 규칙이 존재하지 않으며, 단지 비슷한 출력을 일으키는 신경회로의 집합이 있을 뿐이다. 하나의 출력에 대해서도 엄청나게 다양한 구조의 신경회로가 존재할 수 있다. 기억이 새로운 경험이나 맥락에 따라 바뀔 수 있는 것은 이러한 축퇴성 때문이다. 기억은 사건을 똑같이 복제하는 것이 아니라 그것을 재범주화한다. 기억의 범주는 고정된 규칙이 아닌 신경집단 네트워크의 구조, 가치 시스템의 상태, 해당 순간에 수행된 물리적 행위에 따라 결정된다. 요컨대 기억은 엄청나게 다양한 신경해부학적 레퍼토리 내에서 여러 신경회로의 집합을 연결하는 동역학적 변화로부터 생성된다. 또한, 가치 시스템의 활동은 기억의 생성을 촉진한다.

이를 앞서 소개한 유리잔 예시에 적용해보자. 갈증이 가치 시스템을 활성화하면 유리잔에 손을 뻗는 행위를 수행하기에 적합한 다양한 신경회로 중 하나가 선택된다. 신경회로의 레퍼토리는 축퇴적이므로 유사한 출력을 일으킬 수 있는 다양한 회로들이 존재한다. 우리가 다양한 상황에서 손을 뻗는 행위를 반복할 수 있는 것은 이 때문이다. 행위는 또 다른 행위를 촉발하고, 말은 또 다른 말을 낳으며, 심상은 서사를 유발한다. 기억이 이러한 연상적associative 속성을 지닌 까닭은 특정 시점에 활성화되는 신경회로가 서로 다른 신경 네트워크에 속해 있기 때문이다.

일반적으로 기억 연구자들은 기억을 조작적 기준이나 생화학적 기준에 따라 절차 기억, 의미 기억, 일화 기억 등 여러 가지로 분류한다. 하지만 뇌에는 이들 외에도 시각, 후각, 촉각 등 다양한 감각 양식에 대한 지각 체계부터 행동의 의도와 실행을 관장하는 운동 체계, 말소리를 조직화하는 언어 체계에 이르기까지 수백, 수천 개의 서로 다른 기억 체계가 존재한다.

중요한 것은 기억이 시스템적 속성이라는 점이다. 뇌는 행위의 반복이라는 출력을 선택하기 위하여 신경회로, 시냅스 변화, 생화학적 속성, 가치 제한 조건, 행동 변화 등 여러 가지 요소를 활용하고 있다. 하지만 이 요소들 중 어느 것도 기억과 존재론적으로 동일하지 않다. 기억은 이 모든 요소들의 상호작용이 빚어내는 역동적 산물이다. 우리는 살면서 한 가지 행위를 여러 차례 반복한다. 그 행위의 전반적 특성은 유사하겠지만, 기저의 뉴런 앙상블은 모두 다르다. 배경이나 맥락이 달라지더라도 같은 행위를 반복할 수 있는 것은 이 때문이다.

기억 체계의 놀라운 안정성 역시 기억의 축퇴성으로 설명 가능하다.[2] 뇌는 축퇴적 체계이므로 다양한 신경회로가 동일한 출력을 야기할 수 있다. 따라서 세포 몇 개가 죽거나, 한두 개의 신경회로가 변하거나, 입력 신호의 맥락이 바뀌는 것만으로 기억이 사라지지는 않는다.

알프스 비유

기억의 비표상성은 알프스산맥의 빙하에 비유될 수 있다. 산꼭대기의 빙하는 계절의 변화에 따라 녹고 얼기를 반복한다(그림 8.2). 날씨가 따뜻해지면 빙하가 녹은 물이 시냇물을 이루고, 이것이 산 아래로 타고 흘러 골짜기에 연못을 만든다. 작년에도, 그전 해에도 비슷한 위치에 비슷한 크기의 연못이 만들어졌을 것이다. 이때 연못은 행위의 반복적 수행을 야기하는 출력 신호에 해당한다. 날씨가 추워지면 시냇물이 얼어붙고 연못은 사라진다. 때때로 새로운 시냇물의 지류가 만들어지거나 두 시냇물이 합쳐질 수도 있다. 하지만 그것이 반드시 산 아래 연못의 위치나 크기에 영향을 주지는 않는다. 그러나 온도, 바람, 비, 냇물의 흐름과 같은 조건들이 알맞게 변화한다면 새로운 연못이 생기거나 두 연못이 하나의 커다란 호수로 합쳐지는 일이 발생할 수도 있다.

〈그림 8.2〉 알래스카의 크닉 빙하

이때 중력과 골짜기의 지형은 가치 제한 조건에 해당하고, 날씨는 외부 세계의 입력 신호에 해당하며, 빙하의 얼고 녹음은 시냅스 변화에, 산골짜기의 세부 지형은 신경계의 구조에 해당한다. 이제 뇌가 어떻게 부호 없이도 행위를 역동적으로 반복할 수 있는지 감이 오는가? 만일 뇌의 신경해부학적 구조를 그래프의 집합으로 나타낸다면, 그 그래프는 3차원을 뛰어넘는 고차원 공간에 그려질 수밖에 없다. 뇌에서는 한꺼번에 수많은 연결망이 작동할 수 있기 때문이다. 비표상적 기억의 작동 방식을 제대로 이해하기 위해서는 고차원 공간으로 사고를 확장할 필요가 있다.

비표상적 기억 체계에서는 지각이 기억을 변화시키고, 반대로 기억이 지각에 영향을 주기도 한다. 여러 요소의 구성이 '정보'를 생성하기 때문에 고정된 용량 제한이란 존재하지 않는다. 비표상적 기억은 안정적이고, 역동적이며, 연상적이고, 적응적이다. 기억은 사건의 복제품이 아니다. 모든 지각 행위는 일종의 창조이며, 모든 기억 행위는 일종의 상상이다. 기억이 의식 연구에 특히 중요한 것은, 기억이 9장에서 살펴볼 의식의 핵심 메커니즘에 있어서도 커다란 역할을 수행하고 있기 때문이다.

9장
지각에서 기억으로: 기억된 현재

*의식의 신경 메커니즘을 이해하기 위한 첫 단계는 일차 의식과 고차 의식을 구별하는 것이다. 일차 의식은 인간과 유사한 뇌 구조를 지닌 모든 동물에게서 발견된다. 일차 의식만을 지닌 동물은 정신적 장면을 구성할 수 있지만, 의미나 상징을 처리하는 능력이 없어 제대로 된 언어를 구사하지 못한다. 인간은 고도로 발전한 고차 의식을 지니고 있다. 고차 의식은 일차 의식의 존재하에서만 발생할 수 있으며, 의미론적 능력*Semantic Capability*이나 언어 능력을 필요로 한다. 고차 의식은 과거와 미래의 장면을 구성하는 능력이나 자아 감각과도 관련되어 있다.*

이 장에서는 자연선택론에 입각하여 일차 의식의 진화를 설명하는 모델이 소개된다. 일차 의식의 신경학적 요건은 총 네 가지다.

첫째, 뇌는 외부 세계의 신호를 지각적으로 범주화할 수 있어야 한다. 둘째, 뇌가 스스로의 신경 활동을 지도화하는 개념화 능력이 필요하다. 셋째, 가치에 기반한 범주적 기억이 필요하다. 넷째, 여러 신경 신호를 통합하는 재유입 활동이 발생할 수 있어야 한다. 일차 의식의 진화는 지각적 범주화를 관장하던 뇌의 뒤쪽 부분과 가치 기반 기억을 담당하던 뇌의 앞쪽 부분이 연결되고, 이들 사이의 재유입을 조절하는 신경회로가 출현하면서 이루어졌다. 일차 의식은 현재의 상황과 과거의 행동을 연결하는 정신적 장면인 '기억된 현재'를 구성한다.

의식의 메커니즘을 밝혀내는 것은 현대 신경과학의 가장 큰 과제다. 이 장에서 저자는 자연선택론적 뇌 이론에 의거한 의식의 신경 메커니즘을 제시한다. 의식적 경험 속에는 다양한 감각, 기분, 장면, 상황에 대한 이해, 생각, 느낌, 감정 등이 인과적 순서에 따라 복잡하게 어우러져 있다. 그래서 의식 기저의 신경 과정을 밝히기 위해서는 지각적 범주화, 개념, 가치, 기억, 시상피질계의 동역학적 과정 등의 각종 신경 과정을 이해하는 것이 먼저다. 혹자는 그 어떤 뇌과학적 메커니즘도 의식을 설명할 수는 없다고, 의식적 경험과 기저 메커니즘을 결부 짓는 것은 아예 불가능하다고 말하기도 한다. 하지만 저자들은 그 둘 사이의 관련성을 이해하는 것이 충분히 가능하다고 본다. 단지 갖추어야 할 사전 지식이 많을 뿐이다.

일차 의식의 전제 조건

의식을 연구할 때는 너무 많은 난제들을 한꺼번에 다루려다가 자칫 방향을 잃어버리기 쉽다. 그렇기 때문에 우선은 일차 의식과 고차 의식을 구별할 필요가 있다.[1] 일차 의식은 다양한 정보가 통합된 정신적 장면을 생성하고, 이를 통해 현재의 행동을 결정하는 능력을 뜻한다. 인간과 비슷한 뇌 구조를 가진 동물들은 모두 일차 의식을 지니고 있다. 그러나 인간 외 동물들은 의미론적 · 상징적 능력이 결여되어 제대로 된 언어를 구사하지 못한다. 고차 의식은 언어를 사용하여 과거와 미래의 장면을 구성하고 이를 현재와 연결 짓는 능력을 뜻한다. 고차 의식은 일차 의식의 토대 위에서 형성되며, 자아 감각을 수반한다. 고차 의식은 의미론적 능력과 언어 능력을 필요로 한다. 고차 의식을 가진 존재만이 스스로의 의식 상태를 의식하고 그것을 남에게 보고할 수 있다. 지금부터 우리가 다룰 내용은 주로 일차 의식과 관련된 것들이다. 생각, 언어, 자아 개념, 자기 참조Self-Reference 등 고차 의식과 관련된 주제는 책의 후반부에서 다시 논의될 것이다.

본격적인 논의에 들어가기에 앞서, 일차 의식과 관련된 네 가지 신경 과정을 알아보자. 첫 번째는 바로 지각적 범주화이다. 외부 세계의 신호는 물리학적 법칙을 따르기는 하지만, 범주에 관한 정보가 들어 있지는 않다. 이러한 신호를 종의 적응에 적합한 범주로 세분하는 능력이 바로 '지각적 범주화'이다. 지각적 범주화는 운동 통제와 더불어 척추동물 신경계의 가장 기본적인 기능이며, 거의 모든 동물은 지각적 범주화를 수행할 수 있다. 지각적 범주화는 전역 지도의 여러 영역 간 재유입을 통해 이루어지며, 다양한 감각 양식(시각, 청각, 관절감각, 운동감각 등)과 하위 양식(시각의 경우에는 색, 방향, 움직임 등)에 대하여 동시에 일어난다.

두 번째 신경 과정은 개념화 과정이다. 여기서 개념이란 철학적 · 논리적 명제가 아닌, 여러 지각물의 공통 특징을 추상화한 '보편 사실universal'을 의미한다. 따라서 개념화는 시각적 범주화의 결과를 통합하는 능력에 해당한다. 얼굴 인식을 예로 들어보자. 모든 사람의 얼굴 모양은 조금씩 다르다. 그러나 뇌는 그 가운데서 얼굴의 일반적 특징을 도출해낼 수 있다. 개념은 뇌가 스스로의 활동을 지도화하여 신호에 대한 반응의 공통적인 특징을 추출함에 따라 형성되는 것으로 보인다. 예를 들어, 고양이가 움직이는 사냥감을 바라본 순간, 소뇌와 기저핵이 a라는 활성화 패턴을, 전운동영역Premotor Region과 운동영역이 b라는 패턴을 보이고, 그와 동시에 시각의 하위 양식 x, y, z가 동시에 상호작용하였다고 가정해보자. 이때 고양이의 고차 신경 지도는 사냥감의 움직임과 관련하여 '앞쪽으로 움직인다.'는 것과 같은 일반적이고 추상적인 특징, 즉 개념을 만들어낸다. 그 과정에서 언어는 필요치 않다. 이러한 추상화 과정은 신경 지도들이 단순하게 조합된 것만으로는 발생할 수 없으며, 여러 영역의 신경 활동을 다시 한번 범주화하는 더 고차원적인 신경 지도가 필요하다.

세 번째 신경 과정은 가치-범주 기억Value-Category Memory이다. 기억은 정신적 · 물리적 행위를 반복하거나 억제하는 능력이며, 재유입 회로의 다양한 시냅스 변화에서 기인한다. 신경계가 적응에 적합한 범주적 반응을 발달시키기 위해서는 가치가 제한 조건으로 기능해야 한다. 가치 시스템은 기억의 동역학에 영향을 줄 수 있으며, 가치 반응이 긍정적이냐 부정적이냐에 따라 기억의 형성 여부가 결정된다. 가치 시스템은 개념을 형성하는 뇌 영역인 전두엽, 측두엽, 변연계Limbic System(뇌간을 둥글게 둘러싼 뇌 영역)에도 폭넓게 투사하고 있다. 학습과 관련된 심리학 연구들은 가치, 감정적 반응, 사건의 중요도가 개념 기억과 범주 기억의 형성에 상당한 영향을 미친다는 것을 보여준다. 예를 들어, 미국인 중 상당수는 존 F. 케네디John F. Kennedy 대통령의 암살 소식을 접한 순간, 자신이 어디서 무엇을 하고 있었는지를 정확하게 기억하고 있다. 이는 그 사건이 많은 사람들에게서 풍부한 감정적 반응을 이끌어냈기 때문이다. 이와 같이 다양한 기억이 결합되어 만들어진 '가치-범주 기억'은 일차 의식의 핵심 요소다.

재유입의 중요성

마지막 네 번째 신경 과정은 TNGS의 주요 요소이기도 한 재유입이다. 재유입은 여러 신경 지도 간 거대한 양방향적 연결망을 따라 일어나는 병렬적이고 재귀적인 신호 전달 과정이다. 재유입은 뇌 영역의 활동에 영향을 주며, 반대로 뇌의 활동이 재유입 과정을 변화시키기도 한다. 재유입은 고등 신경계의 가장 중요한 통합 메커니즘일 뿐만 아니라, TNGS에 등장하는 원리 가운데 제일 흥미로운 개념이기도 하다. 재유입은 지각적 범주화와 운동 협응, 의식 그 자체에 이르기까지 다양한 정신 과정의 발생에 중추적인 역할을 맡고 있다. 앞서 4장에서는 재유입을 무수히 많은 실을 통해 서로 연결된 현아 4중주의 모습에 빗댄 바 있다. 이때 '실'에 해당하는 것은 각 신경 지도를 잇는 병렬적 · 양방향적 신경섬유들이다. 신경섬유를 따라 다양한 신경 지도 간에 역동적인 정보 교환이 일어나면서 신경 지도가 동기화되고 이들의 기능이 조율된다.

재유입이 일차 의식의 형성에 필수적인 이유는 정신적 장면이 구성되려면 정보가 통합되어야 하기 때문이다. 기능적으로 분리된 대뇌피질의 여러 신경 지도는 서로 다른 하위 양식(즉, 시각에 대해서는 색, 움직임, 형태 등)을 처리하고 있다. 이들이 상위의 지도나 논리적 프로그램 없이도 서로 협응할 수 있는 것은 재유입에 의해 정보가 통합되기 때문이다. 우리는 색, 움직임, 형태 등을 따로따로 지각하는 대신, 하나의 사물에 여러 특징을 결합bind시킴으로써 일관된 하나의 지각적 장면을 자각하며 살아간다. 다양한, 때로는 상충하는 감각 자극의 존재하에서 행위의 일관성을 유지하려면 여러 수준에서 수평적인 신경 상호작용 과정이 일어나야 한다. 어떻게 여러 신경 지도들은 상부의 통제 없이도 수평적으로 결집할 수 있는 것일까? 신경과학자들은 이를 결합 문제Binding Problem라 부른다. 하나의 뇌 영역 안에서는 동일한 특징 혹은 하위 양식을 처리하는 여러 신경집단이 연결linking되어 있다. 색이나 움직임을 처리하는 신경 지도에서 일어나는 지각적 집단화Perceptual Grouping가 그 예다. 기능적으로 분리 또는 전문화된 서로 다른 신경 지도 역시 모종의 방식으로 결합되어 있다. 이러한 결합 과정을 통해 사물의 윤곽, 색, 위치, 움직임 등에 대한 각각의 신경 반응이 통합된다.

여러 신경 지도의 결합을 조율하는 상위 지도가 없다면, 도대체 무엇에 의해 결합이 일어나는 것일까? 다음 10장에서는 재유입이 결합의 메커니즘임을 시사하는 여러 모델과 컴퓨터 시뮬레이션 결과들이 소개된다. 신경 지도 간의 재유입은 멀리 떨어진 신경집단의 활동을 단기적으로 동기화함으로써 이들 간에 상관관계를 형성한다. 그 결과, 여러 집단의 뉴런들은 함께 발화하게 된다. 이처럼 재유입은 다수의 신경회로 사이에 시공간적 상관관계를 형성할 수 있다. 가치 조건의 존재하에서 시간적 상관관계를 가진 회로들이 선택되면 일관성 있는 출력 신호가 만들어질 수 있다. 이것이 재유입이 의식 형성의 핵심 메커니즘인 까닭이다. 재유입을 통한 이러한 결합 과정은 다양한 조직 수준에서 계속해서 발생하고 있다.

일차 의식: 기억된 현재

지금까지 우리는 지각적 범주화, 개념 형성, 가치-범주 기억, 재유입의 메커니즘을 두루 살펴보았다. 일차 의식은 어떻게 진화하였을까? 처음에는 지각적 범주화를 수행하는 피질 체계가 존재했을 것이다. 이후 기저핵 등 다양한 피질 부속기관과 2차피질Secondary Cortex이 발달하면서 개념 기억 체계가 출현하였다. 그러다 파충류가 조류와 포유류로 분화할 때쯤 지각적 범주화 영역과 가치-범주 기억 영역 사이에 거대한 재유입 연결망이 형성된 것으로 추측된다. 이 재유입 연결망은 피질 영역 간의 거대 섬유, 그리고 특수 시상핵Specific Thalamic Nuclei, 그물핵, 수질판내핵을 지나는 양방향 시상피질 회로로 구성되어 있다(〈그림 4.4〉 a). 특수 시상핵은 대뇌피질과 재유입적으로 연결된 신경핵이다(이들끼리는 직접 신호가 오가지 않는다.). 그물핵은 다른 신경핵을 억제함으로써 그들의 활동을 선택하거나 차단할 수 있다. 수질판내핵은 대뇌피질에 광범위하게 투사하고 있으며, 전체 피질의 활동 수준을 동기화한다. 재유입이 이 모든 시상피질 구조와 연결로를 통합하면서, 의식적 장면이 비로소 탄생한 것이다(그림 9.1).

기억 체계와 지각적 범주화 체계 사이의 재유입 상호작용은 수백 밀리초에서 1초 사이에 일어나는데, 이것이 바로 윌리엄 제임스가 말한 '느낌상의 현재Specious Present'이다. 재유입이 시상피질계에 분포된 여러 신경집단을 통합하자 이들의 상호작용으로부터 의식

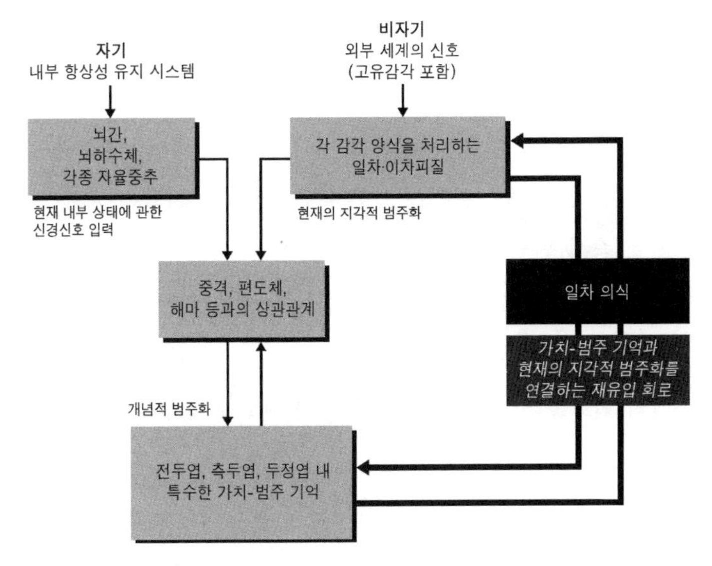

〈그림 9.1〉 일차 의식의 메커니즘 가치 관련 신호와 외부 세계의 신호 사이에 상관관계가 존재하면 개념적 기억이 형성된다. 이 기억들이 재유입 경로(굵은 선)를 따라 현재의 지각적 범주화와 연결되면 개념적 범주화가 발생하는데, 이것이 바로 일차 의식이다. 다양한 감각 양식(시각, 촉각 등)에 대해 이 과정이 반복되면 사물과 사건들로 구성된 하나의 '장면'이 만들어진다. 일차 의식을 가진 동물은 과거의 기억을 통해 현재의 장면 속 사물이나 사건들을 (이들이 실제로는 인과적으로 무관할지라도) 서로 연결 지을 수 있다.

적 장면을 구성하는 능력이 창발하였다(5 · 6장 참조). 현재의 다양한 입력 신호들은 지각적 범주 사이에 재유입적 상관관계를 형성한다. 보상과 처벌의 경험과 관련된 조건적 기억은 가치 시스템의 활동을 변화시키며, 이로 인해 사건과 사물의 중요도가 결정된다. 그 결과, 외부 세계의 사건과 신호들은 (인과적으로 관련되어 있든, 우연히 동시에 발생한 것이든) 서로 연결된다. 이것이 가치-범주 기억 체계에 재유입되면 일차 의식이라는 하나의 장면이 구성된다.

일차 의식의 또 다른 기본 요소인 단기 기억은 과거의 범주적·개념적 경험을 담고 있다. 기억과 지각의 상호작용은 1초 미만의 짧은 시간 동안 매우 빠르게 이루어지며, 새로운 지각물이 기존의 기억에 즉시 편입되어 다시 범주화에 활용되는 자가적bootstrapping 방식을 따른다. 의식적 장면을 구성하는 능력은 '기억된 현재'를 구성하는 능력과 같다. 해질 무렵 정글 속 어느 초식동물이 바람과 소리의 변화를 한꺼번에 느꼈다고 가정해보자. 물론 바람과 소리의 변화는 각각 독립적으로 일어날 수 있다. 그러나 과거에 두 사건이 함께 발생했을 때 재규어가 나타났다면, 확실한 위협이 존재하지 않더라도 그 자리에서 도망치는 것이 바람직하다. 이러한 사건 간의 연결성은, 그것이 실제로 인과적이지 않더라도, 의식적 개체의 기억 속에 잔존하게 된다.

물론 일차 의식이 없어도 특정 자극에 반응하거나, 행동하거나, (특정 환경에서) 생존할 수 있다. 하지만 사건이나 신호를 연결하여 복잡한 장면을 만들거나, 가치 조건과 과거 경험을 토대로 사건이나 사물 사이의 관계를 구성하는 것은 일차 의식이 없이는 불가능하다. 장면을 떠올릴 수 없다면 복잡한 위험을 피하지 못할 가능성이 커진다. 이것이 바로 의식이 창발한 이유이자, 의식이 진화적으로 유용하다는 증거다. 의식을 가진 동물들은 (최소한 기억된 현재 내에서는) 과거의 경험에 기반하여 미래의 사건에 발전적이고도 적응적으로 대비할 수 있고, 복잡한 외부 환경에 대하여 훨씬 더 다양하게 반응할 수 있다. 재유입 체계가 진화하면서 여러 종류의 기억들이 지각 영역이나 개념 영역과 연결된 것이 의식의 창발에서 가장 핵심이 된 사건이었다.

일차 의식이 출현하고 한참이 지난 뒤, 언어 능력을 가진 인간이라는 종이 진화하였고, 그 결과 고차 의식이 탄생하였다. 그러자 자아의 연속성과 일관성이 생존과 직결되는 가장 중요한 가치로 대두되었다. 자아는 고차 의식을 가진 인간에게서만 나타나는 특징이다. 내·외부의 변화에도 불구하고 우리가 일생 동안 자아의 연속성을 유지할 수 있는 것은 재유입이 기억을 지속적으로 재범주화하기 때문이다. 윌리엄 제임스는 어떻게 순간적인 의식 상태가 과거의 상태들과 조화되어 통일된 현재를 이룰 수 있는지, 어째서 우리의 자아 정체성은 안정되어 있는 것인지 고민했다. 하지만 재유입이 지각 체계와 기억 체계를 기능적으로 통합한다는 사실을 이해하고 나면, 이는 그다지 어려운 문제가 아니다. 한편, 언어 중추와 개념 중추 사이에 재유입 연결이 형성되면서 고차 의식이 출현하였다. 고차 의식의 진화에 관해서는 책의 후반부에서 다시 살펴보자.

이 장에서 소개한 의식 모델은 아주 기초적인 뼈대에 불과하다. 하지만 이 모델이 의식 기저의 신경 메커니즘을 이해하기 위한 확고한 신경해부학적·신경생리학적 토대인 것은 분명하다. 이 책의 목표—의식적 경험의 통합성과 정보성을 설명할 수 있는 신경 과정에 관한 가설 구축하기—를 달성하기 위해서는 이 모델의 이론적 체계를 잘 활용할 필요가 있다.

4부

다양성에 대처하는 법: 역동적 핵심부 가설

성공적인 의식 이론은 의식적 경험의 다음 두 가지 기본 속성을 설명할 수 있어야 한다. 첫째는 고도의 통합성이다. 모든 의식 상태는 하나로 통합되어 있으며 여러 독립 성분으로 분리되지 않는다. 둘째는 높은 분화성과 정보성이다. 즉, 서로 다른 행동을 일으킬 수 있는 무수히 많은 의식 상태가 존재한다는 것이다.

그런데 놀랍게도 분산적 신경 과정 역시 같은 속성을 지니고 있다. 시상피질계의 신경 과정은 하나로 통합되어 있지만 동시에 고도로 분화되어 있기도 하다. 이것이 단순한 우연의 일치는 아닐 것이다. 그래서 우리는 의식적 경험의 각 속성에 대응하는 신경 과정이 무엇인지를 엄밀하게 고찰해볼 필요가 있다.

4부에서는 통합과 분화와 관련하여 견고한 이론 체계를 구축하고, 이를 바탕으로 의식적 경험의 통일성과 정보성, 신경 기반에 대해 살펴본다. 10 · 11장에서는 통합과 분화를 수학적으로 엄밀하게 정의하고, 신경 활동의 기능적 군집화와 복잡도를 정량화한다. 수식이 다소 등장하지만, 핵심 개념을 이해했다면 기술적인 내용은 건너뛰어도 무방하다. 12장에서는 실제 뇌에서 통합과 분화의 특성이 어떻게 구현되어 있는지를 알아보고, 이를 토대로 역동적 핵심부 가설을 수립한다. 역동적 핵심부 가설을 활용하면 의식적 경험 기저의 신경 활동에 관해 간결한 조작적 명제를 세울 수 있다. 우리는 이 가설에 기반하여 의식의 핵심 속성을 다시 살펴보고, 의식에 관여하는 신경 과정과 그렇지 않은 과정을 구분하기 위한 실증적 기준에 관해서도 고찰해본다.

10장
통합과 재유입

이 장에서는 의식적 경험의 통합성과 관련된 신경 과정을 살펴본다. 이를 위해 통합의 의미와 측정 방법을 엄밀하게 정의하고, '기능적 군집'이라는 새로운 개념을 도입하여 실제 신경 과정의 통합 상태를 확인한다. 다양한 뇌 영역들의 활동이 어떻게 1초도 안 되는 짧은 시간 만에 빠르게 통합되거나 결합될 수 있는가 하는 '결합 문제'도 함께 논의한다. 대규모 컴퓨터 시뮬레이션 결과에서 알 수 있듯, 시상피질계를 통합시키는 핵심 신경 메커니즘은 바로 재유입이다. 재유입은 시상피질계로 하여금 통일된 행동 출력을 생성할 수 있게 한다. 이것이 저자들이 생각하는 결합 문제에 대한 가장 간결한 해답이다.

운전을 할 때면 우리의 시각적 장면은 자동차, 트럭, 오토바이, 보행자, 차선, 나무, 집, 하늘 등 갖가지 사물로 가득 찬다. 모든 사물은 특정한 모양, 색, 위치를 갖고 있으며, 그중 몇몇은 움직이거나, 소리를 내거나, 냄새를 뿜기도 한다. 뿐만 아니다. 사물들은 서로 구체적이고 의미 있는 관계를 맺을 수 있고, 이미 이름이나 개념이 명명된 것도 있다. 하지만 이러한 풍부함과 다양성에도 불구하고, 매 순간 우리는 통일된 하나의 의식적 장면을 경험한다. 의식적 장면은 '하나의 전체'로서만 유의미하며, 독립된 요소들로 쪼개지지 않는다. 하지만 그 와중에도 의식적 장면은 시시각각 연속적으로 변화한다.

이러한 의식 상태의 통합성으로부터 우리는 의식적 경험 기저의 신경 과정들도 통합되어 있으리라 추측할 수 있다. 6장에서 우리는 분산적 신경집단이 통합되어 결맞음된 발화 패턴을 보인다는 실험적 증거들을 소개한 바 있다. 하지만 그러한 관찰만으로는 통합의 기저 메커니즘을 파악하기 어렵다. 저자는 그 메커니즘을 밝히기 위해 시상피질계의 해부학적 · 생리학적 구조를 대규모 시뮬레이션 모델에 구현하였고, 이를 통해 결합 문제의 해답이 무엇인지, 더 나아가 중추신경계의 다양한 요소들을 포괄하는 통합적 신경 과정이 출현하는 원리가 무엇인지를 이해할 수 있었다.

재유입과 신경 통합: 결합 문제 해결하기

중추신경계 내 수많은 뉴런의 신호들이 통합되는 원리를 연구하기란 실로 어렵다. 애초에 움직이는 동물의 뇌에서 여러 뉴런의 전기적 활동을 한꺼번에 측정하는 것이 실험적으로 가능해진 지가 불과 몇 년 되지 않았다. 이러한 접근법은 뇌 연구에 매우 중요하지만, 동시에 측정할 수 있는 뉴런의 수는 아직도 턱없이 부족하다. PET와 fMRI 등의 뇌영상 기법을 이용하면 뇌 전체에서 수백만 개의 시냅스 활동을 한꺼번에 탐지할 수 있지만, 각각의 신경 신호를 추적하기에는 시공간적 해상도가 부족하다. 따라서 신경 대집단의 행동과 상호작용을 탐구하기 위해서는 신경 모델링을 활용할 필요가 있다.

대규모 컴퓨터 시뮬레이션을 이용하면 개별 신경 단위체Neural Unit의 활동을 추적하거나, 특정 감각 자극에 대한 수만 개 뉴런들의 시공간적 발화 패턴을 관찰할 수 있다. 이는 실험상에서는 수행하기 힘든 각종 섭동perturbation이나 조작을 가능케 한다.[1]

실제로 저자는 시각계를 대규모로 시뮬레이션하여 그 속에서 재유입이 일어나는 과정을 탐구하였고, 기능적으로 분리된 뇌 영역들의 활동이 통합 혹은 '결합'되는 원리를 규명하였다[2](그림 10.1). 저자들의 시뮬레이션은 대뇌피질의 일반적인 구조적 특징을 따르고 있으므로, 이 모델에서 나타나는 다양한 현상은 시각뿐만 아니라 다른 감각 양식이나 운동 양식에도 적용될 수 있다.[3]

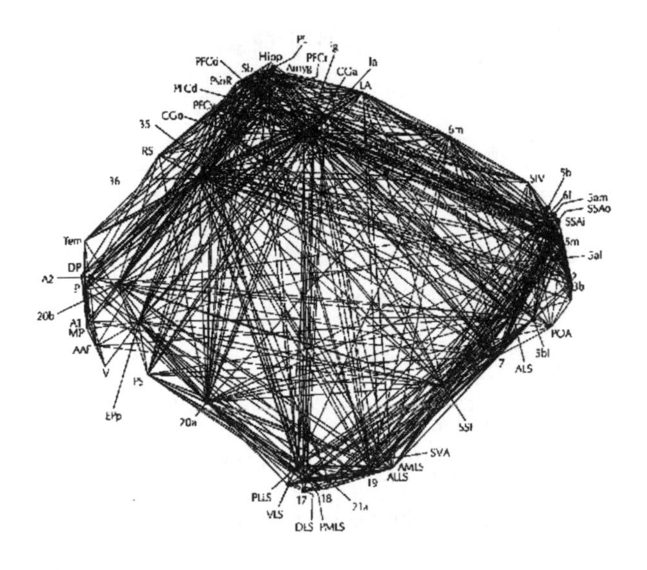

〈그림 10.1〉 피질 영역의 연결 상태 이 모식도는 고양이의 대뇌피질 영역 64개와 영역 간 연결로 1134개를 표현한 것이다(각 영역의 이름은 무시하라). 대부분의 연결로는 양방향적이다. 이 모식도는 해부학적 위치가 아닌, 연결 상태를 나타내고 있다. 서로 연결된 영역들은 가깝게, 그렇지 않은 영역들은 멀리 비치되었다.

이 모델(그림 10.2)에는 총 9개의 시각피질 영역이 존재하며, 이들은 각각 형태, 색, 움직임에 대한 반응을 조절하는 세 가지 해부학적 흐름을 이룬다. 전체 반응을 조율하는 고차 영역이 없다는 사실에 유의하라. 실제 시각피질의 기능적 분리를 구현하기 위해, 각 신경 단위체는 서로 다른 자극 속성에 반응하도록, 또한 각 단위체의 발화는 네트워크 내에서 서로 다른 기능적 결과를 일으키도록 설계되었다. 그 결과 모델 V1 영역의 신경집단은 시야 내 특정 위치의 모서리 방향과 같은 사물의 기초적 특징에 반응하고, 하측두 피질Inferotemporal Cortex, 즉 IT 영역과 같은 고차 영역의 신경집단은 시야 내 위치와 무관하게 특정 모양에 대해 반응하였다. V4 영역은 물체의 모양이나 움직임이 아닌 색깔에만, V5 영역은 움직이는 방향에만 반응하였다.

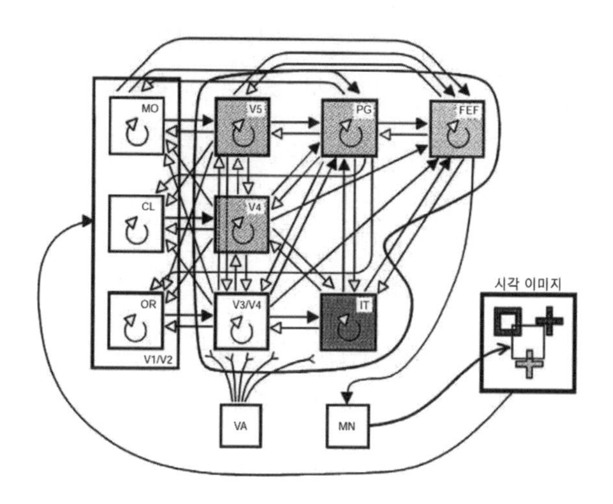

〈그림 10.2〉 피질의 통합 기능을 모사한 대규모 컴퓨터 모델의 모식도 전체 모델은 총 1만 개의 신경 단위체와 100만 개의 연결망으로 구성되어 있다. 사각형은 각각의 시각 영역에, 화살표는 신경 경로에 해당한다. 각 신경 경로는 수천 개의 개별 연결로로 구성되어 있다. 이 모델에는 움직임(첫째 열), 색(둘째 열), 형태(셋째 열)를 분석하는 총 3개의 평행한 흐름이 존재한다. 시야상의 위치에 따라 다르게 반응하는 영역은 흰색, 시야상의 위치와 무관하게 비국소적nontopographic으로 반응하는 영역은 짙은 회색, 중간 정도의 반응 특성을 가진 영역은 옅은 회색으로 표현되었다. 맨 오른쪽에는 입력 신호에 해당하는 컬러 이미지가, 맨 아래에는 출력에 해당하는 안구 운동 뉴런 MN이 표시되어 있다. 사각형 속 화살표는 영역 내 연결을 나타낸다. VA는 행동 패러다임에 영향을 끼치는 광범위 투사형 가치 시스템이다. 모식도에는 실제 VA가 투사하는 영역 중 일부만이 표시되어 있다.

저자들은 이 모델에 빨간 십자가, 초록색 십자가, 빨간 사각형을 한꺼번에 제시하고 그 셋을 구별하도록 지시하였다(그림 10.3). 이 기능을 수행하기 위해서는 여러 영역의 신호가 통합되어야 하므로, 모델이 세 도형을 올바르게 구별한다면 자극의 여러 속성—색, 모양, 위치—을 성공적으로 결합시켰다고 말할 수 있다. 모델이 올바른 물체를 향해 '눈'을 움직이면 '가치 시스템'이 활성화되고 가상의 신경조절물질이 분비되었다. 이는 마치 실험 동물을 훈련할 때 올바른 반응에 대해 달콤한 주스로 보상을 제공하는 것과 같다. 가치 시스템은 중요한 사건이 일어났다는 사실을 모델 전체에 전달함으로써 신경집단 사이의 연결 강도를 조절하였다(〈그림 10.3〉의 희미한 직선). 훈련이 반복되자 정확도는 95%까지 치솟았다.

〈그림 10.3〉은 모델의 시야에 시각적 장면을 제시하고 0.2초가 흐른 뒤의 모습이다. 기능적으로 분리된 여러 영역에서 다수의 신경집단이 함께 활성화된 것을 확인할 수 있다. 하나의 도형에 반응하는 뉴런들의 활동은 수십 밀리초 만에 동기화되었다. 발화 패턴의 동기화는 형태, 색, 움직임과 같은 병렬적 흐름뿐만 아니라, 상위 영역과 하위 영역 간에도 관찰되었다.[4] 그러나 서로 다른 도형에 반응하는 뉴런들은 동기화되지 않았다. 따라서 두 사물의 구분은 대략 수십 밀리초의 시간 단위에서 이루어진다고 말할 수 있다. 수백 밀리초의 더 긴 시간 규모에서 이들 뉴런은 함께 활성화하여 '행동' 출력을 일으켰다. 이처럼 시각계는 제시된 시각적 장면의 정보를 통합하여 각 사물을 구분하고 일관된 행동 반응을 형성한다.

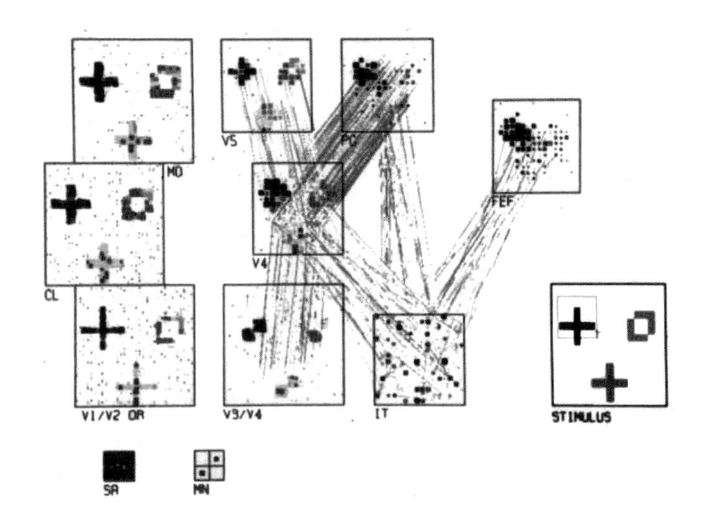

〈그림 10.3〉 결합 문제 해결하기 빨간 십자가, 빨간 사각형, 초록색 십자가로 이루어진 시각 이미지가 제시되고 약 0.15초가 지나면 모델의 활동이 동기화된다. 모델의 눈이 빨간 십자가로 움직이면 광범위 투사형 가치 시스템이 발화하고, 이를 통해 조건화가 이루어진다. 그림에는 조건화를 통해 강화된 전체 연결 중 일부가 회색 실선으로 표시되어 있다. 같은 물체에 반응하는 신경 단위체 간에 상관관계가 형성되었음에 주목하라. 조건화로 인한 연결 강화는 FEF, PG, V4 등 다양한 영역에서 나타난다. 빨간 십자가에 해당하는 신경 단위체의 활동이 증가하면 모델의 눈은 빨간 십자가를 향해 움직인다.

시뮬레이션에서 나타난 신경 활동의 단기적 상관관계는 실제 뇌에서 급속한 양방향적 재유입 상호작용에 해당한다. 영역 내 혹은 영역 간 양방향 연결이나, 시냅스 강도를 빠르게 조절하는 전압 의존성Voltage-Dependent 연결로가 존재하지 않을 때는 이러한 단기적 상관관계가 나타나지 않았다. '전압 의존성'이라는 이름이 붙은 까닭은 시냅스 후 뉴런의 전압이 다른 흥분성 입력 신호에 의해 충분히 상승했을 때만 이 연결이 활성화되기 때문이다. 실제 뇌에서는 신경전달물질 글루탐산염glutamate에 반응하는 NMDA 수용체가 이와 유사한 속성을 띠고 있다.

여기서 가장 주목해야 할 것은, 이 모델에는 도형의 여러 속성을 통합하는 피질 영역이나 신경집단이 존재하지 않는다는 점이다. 또한, 이 모델에는 '왼쪽 위의 빨간 십자가'처럼 여러 속성들의 임의의 조합을 직접 선택하는 신경 단위체도 존재하지 않는다. 통합은 특정 영역이 아닌, 결맞음 과정에 의해 이루어지며, 그 과정을 수행하는 것이 바로 광범위하게 분산된 여러 신경집단 간의 재유입 상호작용이다. 통합이 자극 제시 후 0.1~0.25초 만에 발생한다는 점도 특기할 만하다. 이로부터 우리는 재유입이 여러 피질 영역의 신경 반응을 결합하여 동기화와 전역적 결맞음Global Coherence을 일으킴으로써 결합 문제를 해결한다는 것을 확인할 수 있다.

이 모델에서는 의식의 여러 속성 중 하나인 용량 제한 역시 발견된다. 인간 피험자에게 다양한 특징을 가진 여러 물체들을 한꺼번에 보여주면 물체와 특징의 대응 관계를 쉽게 기억하지 못한다. 이러한 지각 기능의 결합 오류Conjunction Error에 관해서는 이미 다양한 연구가 이루어져 있다.[5] 결합 오류는 색, 크기, 위치가 다른 여러 글자들을 짧은 시간 동안 한꺼번에 볼 때 특히 자주 일어난다(예를 들어, 초록색 b를 보고서는 초록색 A를 보았노라고 보고하는 것이다.). 저자들의 모델도 도형 3개까지는 높은 정확도를 보였다. 그러나 도형의 수가 셋을 넘어서자 신경 단위체가 잘못 동기화되는 오결합 False Conjunction이 발생하기 시작했다. 오결합의 빈도는 도형의 수뿐만 아니라 도형의 특징이나 크기에 따라서도 달라졌다. 이를 보면 실제 생물체의 오결합 역시 서로 다른 뇌 영역 간의 단기적 상관관계 패턴이 불일치하여 발생하는 것으로 추정된다.[6] MEG 등의 실험 기법을 활용하면 이를 검증할 수도 있을 것이다.

이후 저자들은 시상까지 포함된 더욱 발전된 형태의 피질 모델을 고안하였고, 이를 이용하여 시상피질계 내 재유입 상호작용의 동역학을 탐구하였다.[7] 피질 내부 혹은 피질과 시상 간의 재유입 신호 전달은 시냅스 효율성의 급속한 변화와 네트워크의 자발적 활동을 토대로 전역적 결맞음을 빠르게 형성한다. 이 결맞음 과정은 전체 신경 활동이 명확한 역치값을 넘어설 때만 출현하며, 시상피질계 신경집단들의 강력하고 급속한 상호작용을 야기한다.[8] 특기할 만한 점은, 신경계의 구성이 달라지더라도 이 결맺음 과정이 계속 안정적으로 유지된다는 사실이다. 우리 뇌에서는 많은 뉴런이 동기화되어 발화하고 있다. 그러나 발화하는 뉴런의 종류는 매 순간 다르다. 또한, 결맞음 과정에 참여하는 뉴런은 시상피질계의 뉴런 중 일부이며, 특정 시점에 활성화된 뉴런 전부가 결맞음 과정에 참여하는 것도 아니다. 시상피질계의 연결 구조가 이러한 자기영속적인Self-Perpetuating 동역학적 과정을 만들어낼 수 있다는 사실은 의식의 통일성과도 상당한 관련이 있다.

통합적 과정 확인하기: 기능적 군집화의 척도

6장에 소개하는 실험 결과와 방금 살펴본 대규모 시뮬레이션으로부터 우리는 시상피질계 내에서 신경 신호가 빠르게 통합되는 메커니즘을 개략적으로나마 파악할 수 있었다. 그러나 의식의 통일성을 이해하기 위해서는 좀 더 보편적인 이론 체계가 필요하다. 신경 과정이 통합되어 있다는 것은 무엇을 의미하는가? 통합은 어떻게 측정될 수 있으며, 통합적 신경 과정의 범위와 경계는 어디인가? 이 질문들에 답하기 위해서는 신경계의 행동에 대한 형태 분석Formal Analysis이 필요하다.

통합을 직관적으로 정의하자면 다음과 같다. 계의 한 부분집합 내 원소들 간의 상호작용이 나머지 원소와의 상호작용에 비해 훨씬 더 강하다면, 이 집합이 통합적 과정을 구성한다고 말할 수 있다. 끈끈한 가족 관계를 떠올려보라. 가족 구성원은 때때로 각자의 지인들과 상호작용을 맺기도 하지만, 그 어떤 관계도 가족 간 유대의 빈도와 강도를 상회하지는 못할 것이다. 이처럼 계의 나머지 원소들과 기능적으로 구분되는, 강하게 상호작용하는 원소들의 부분집합을 저자는 '기능적 군집Functional Cluster'이라 부른다.[9] 이 개념을 의식 연구에 실제로 적용하기 위해서는 기능적 군집화의 기준을 명시하고, 더 나아가 이론적으로도 만족스럽고 실험적으로도 유용한 지표를 만드는 작업이 필요하다. 군집에 대한 보편적인 통계학적 정의는 존재하지 않지만,[10] 일반적으로 내부적 결속과 외부적 고립이 존재하면 군집으로 취급될 수 있다. 만일 신경계에 이러한 특성을 지닌 요소의 집합이 존재한다면, 우리는 이를 기능적 군집이라 말할 수 있을 것이다. 저자들이 고안한 기능적 군집화의 척도는 아래와 같다.[11]

우선 외부 환경으로부터 아무런 입력 신호도 받지 않고 자발적으로만 활동하는 고립된 신경계부터 살펴보자. 이때 각 신경집단은 계의 원소에 해당한다. 만일 각 원소들이 서로 완전히 단절되어 어떠한 상호작용도 하지 않는다면, 각 원소의 활동 간에는 시간적 상관관계가 없다. 이때 각 원소는 통계적으로 독립되어 있다. 그러나 원소들이 서로 연결되어 있다면 이들의 상호작용이 서로의 활동에 영향을 주게 된다. 그 결과, 원소들의 발화 패턴은 통계적 독립 상태에서 멀어지게 된다.

우리에게 필요한 것은 계의 모든 원소들이 통계적 독립 상태로부터 벗어난 정도를 평가하는 보편적 방법이다. 이를 위해서는 통계학적 엔트로피 등 통계적 가변성과 관련된 지표를 활용할 수 있다. 다양한 이산적 상태 혹은 활동 패턴을 취할 수 있는 계의 엔트로피는 활동 패턴의 가짓수와 해당 패턴의 발생 확률이 포함된 로그함수의 형태로 표현된다.[12]

n개의 단위체로 이루어진 신경계 X를 상상해보자. 각 단위체는 반반의 확률로 켜지거나 꺼질 수 있다(두 상태의 확률이 같으므로, 단위체 한 개당 엔트로피는 $\log_2(2)=1$bit이다.). 모든 단위체가 독립적이라면 계는 2^n가지의 상태를 취할 수 있으며, 각 상태가 발생할 확

률은 모두 동일하다. 전체 계의 엔트로피 $H(X)$는 $\log_2(2^n)=n$이며, 이는 단순히 개별 원소들의 엔트로피 $H(x_i)$의 총합이다. 그러나 계 내부에 상호작용이 존재할 경우, 계가 취할 수 있는 상태는 개별 원소들이 취할 수 있는 상태보다 적어지며, 상태 가운데 일부는 발생 확률이 달라지기도 한다. 따라서 상호작용이 존재할 때 계의 엔트로피는 개별 원소의 엔트로피의 합보다 작다.

임의의 계 X의 통합도 $I(X)$는 각 원소(x_i)들이 독립되어 있을 때 X의 엔트로피와 실제 X의 엔트로피의 차이로 정의된다.[13]

$$I(X)=\sum_{i=1}^{n}\mathrm{H}(x_i)-H(X)$$

다시 말해, 계의 통합도는 원소 간 상호작용으로 손실되는 엔트로피와 같다. 상호작용이 강할수록 통계적 의존성이 증가하고 통합도 역시 증가한다. 통합도는 전체 계뿐만 아니라 임의의 부분집합에 대해서도 계산될 수 있다. 고립된 신경계 X 속에 κ개의 원소를 가진 임의의 부분집합 j가 있다면, 이 부분집합의 통합도 $I(X^\kappa_j)$를 계산함으로써 부분집합 내부의 통계적 의존성의 총량을 파악할 수 있다.

부분집합 내부의 통계적 의존성을 측정할 수 있다면, 부분집합(X^κ_j)과 계의 나머지($X-X^\kappa_j$) 간의 통계적 의존성도 측정할 수 있다. 하지만 이를 위해서는 추가로 상호 정보Mutual Information, MI라는 개념이 필요하다. 상호 정보의 수학적 정의는 다음과 같다.

$$MI(X^{\kappa}_{j};X-X^{\kappa}_{j})=H(X^{\kappa}_{j})+H(X-X^{\kappa}_{j})-H(X)$$

상호 정보는 부분집합 X^{κ}_{j}의 엔트로피 가운데 그것의 여집합 $X-X^{\kappa}_{j}$에 의해 설명될 수 있는 양과 같다(그 반대도 마찬가지다. MI는 대칭적이므로).[14] 따라서 상호 정보를 계산하면 임의의 부분집합과 그 여집합 간의 통계적 의존성의 총량을 측정할 수 있다(그림 10.4).

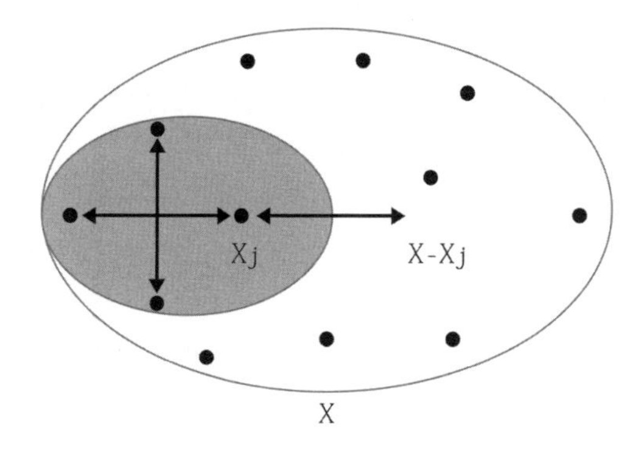

〈그림 10.4〉 기능적 군집화의 모식도 검은 점은 각각의 뇌 영역에, 회색 타원은 신경계의 기능적 군집에 해당한다. 기능적 군집의 원소들은 서로 강하게 상호작용하지만(겹쳐진 두 화살표), 계의 나머지 원소들과는 약하게 상호작용한다(가로 방향 화살표).

통합도와 상호 정보를 활용하면 계의 각 부분집합의 기능적 군집 지수Cluster Index, CI를 정의할 수 있다.

$$CI(X^{\kappa}_{j})=I(X^{\kappa}_{j})/MI(X^{\kappa}_{j};X-X^{\kappa}_{j})$$

이때 $I(X^{\kappa}_{j})$와 $MI(X^{\kappa}_{j}; X-X^{\kappa}_{j})$는 원소의 개수에 대해 정규화normalize 되어 있다.[15] 고립계의 기능적 군집 지수는 부분집합 내부의 상호작용과 부분집합과 여집합 사이 상호작용의 상대적 세기를 나타낸다. 군집 지수의 값이 1에 가깝다면 내부 상호작용과 외부 상호작용의 세기가 엇비슷한 것이고, 1보다 크다면 (내부 상호작용이 외부 상호작용보다 강력하므로) 기능적 군집이 존재한다고 말할 수 있다.[16] 따라서 기능적 군집의 유무를 판단하고 싶다면 계의 모든 부분집합에 대해 군집 지수를 계산하면 된다. 단, 어느 집합이 그 속에 자신보다 높은 군집 지수를 가진 부분집합을 가지고 있다면 그 집합은 기능적 군집이 아니다.

기능적 군집을 이루는 원소들은 서로 강하게 상호작용하지만 계의 나머지와는 약하게 상호작용한다. 따라서 기능적 군집은 독립적인 성분들로 분리될 수 없다. 군집 지수를 활용하면 기능적 군집을 이론적으로 정의하고 그 존재 여부를 실험적으로 판별할 수도 있다.

저자는 실제로 시뮬레이션 데이터, 조현병 환자, 정상인의 PET 영상 데이터의 군집 지수를 측정하였고, 기능적으로 구분되는 군집의 존재를 확인하였다.[17] 인지적 과제를 수행하게 하였을 때 정상인과 조현병 환자는 상당히 다른 기능적 군집화 양상을 보였다. 아직 표본화된 뇌 영역이 부족하기 때문에 이를 진단에 활용하기는 다소 이르지만, 다가올 미래에는 이러한 방식으로 조현병을 객관적으로 진단할 수도 있을 것이다.

인지 활동 중의 기능적 군집화에 관한 연구는 이제 막 걸음마를 뗀 수준이다. 그렇기 때문에 우수한 시공간적 해상도를 지닌 여러 영상 기법을 활용할 필요가 있다. 의식적 경험과 관련된 기능적 관계는 수백 밀리초 만에 형성되지만, 현재의 PET나 fMRI는 고작해야 몇 초 단위의 사건을 포착할 수 있을 뿐이다. 인간의 뇌에서 인지적 과제에 따라 빠르게 변화하는 기능적 군집의 존재를 확인하는 것이 과연 가능할까? 어쩌면 이러한 데이터에 대해서는 기능적 군집화를 이론적으로 만족스럽게 측정하는 것이 아예 불가능할지도 모른다. 하지만 서로 멀리 떨어진 뇌 영역의 활동이 동기화되는 것을 보면, 우리 뇌에서 급속한 기능적 군집화가 발생하는 것 자체는 분명한 사실이다. EEG, MEG, 국소영역전위Local Field Potential를 활용한 여러 연구를 보면, 뉴런 대집단은 짧은 시간 동안에도 고도로 동기화될 수 있다.[18] 동물의 뇌에서도 영역 내 또는 영역 간에 단기적 상관관계가 관찰된다.[19] 두 뇌반구 사이의 단기적 상관관계가 직접적인 재유입 상호작용에 의해 형성된다는 것을 보여준 연구도 있다.[20] 두 뇌반구를 잇는 수백만 개의 재유입 섬유가 끊기면 단기적 상관관계는 사라진다. 이러한 실험 결과들은 시상피질계 안에서 통합과 기능적 군집화가 발생하고 있으며, 재유입이 그 주요 메커니즘임을 시사하는 확실한 증거다.

이제 우리는 기능적 군집의 개념을 활용하여 신경생리학적 데이터로부터 통합도를 측정하고 의식 기저의 신경 과정을 분석할 수 있다. 기능적 군집을 구성하는 신경 과정은 특정 시간 동안 기능적으로 통합되므로 독립적인 성분들로 분리될 수 없다. 다음 11장에서는 의식적 경험의 또 다른 기본 속성인 분화성을 설명하기 위하여 신경 과정의 정보성—활동 패턴의 가짓수—의 지표인 신경 복잡도Neural Complexity를 정의한다. 12장에서는 어떻게 신경 과정이 의식적 경험의 기본 속성들을 만들어낼 수 있는지에 관한 저자들의 가설을 소개한다.

11장
의식과 복잡도

의식은 엄청나게 분화되어 있다. 매 순간 우리는 서로 다른 행동으로 이어질 수 있는 수십억 개의 서로 다른 의식 상태 중 하나를 경험한다. 다양한 가능성이 존재할 때 불확실성을 감소시키는 것을 정보라고 정의한다면, 의식 상태의 발생은 고도로 정보적인 사건이다. 의식적 경험 기저의 신경 과정 역시 고도의 분화성과 정보성을 지닌 것으로 추정된다. 이 장에서는 신경계와 그 부분집합의 관점에서 신경 과정의 정보 내용을 계산하는 법에 관해 살펴본다. 계의 정보 내용은 소위 '신경 복잡도'라는 통계 수치로 표현할 수 있다. 신경 복잡도를 계산하면 통합된 신경 과정이 어느 정도로 분화될 수 있는지 예측할 수 있다. 의식과 복잡도가 밀접하게 연관되어 있다는 사실, 그리고 실제로 뇌가 복잡도를 구현하고 있는 방

식을 소개하는 것이 이 장의 목표다. 이를 통해 우리는 많은 난제들을 해결할 수 있을 뿐만 아니라, 과학적 관찰자가 의식적 체계를 탐구하는 방법론에 관해서도 새로운 통찰을 얻을 수 있다.

10장에서 우리는 통합성의 의미를 엄밀하게 재정의하였다. 의식적 경험의 또 다른 기본 속성은 고도의 분화성이다. 이는 서로 다른 행동 출력을 불러일으킬 수 있는 수십억 가지의 서로 다른 의식 상태가 존재함을 뜻한다. 자, 이제 단어 하나를 아무거나 떠올리고, 그 단어를 입 밖으로 내뱉어보라. 수만 개의 단어 중 어느 단어가 마음속에 떠오를지 실제로 단어를 떠올리기 전에는 알 수 없다. 당신이 특정 단어, 즉 무관하다irrelevant라는 단어를 떠올렸다면, 불확실성은 줄어들고 정보가 생성된다. 당신이 그 단어를 말했으므로, 그 정보는 행동 출력도 일으킨 셈이다. 이 책이나 다른 책에서 읽었던 단어 혹은 문구, 여태껏 보았던 영화 속 장면, 살면서 만난 모든 사람들의 얼굴까지 합치면, 경험 가능한 의식 상태는 그야말로 수십억 개에 달할 것이다. 이 모든 상태를 구별한다는 것은 다양한 가능성 사이에서 불확실성을 줄이는 것이며, 그것이 곧 정보의 정의다.[1] 이러한 거대한 레퍼토리에서 특정한 통합 상태가 선택되는 일은 엄청난 정보 체계가 요구되는 과정이다.

신경 과정의 분화성을 측정하려면 어떻게 해야 할까? 신경 과정의 각 요소들이 다양한 활동 패턴을 취할 수 있을 때, 각 패턴이 계 자체에 영향을 주는지, 다시 말해 정보적인지 여부를 판단할 수 있을까? 이 장에서 소개될 신경 복잡도라는 지표를 사용하면 신경계의 분화성을 엄밀하게 정의할 수 있다.

차이를 만드는 차이 재기

신경 과정의 통합이 얼마큼의 정보를 생성하는지 측정하기 위해서는 불확실성의 감소에 관한 정보 이론의 통계학적 기초를 살펴볼 필요가 있다.[3] 정보 이론은 기본적으로 메시지를 부호화하는 외부의 지적 관찰자의 존재를 상정하고 있다. 하지만 뇌가 정보 처리 장치라면, 정보가 외부 세계에 이미 정의되어 있어야 하며(그 정보는 도대체 무엇이란 말인가?), 그에 대한 정밀한 신경 부호도 존재해야 한다. 그래서 정보 이론을 생물학에 접목하려는 시도는 많은 학자들의 극렬한 비판을 받았다.

그러나 정보 이론을 활용하면 뇌를 포함한 임의의 계의 객관적 속성을 파악할 수 있으며[4] 상징이나 부호, 외부 관찰자를 도입하지 않고도 신경 과정의 분화성과 정보성을 개념화하고 측정할 수 있다.[5] 이 장에서는 여러 통계 지표를 적용하여 뇌를 통합성과 분화성을 동시에 지닌 계로 정의하고, 그 속에서 '차이를 만드는 차이'의 존재를 확인한다.

상호 정보

10장에서 소개된 고립된 신경계를 다시 떠올려보자. 렘수면 중인 뇌가 자발적으로 활동하는 것처럼, 각 신경집단의 활동은 외부 입력 없이도 그들 자신의 발화 패턴에 따라 변화할 수 있다. 이때 그 변화를 결정하는 것은 외부의 자극이 아닌 신경집단 간의 상호작용이다. 이러한 고립계 내에서는 어떠한 정보가 형성될까?

정보를 계산하는 가장 일반적인 방식은 외부 관찰자의 시점에서 구별 가능한 계의 상태의 가짓수와 확률을 구하는 것이다. 하지만 이는 자칫 외부로부터 뇌를 들여다보고 뇌의 활동 패턴을 해석하는 '소인간'의 존재를 가정하는 오류를 낳을 수 있다. 이를 막기 위해서는 외부 관찰자 시점이 지닌 특수성을 배제해야 한다. 다시 말해, 계 자체를 활동 패턴 간의 차이를 측정하는 기준으로 삼아야 한다. 이유는 간단하다. 무작위 신호를 내뿜으며 회색으로 지직거리는 브라운관 TV를 떠올려보자. 외부 관찰자의 눈에는 TV가 매 순간 서로 다른 '활동 패턴'을 나타내는 것처럼 보일 것이다. 하지만 그러한 무작위적 패턴들은 TV에 아무런 차이도 일으키지 않기 때문에, TV의 관점에서 보면 이들 패턴은 서로 다르지 않다. 뇌의 경우도 마찬가지다. 뇌에는 마법 베틀Enchanted Loom(찰스 셰링턴이 의식적 뇌를 빗대기 위해 쓴 표현—역주)이나 TV 화면 또는 그것을 바라보는 소인간이 존재하지 않는다. 그렇기 때문에 뇌 자체에 차이를 만들 수 있는 활동 패턴만이 유의미하다.

그렇다면 '차이를 만드는 차이'를 측정하려면 어떻게 해야 할까?

방법은 간단하다. 계를 스스로에 대한 '관찰자'로 취급하는 것이다. 이를 위해서는 계를 임의로 둘로 나눈 뒤에 한쪽이 다른 한쪽에 어떤 영향을 주는지를 보면 된다. 어떤 고립계를 하나의 원소와 그것을 뺀 계의 나머지(이것을 '여집합complement'이라 부른다. 〈그림 10.4〉 참조)로 나누어보자. 해당 원소의 관점에서 보면, 여집합의 상태 변화 가운데 해당 원소에게 정보를 제공하는 것은 그 원소의 상태에 영향을 미칠 수 있는 변화뿐이다. 이를 구하고 싶으면 10장에서 소개된 상호 정보를 계산하면 된다.

고립된 신경계 X에 κ개의 원소를 가진 부분집합 X^{κ}_{j}와 그것의 여집합($X-X^{\kappa}_{j}$)이 있다고 가정해보자. 부분집합 X^{κ}_{j}와 여집합의 상호작용을 파악하기 위해서는 이들 간의 상관관계를 계산하면 된다(그림 11.1). 이때 두 집합 사이의 상호 정보는 다음과 같다.

$$MI(X^{\kappa}_{j};X-X^{\kappa}_{j})=H(X^{\kappa}_{j})+H(X-X^{\kappa}_{j})-H(X)$$

$H(X^{\kappa}_{j})$와 $H(X-X^{\kappa}_{j})$는 X^{κ}_{j}와 $X-X^{\kappa}_{j}$가 독립적이라고 가정했을 때 각 집합의 엔트로피이며, H(X)는 전체 계의 엔트로피이다. 10장에서 언급하였듯, 부분집합 X^{κ}_{j}의 엔트로피 $H(X^{\kappa}_{j})$는 통계적 가변성의 보편적인 지표이며, 원소들의 활동 패턴의 가짓수와 발생 확률의 함수로 표현된다. 상호 정보는 X^{κ}_{j}의 엔트로피 가운데 $X-X^{\kappa}_{j}$의 엔트로피에 의해(혹은 그 반대로) 설명될 수 있는 양으로 정의되며, 이는 부분집합과 그 여집합 사이의 통계적 의존성을 보여준다. 따

라서 상호 정보를 계산하면 부분집합 X^{κ}_{j}의 상태들이 여집합의 상태들과 얼마나 구별되는지, 즉 $X-X^{\kappa}_{j}$의 상태 변화가 X^{κ}_{j}의 상태에 얼마나 많은 영향을 주는지 알 수 있다.[6] 상호 정보는 다음 두 조건이 만족되면 높은 값을 가진다. 첫째, X^{κ}_{j}와 $X-X^{\kappa}_{j}$ 모두 다양한 상태를 취할 수 있어야 한다. 즉, 두 집합의 엔트로피가 높아야 한다. 둘째, X^{κ}_{j}와 $X-X^{\kappa}_{j}$의 상태들이 통계적으로 의존해야 한다. 다시 말해, X^{κ}_{j}의 엔트로피가 $X-X^{\kappa}_{j}$와의 상호작용에 의해 설명될 수 있어야 하며, 그 반대도 성립해야 한다.[7]

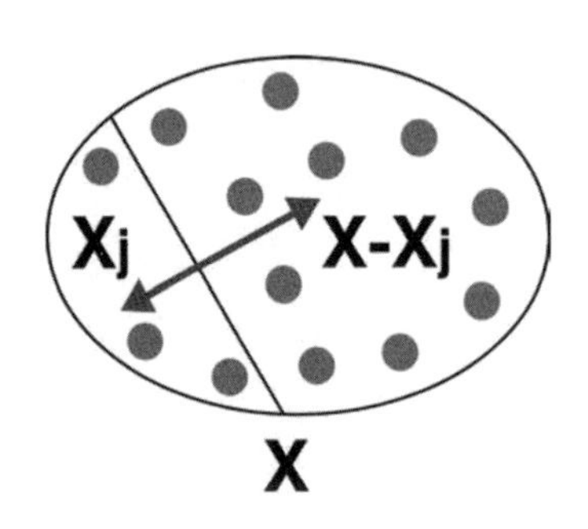

〈그림 11.1〉 상호 정보의 모식도 화살표는 부분집합 X_j의 상태의 차이가 여집합 $X-X_j$의 상태에 얼마나 큰 차이를 일으키는지(혹은 그 반대)를 나타낸다. 본문 참조.

신경 복잡도

지금까지 우리는 임의의 원소와 그 여집합의 상태가 구별되는 정도를 계산하는 방법을 살펴보았다. 이것을 모든 부분집합으로 확장하면 전체 신경계의 분화성을 구할 수 있다.[8] 이것이 바로 신경 복잡도(C_N)이다. 신경 복잡도는 신경계의 모든 부분집합에 대한 부분집합과 여집합 간의 상호 정보의 평균값으로 정의된다(그림 11.2).

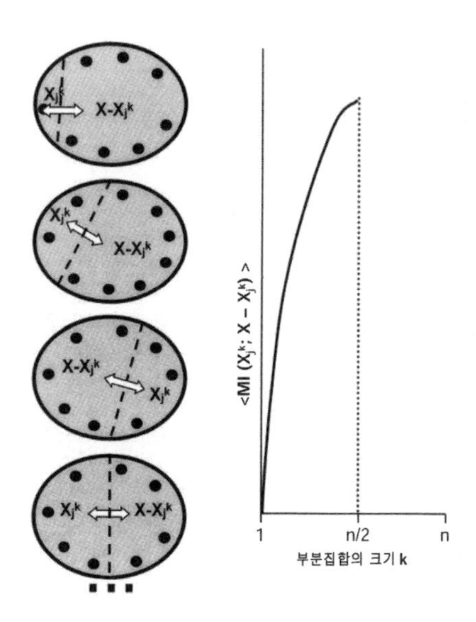

〈그림 11.2〉 복잡도의 모식도 (왼쪽) 가능한 모든 부분집합에 대하여 부분집합 X_j와 여집합 $X-X_j$ 사이의 상호 정보(흰색 화살표)가 계산된다. (오른쪽) 모든 부분집합에 대한 상호 정보값의 총합(을 부분집합의 크기로 나눈 것)이 계의 복잡도(곡선 아래쪽 넓이)에 해당한다.

신경 복잡도의 수학적 정의는 다음과 같다.

$$C_N(X) = \sum_{t=1}^{n/2} < MI(X^{\kappa}_{j}; X - X^{\kappa}_{j}) >$$

여기서 $<MI(X_j^\kappa;X-X_j^\kappa)>$는 부분집합 X^κ에 대한 여집합과의 상호 정보의 평균값이다. 아래첨자 j는 그 평균값이 κ개의 원소로 이루어진 모든 부분집합에 대해서 계산되었음을 뜻한다. 각 부분집합과 여집합 사이의 상호 정보가 크다면 복잡도의 값도 크다.

앞에서 말한 것처럼 각 부분집합이 취할 수 있는 상태가 다양할수록, 그 상태들이 계의 나머지에 주는 영향이 클수록 평균 상호 정보의 값은 커진다. 부분집합이 취할 수 있는 상태가 다양하다는 것은 곧 개별 원소들이 기능적으로 분리 또는 특화되어 있음을 의미한다(그렇지 않다면 개별 원소들은 모두 똑같이 동작할 것이고, 상태의 가짓수 역시 적을 것이다.). 또한, 부분집합의 상태가 계의 나머지에 영향을 준다는 것은 곧 그 계가 통합되어 있음을 의미한다(그렇지 않다면 각 부분집합의 상태는 서로 독립적일 것이다.). 이로부터 우리는 복잡도 값이 최대가 될 때 계의 기능적 분화와 통합이 최적의 조화를 이룬다는 것을 알 수 있다. 실제로 뇌에서는 여러 영역과 신경집단들이 각기 다른 과제를 수행하면서도 통일된 의식적 장면과 행동을 형성하기 위해 상호작용하고 있다. 반면 기체처럼 개별 원소들이 통합되어 있지 않거나 결정crystal처럼 분화되어 있지 않은 계의 복잡도는 매우 낮다.[9]

실제 예시

이해를 돕기 위해 늙고 병든 뇌, 어리고 미성숙한 뇌, 정상 뇌의 세 가지 극단적 상황에 대하여 고양이 V1 영역의 복잡도를 시뮬레이션한 결과를 소개하고자 한다. 이 모델은 저마다 다른 위치와 방향의 신호를 선호하는 총 512개의 신경집단으로 이루어져 있으며,[10] 게슈탈트gestalt 시지각 모형(자극이 배경과 분리되어 사물을 형성하는 방식)에 기반하여 만들어졌다.[11] 저자들은 외부 시각 입력을 제공하지 않았을 때 각 뉴런이 어떠한 '자발적' 활동을 보이는지 관찰하였다.[12]

먼저 저자들은 집단 간 연결을 임의로 제거하여 노화로 인하여 퇴행된 뇌를 모사하였다(〈그림 11.3〉 a). 그러자 각 신경집단은 마치 '기체' 분자나 주파수가 어긋난 TV 화면처럼 서로 독립된 발화 양상을 보였다. EEG에서도 신경집단 간 동기화의 소실이 관찰되었다.[13] 이 계는 구성 원소가 많고 원소 간의 차이도 크기 때문에 외부 관찰자나 소인간의 관점에서 보면 정보량이 높게 보일 것이다. 실제로도 다양한 가짓수의 상태가 존재 가능하다는 점에서 이 계는 큰 엔트로피를 지니고 있다. 그러나 계 자체의 관점에서 보면 이 계의 정보량—계 자체에 차이를 만들 수 있는 상태의 수—은 높지 않다. 이러한 신경계는 임의의 부분집합과 여집합 간의 상호작용이 거의 없으므로, 부분집합의 상태가 어떠하든 계의 나머지에 거의 영향을 주지 않는다(그 반대도 마찬가지다.). 모든 부분집합의 상호 정보가 낮기 때문에 전체 계의 복잡도 역시 낮다. 계 내부에 많은 차이가 존재하기는 하지만, 그 차이가 계 스스로를 바꾸지는 못한다. 잡음이 많을 뿐 분화되어 있지 않은 것이다.

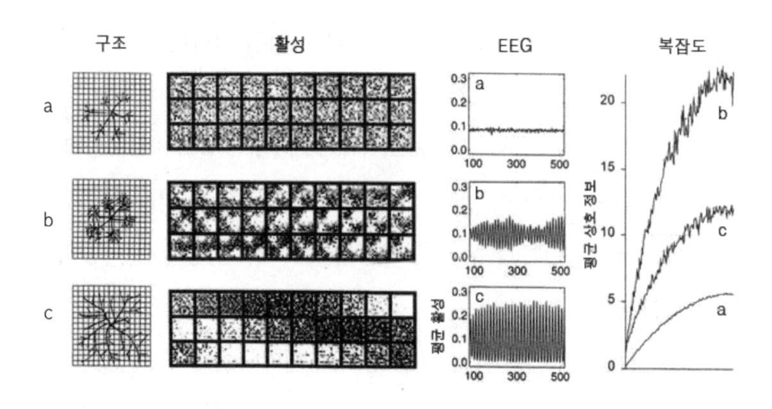

〈그림 11.3〉 신경해부학적 조직화에 따른 복잡도의 차이 총 세 가지 상황에 대하여 모델 V1 영역의 복잡도가 계산되었다. 첫 번째 열은 해부학적 구조, 세 번째 열은 EEG 신호에 해당하며, 두 번째 열은 512개 신경집단의 발화 패턴을 2밀리초 간격으로 표현한 것이다. 맨 오른쪽 그래프의 곡선 아래 넓이는 복잡도에 해당한다. 첫 번째 상황(a)처럼 성기게 연결된 피질 영역에서는 각 신경집단이 거의 독립적으로 발화한다. 신경집단이 동기화되어 있지 않으므로 EEG 신호는 고르게 나타나며, 따라서 복잡도도 낮다. 세 번째 상황(c)처럼 무작위로 연결된 피질 영역에서는 신경집단이 완전히 동기화되어 함께 진동한다. EEG에서는 서파 수면, 간질 발작, 마취 상태와 유사한 과동기화된 활성이 관찰되며, 복잡도는 낮다. 두 번째 상황(b)은 실제 피질처럼 각 신경집단이 군데군데 연결된 경우다. 이때 신경집단은 계속적으로 변화하는 통합된 활동 패턴을 보인다. 동기화에 참여하는 신경집단이 시간에 따라 변화하며, 그에 따라 EEG 신호도 증가와 감소를 반복한다. 복잡도는 가장 높다.

두 번째로, 저자들은 모든 신경집단을 전부 동일한 방식으로 연결하였다. 이는 발달 중인 미성숙한 피질에 해당한다(〈그림 11.3〉

c). 이 경우에는 시뮬레이션을 개시한 지 얼마 지나지 않아 전체 신경집단이 결맞음된 진동을 보이기 시작한다. EEG 그래프에서도 서파 수면이나 간질 발작 상태의 고전압파High-Voltage Wave와 유사한 과동기화 패턴이 관찰된다. 이 계는 고도로 통합되어 있지만, 기능적 분화가 전혀 존재하지 않는다. 계가 취할 수 있는 상태가 많지 않으므로, 엔트로피 역시 낮다. 각 원소가 계의 나머지와 강하게 상호작용하기 때문에 부분집합의 크기 κ=1에서의 평균 상호 정보는 첫 번째 사례보다 높다. 하지만 κ가 커진다고 해서 구별 가능한 상태의 수가 그만큼 증가하지는 않으므로, 상호 정보의 증가량도 적다. 따라서 결과적으로 이 계는 낮은 복잡도를 갖게 된다. 계 내부에서 차이가 거의 발생하지 않기 때문에, 그 차이가 계에 주는 영향 역시 미미하다. 이러한 계는 통합되어 있지만, 분화되어 있지는 않다.

세 번째로, 저자들은 각 신경집단을 다음 두 가지 규칙에 따라 연결하였다[14](〈그림 11.3〉 b). 첫째, 비슷한 방향 자극을 선호하는 집단은 강하게 연결된다. 둘째, 자극의 시야상 거리가 먼 집단은 약하게 연결된다(이러한 양상은 실제 V1에서도 발견된다.). 이는 성장이 끝난 정상적인 피질에 해당하며, 앞선 두 상황보다 훨씬 더 복잡한 동역학적 행동이 관찰된다. 신경집단은 전체적으로 결맞음된 행동을 보이기도 하고, 기능적 상호작용에 따라 역동적으로 재조직되기도 한다. 비슷한 방향을 선호하는 집단이 그렇지 않은 집단에 비해 더 자주 동기화되기는 하지만, 때로는 거의 모든 피질 영역이 함께 진동하기도 한다. EEG 패턴 역시 실제 비수면 상태나 렘수면 상태의 뇌파와 유사했다. 이 계는 비교적 다양한 상태를 취할 수 있지만, 상태의 발생 확률은 제각기 다르다. 따라서 이 계의 엔트로피는 비교적 높지만 첫 번째 예시보다는 낮다. 각 원소가 계의 나머지와 상당히 강하게 상호작용하기 때문에, κ=1에서의 평균 상호 정보는 두 번째 상황만큼 높다. 하지만 두 번째 상황과는 달리, 이 계에서는 부분집합의 크기가 커지면 여집합의 상태의 가짓수도 많아지므로 κ가 증가할수록 평균 상호 정보도 급격하게 증가한다. 따라서 이 계는 높은 복잡도를 가진다. 다양한 상태가 존재하고, 각 상태 간의 차이가 또다시 계에 많은 변화를 야기한다는 점에서, 이 계는 통합되어 있으면서도 고도로 분화되어 있다고 말할 수 있다.

기능적 군집화 지수가 신경 과정의 통합과 그 경계를 나타내는 지표라면, 복잡도는 신경 과정이 분화된 정도를 측정하는 통계적 지표다. '차이를 만드는' 활동 패턴이 많을수록 신경계의 복잡도는 높다.

또 다른 시뮬레이션 실험에서 저자는 신경해부학적 인자들이 신경계 동역학의 복잡도를 결정한다는 것을 확인하였다.[15] 예를 들어, 고밀도의 국소적 연결, 여러 집단 간의 성긴 연결, 짧은 재유입 회로의 양이 늘어나면 복잡도도 증가하였다. 연결 구조가 고정되어 있더라도 신경 활동을 기능적으로 조절하면 복잡도는 변화한다.[16] 예를 들어, 서파 수면 중에는 노르아드레날린성 시스템이나 세로토닌성 시스템 등 광범위 투사형 신경 조절 시스템의 발화가 현저히 줄어들고, 그 결과 시상피질계 뉴런들은 1~4Hz의 폭발적 발화 상태와 휴지 상태를 오간다. 이러한 폭발-휴지 발화 패턴은 뇌 전반에서 빠르게 동기화되며, 이때 EEG에서는 독특한 형태의 서파가 관찰된다. EEG의 과동기화는 많은 피질 뉴런이 한꺼번에 발화할 때 일어나기 때문에, 이때의 신경 복잡도는 낮다. 복잡도가 낮으면 의식적 자각도 없다.

잠에서 깨어나면 가치 시스템이 발화를 재개하고, 시상피질계는 폭발-휴지 발화 패턴에서 규칙적 발화 패턴으로 전환된다. 뇌의 복잡도가 증가함에 따라 EEG상에서 서파가 사라지고 훨씬 더 다양한 패턴이 나타난다. 이때 임의의 뉴런으로 구성된 동일한 크기의 두 부분집합을 상상해보자. 부분집합의 크기가 2일 때는(뉴런 두 개로 이루어져 있다면) 두 집합이 동시에 발화할 확률은 우연보다 아주 살짝 높다. 그러나 부분집합의 크기가 커지면 두 집합에서 최소 하나의 뉴런이 동시에 발화할 확률도 크기에 비례하여 증가하게 된다. 이러한 원리로 신경계는 결맞음 상태의 거대한 레퍼토리 속에서 어느 하나의 상태를 재빨리 선택할 수 있다. 시상피질계의 신경 과정의 복잡도는 해부학적 속성뿐 아니라 생리학적 속성에 의해서도 변화할 수 있다.[17] 그렇기 때문에 같은 뇌도 각성 수준에 따라 복잡도가 달라질 수 있는 것이다.

왜 복잡도인가?

위에서 소개된 내용은 의식의 기본 속성을 보편적 원리에 의거하여 이론적으로 분석하려면 반드시 필요한 개념들이다. 3장, 5장, 6장에서 살펴보았듯, 높은 복잡도는 신경 과정이 의식적 경험을 야기하기 위한 필요조건이다. 예를 들어, 서파 수면과 간질 발작 상태에서 의식적 경험이 발생하지 않는 것은, 대부분의 뉴런이 통합적으로 발화함에 따라 신경 상태의 레퍼토리가 작아지고 복잡도가 낮아지기 때문이다.

관련 문제들을 더 다루기에 앞서, 복잡도라는 개념에 대해 조금 더 살펴보자. 어째서 '복잡도'가 계 내부에서의 평균 상호 정보와 관련된 수치로 정의되는 것일까? 오늘날 수많은 연구소와 학술지 또는 학자들이 복잡계를 다루고 있지만, 사실 복잡도라는 표현은 별다른 기준 없이 불명확하게 널리 쓰이고 있다. 물론 사회, 경제, 생명체, 뇌, 세포, 유전체 등이 복잡계에 해당한다는 것에는 아무 이론의 여지가 없을 것이다. 그러나 임의의 대상이 복잡계에 속하는가를 판단할 수 있는 명확한 기준은 존재하지 않는다.

복잡계에 관해서 학자들 간에 합의된 것은 크게 다음 두 가지다. 첫째, 복잡계는 많은 하위 부분으로 구성되어 있으며, 각 부분은 다양한 방식으로 상호작용한다. 일상에서 우리가 쓰는 '복잡하다'는 말의 뜻이 바로 이것이다. 옥스퍼드 영어사전에서는 복합체complex를 "다양한 부분이 통합 혹은 연결되어 이루어진 전체"로 정의한다. 둘째, 복잡계는 완전히 무작위적이거나 완전히 규칙적이지 않다. 따라서 이상 기체Ideal Gas나 단결정은 복잡계가 아니다. 복잡한 존재는 질서와 무질서, 규칙과 불규칙, 가변성과 불변성, 항상성과 변화성, 안정성과 불안정성을 함께 지니고 있다. 그래서 생물계는 세포, 뇌, 개체, 사회의 수준에 이르기까지 복잡계의 전형이라 말할 수 있다.

저자들의 복잡도 지표는 이 두 설명에 모두 부합한다. 신경계가 높은 복잡도를 보이기 위해서는 많은 요소들이 기능적 분화성과 통합성을 동시에 갖추어야 한다(다양한 상호작용). 계의 요소들이 서로 완전히 독립되거나(무질서 상태) 완전히 통합되면(질서 · 균질 상태) 복잡도는 낮아지거나 0이 된다.

시뮬레이션 모델에서 나타난 기능적 특화와 통합의 공존은, 다양한 레퍼토리로 구성된 선택적 체계의 특성이기도 하다(7장 참조). 인공적 장치에서는 이 특성이 거의 발견되지 않는다. 공학자들이 장치를 만드는 보편적인 방법은, 구체적인 역할을 가진 독립적인 모듈 여러 개를 조합하는 것이다. 모듈 간의 상호작용은 예측할 수 없는(대부분의 경우 해로운) 결과를 초래하기 때문에 각 모듈 간의 상호작용은 적으면 적을수록 좋다. 계획적, 계산적 혹은 규칙주의적 관점에서 보면, 모든 상호작용을 한꺼번에 통제한다는 것은 불가능에 가깝다. 그러나 자연선택론적 관점에서 보면, 집단 내부의 다양한 상호작용은 선택의 토대로 작용할 수 있다. 선택적 체계에게 요소 간의 비선형적 상호작용은 해결하기 어려운 골칫거리가 아니라, 적응적 행동을 이끌어내기 위해 활용해야 할 대상이다.

다시 말해, 어느 체계가 다양한 구성 요소로 이루어져 있고 각 요소 간의 상호작용이 풍부하고 비선형적이라면, 그 체계는 선택론적 메커니즘을 따를 수밖에 없다. 뇌가 얼마나 풍부한 해부학적 · 화학적 특성을 지니고 있는지, 그리고 각 요소 간의 상호작용이 얼마나 다양한지를 고려한다면, 뇌가 비선택론적 수단을 통해 효율적으로 작동할 수 있을 가능성은 없다고 봐도 무방할 것이다.[18]

복잡도 대응: 외부 자극의 역할

복잡도에 관한 논의를 끝마치기 전에 해결해야 할 문제가 하나 남아 있다. 그것은 바로 계의 복잡도가 어디서 유래하는가 하는 점이다. 지금까지 우리가 분석한 것은 고립된 신경계였다. 우리는 고립된 신경계에 대해 신경 복잡도가 기능의 통합과 분리의 균형을 나타낸다는 것, 그리고 뇌가 서로 열띤 토의를 벌이는 전문가 집단처럼 행동한다는 사실을 확인하였다. 우리가 꿈을 꾸거나 무언가를 상상할 수 있다는 것은 뇌가 외부 입력 없이도 의식이나 의미를 자발적이고도 내재적으로 생성한다는 것을 보여준다. 실제로 시상피질계는—심지어 태아일 때도—외부 입력과 무관하게 자발적으로 활동할 수 있다. 시상피질계 뉴런의 대다수는 감각기 뉴런이 아닌 다른 뉴런과 신호를 주고받는다. 이러한 현상학적 · 해부학적 · 생리학적 증거들은 뇌가 고립계로 기능할 수 있음을 시사한다.

그러나 성인 뇌의 신경집단 간 동역학적 관계가 뇌 자체가 아닌, 외부의 어딘가로부터 유래하는 것은 분명한 사실이다. 신경집단은 외부 세계와의 기나긴 적응을 통해 발생하고, 선택되며, 개선된다. 7장에서 언급했듯, 이것은 진화 · 발생 · 경험 과정에서의 변이 · 선택 · 차등적 증폭의 메커니즘을 통해 이루어지며, 몸 · 뇌 · 환경의 지속적인 상호작용을 수반한다. 따라서 우리는 신경집단 간 상호작용이 어떻게 긴 시간에 걸쳐 환경의 통계적 구조—외부 환경에 관한 모든 신호 특성의 평균—를 반영하는지를 이론화하고 그것을 측정할 수 있는 방법을 고안해야 한다. 만일 대부분의 신경 상호작용이 다른 영역에서 온 정보(내재적 정보)에 의해 이루어진다면, 외부 환경으로부터 주어지는 정보(외재적 정보)의 역할은 무엇인지도 고찰되어야 한다.

저자들은 위와 관련된 이론적 토대를 마련하기 위해 지각 과정에서 감각신경층Sensory Sheet에 전달된 신호가 어떠한 경과를 거치는지 정보 이론에 입각하여 서술하였다.[19] 해당 논문의 결론은, 작은 외재적 상호 정보만으로 신경계의 여러 부분집합 간의 내재적 상호 정보가 크게 변화할 수 있다는 것이었다. 외부 자극으로 인한 신경 복잡도의 변화는 복잡도 대응Complexity Matching 또는 CM이라는 물리량으로 정량화될 수 있다.[20]

외재적 신호 자체에는 그다지 많은 정보가 담겨 있지 않다. 외재적 신호의 정보량은 그것이 신경계의 내재적 신호 교환을 어떻게 변화시키느냐에 의해 결정된다. 외부 자극은 다량의 외재적 정보를 뇌에 쏟아붓는 것이 아니라, 과거의 경험과 기억으로부터 이미 선택되고 고정된 신경 상호작용의 내재적 정보를 증폭시키는 방식으로 작동한다. 신경계의 엄청나게 다양하고 복잡한 레퍼토리 내에서 외부 세계와의 대응이 일어나는 것이다. 선택적 사건은 계 내부에 새로운 변이의 원천을 제공한다. 이러한 관점은 뇌를 선택적 체계로 바라보는 TNGS의 시각과도 아주 잘 부합한다. 매 순간 우리의 뇌는 '주어진 정보에서 한 걸음 더' 나아간다.[21] 유입되는 자극에 대한 뇌의 반응이 바로 '기억된 현재'인 것이다. 따라서 뇌에 대해 정보의 전달과 저장을 구분 짓는 것은 무의미하다. 이는 8장에서 등장한 비표상적 기억의 개념과도 일맥상통한다.

또 다른 시사점은, 외재적 신호가 내재적 신호에 미치는 영향이 과거의 경험에 따라 달라진다는 것이다. CM의 값이 높다면 '외부 사건에 의해 내부가 조절되는' 정도도 크다.[22] 예를 들어, 중국인과 (중국어를 전혀 모르는) 미국인에게 같은 한자 단어를 보여주었다고 상상해보자. 두 사람의 망막에 전달되는 외재적 정보는 동일하다. 그러나 중국인은 단어로부터 많은 의미를 얻어내는 반면, 미국인은 아무런 의미도 도출하지 못할 것이다. 뇌가 부호화된 메시지를 해석하는 정보처리 장치라면 이러한 차이가 왜 생기는지, 단어에 관한 정보가 어디에서 오는지 답하기 어렵다. 하지만 선택적 체계의 대응이라는 개념을 활용하면 이 문제를 쉽게 해결할 수 있다.

뇌의 복잡도가 높은 것은 훨씬 더 큰 잠재적 복잡도를 지닌 외부 환경과 지속적으로 상호작용하고 있기 때문이다. 저자는 외부 환경과 뇌의 복잡도의 관계를 파악하기 위해 간단한 선형 모델을 사용하여 신경계 시뮬레이션을 구현하였다.[23] 초기에 무작위로 연결된 상황에서 계의 복잡도는 낮다. 그러나 외부 환경의 통계적 규칙성과 대응하는 연결을 선택적으로 강화하는 규칙이 추가되자 계의 복잡도는 급격히 증가하였다. 다른 조건이 동일하다면, 환경이 복잡할수록 그에 대응하는 계의 복잡도도 높았다.[24] 우리 뇌가 높은 복잡도, 대응성, 축퇴성을 가진 것도 복잡한 외부 환경의 적응적 요구 때문이었을 것이다. 뇌는 자연적 · 발생적 · 신경학적 선택 원리에 기반하여 재유입 회로들을 진화시켰고, 의식적 경험을 유지하기에 충분한 복잡도를 지닌 통합적 신경 과정을 형성하였다. 그렇다면 이 신경 대집단은 어떠한 조건에서 의식적 경험에 관여하는 것일까?

12장
매듭이 묶인 곳: 역동적 핵심부 가설

*매 순간 전체 신경집단 중 일부만이 의식적 경험에 직접적으로 관여한다. 구체적으로 어떠한 신경집단이 의식에 관여할 수 있는 것일까? 이들을 이론적 · 실험적으로 확인하려면 어떻게 해야 할까? 이에 대한 저자들의 답은 바로 역동적 핵심부*Dynamic Core *가설이다. 이 가설의 요체는, 모종의 기능적 군집에 속한 신경집단만이 의식적 경험에 직접적으로 관여할 수 있다는 것이다. 이 기능적 군집은 주로 시상피질계의 신경집단들이 수백 밀리초 단위에서 강하게 상호작용함에 따라 형성되며, 고도의 분화성과 복잡도를 지니고 있다. 이 군집은 구성 신경집단이 시시각각 변화함에도 불구하고 통합성을 계속 유지할 수 있다. 저자들이 이 군집을 '역동적 핵심부'라 부르는 이유다. 역동적 핵심부 가설은 특정 신경 구조와*

의식의 상관성만을 논하는 기타 여러 가설들과는 달리, 의식적 경험의 보편 속성과 그것을 야기하는 신경 과정의 관계까지도 설명할 수 있다.

의식적 경험이 발생하기 위해서는 강력하고 급속한 신경 상호작용이 분산적 신경 대집단의 활동을 통합해야 한다. 또한, 의식적 경험 기저의 신경 과정은 충분한 분화성을 지녀야 한다. 서파 수면이나 간질 발작처럼 신경 활동이 뇌 전반적으로 균질화되거나 과동기화되면 의식은 사라진다. 모든 의식적 과제는 여러 뇌 영역—대체로 시상피질계—의 활성화 또는 비활성화를 필요로 한다. 그렇다면 의식적 경험 기저의 신경 과정은 뇌 전체인가, 아니면 뇌의 특정 부분인가? 만일 후자가 맞다면, 왜 하필 그 영역의 뉴런들만이 의식을 야기하는 것일까?

생각을 하려면 뇌의 몇 퍼센트가 필요할까?

윌리엄 제임스는 의식의 신경상관물을 뇌 전체가 아닌 뇌의 특정 부분으로 한정 지을 합리적인 근거가 없다고 주장했다.[1] 이것은 그가 살아 있을 당시 신경생리학의 수준이 걸음마 단계에 지나지 않았기 때문이다. 제임스의 사후, 자극 또는 병변 실험과 신경 활동 기록 연구를 통해 특정한 신경 활동만이 의식적 경험에 직접 관여하거나 상관된다는 사실이 드러났다.

자극 또는 병변 연구는 의식의 발생과 관련하여 다른 곳에 비해 더 많이 관여하는 영역(대뇌피질이나 시상 등)이 있음을 보여준다. 실제로 전체 신경 활동 가운데 상당 부분은—그것이 대뇌피질의 활동일지라도—의식의 내용물과 상관관계가 없다. 양안 경쟁에 관한 연구는 이러한 상관관계의 부재를 잘 보여준다. 세로 격자와 가로 격자처럼 서로 합치하지 않는 두 이미지를 양쪽 눈에 하나씩 보여주면, 의식은 한 번에 하나의 이미지만을 사각한다. 지각적으로 우세한—의식에 떠오르는—이미지는 몇 초마다 뒤바뀐다. 원숭이 뇌에서 V1을 비롯한 하위 시각영역 뉴런들은 자극의 지각 여부와 무관하게 일정하게 발화하지만, 고차 시각영역 뉴런들은 지각물에 따라 발화 패턴이 달라진다.[2] 5장에서 소개한 MEG 연구에서도, 피험자에게 깜박거리는 자극을 제시하였을 때 자극의 의식 여부와 무관하게 전두엽을 비롯한 많은 영역에서 깜박임의 주파수에 해당하는 정상 상태 반응이 나타났지만,[3] 전체 반응 가운데 일부만이 자극의 의식적 지각과 상관되어 있었다.[4]

이는 신경 활동 기록 연구에서도 마찬가지다. 감각 경로나 운동 경로에 속하는 뉴런 중 대다수는 감각이나 운동의 세부 사항과 상관될 뿐, 의식적 경험에 대응하지 않는다. 예를 들어, 망막을 비롯한 하위 시각계 구조는 시각 입력의 시공간적 변화에 따라 활동 패턴이 끊임없이 바뀌지만, 우리의 시각적 장면은 그보다 훨씬 안정적이다. 우리는 사물의 위치나 광원과 무관하게 사물의 고유한 특성을 쉽게 인식하고 조작할 수 있다. 힘차게 날갯짓하는 벌새를 보면, 그 새가 쨍한 하늘 아래 있든, 빽빽한 나무 속에 있든, 멀든 가깝든, 어느 쪽을 보고 있든, 우리는 그것을 인식하고 손아귀에 움켜쥘 수도 있다. 어딘가에 시선을 고정할 때 우리가 지각하는 것은 그 장면의 모든 세부 사항이 아닌, 그 장면의 요점gist이나 의미다[5](우리는 벌새 날개의 정확한 위치를 실시간으로 서술하지는 못한다.). 놀랍게도 우리는 시각적 장면에 상당히 큰 변화가 일어나더라도 장면의 요점이나 의미가 그대로라면 그 변화를 의식하지 못한다.[6] 책을 읽을 때도 우리는 (굉장히 낯설거나 구체적 의미를 담고 있지 않은 한) 글씨체에 신경쓰지 않는다. 대부분의 경우, 행동의 계획과 통제에 활용될 수 있는 중요 정보들은 시각적 장면의 불변적 측면에 담겨 있다. 망막을 비롯한 하위 시각계는 고차 영역의 활동에 영향을 주는 방식으로 의식의 발생에 간접적으로만 관여한다. 즉, 성장이 끝난 후에 망막을 다치면 시감각을 잃을지라도 시각을 의식적으로 경험하는 능력이 전부 사라지지는 않는다. 심상이나 기억, 꿈속에서 시각을 계속 경험할 수 있기 때문이다. 그러나 시각 피질의 특정 영역이 손상되면 지각, 심상, 꿈의 시각적 측면까지도 전부 소실된다.[7]

대다수 신경 활동이 의식적 경험에 직접적으로 관여하지 않음을 보여주는 증거는 또 있다. 5장에서 살펴본 것처럼, 우리의 인지 활동 가운데 대부분은 말하기, 듣기, 읽기, 쓰기 등과 관련된 고도로 자동화된 루틴의 산물이다. 자동화된 루틴을 수행하는 신경 과정은 의식적 경험의 내용물을 결정할 수는 있어도, 의식적 경험의 형성에 직접 관여하지는 않는다. 예를 들어, 당신이 어떤 생각을 표현하려고 할 때 아무런 명시적 · 의식적 노력 없이도 적절한 단어가 마음에 떠오르는 것은 무의식적 인지 루틴이 작동하고 있기 때문이다. 이러한 고도로 훈련된 루틴을 수행하는 신경회로들은 다른 뇌 영역과는 기능적으로 격리되어 있는 것으로 추정된다. 14장에서 다루겠지만, 이 회로들은 입출력 단계를 제외하고는 의식에 관여하는 분산적 신경 과정과 줄곧 분리되어 있다.

같은 이유로, 어떤 신경 사건이 분산적 상호작용에 장기적으로 참여하기에 너무 짧거나 약하다면 의식적 경험에 관여하지 못한다. 이처럼 특정 행동 반응을 촉발할 수 있지만 여러 신경 과정을 변화시키기에 강도나 지속 시간 면에서 부족한 신경 활동은, 6장에 등장한 '코카콜라를 마셔요.' 사례와 같은 자각 없는 지각 현상과 관련되어 있다.[8] 분산적 상호작용이 퍼져나가는 데 명확한 한계가 존재한다는 사실은 대뇌피질 자극 실험에서도 확인된다. 특정 뇌 영역을 흥분 혹은 억제하더라도 자극 시간이 짧으면 그와 연결된 다른 영역의 기능에 직접적 · 즉각적인 영향이 발생하지 않으며, 따라서 의식적 경험도 변하지 않는다.[9] 이로부터 우리는 뇌 활동의 변화가 일시적일 경우 최소한 잠깐 동안은 그 변화가 뇌의 다른 부분과 기능적으로 격리된다는 것을 알 수 있다.[10]

해부학적 연결 구조만 놓고 보자면, 모든 뇌 영역 간에 상호작용이 일어날 수 있는 것처럼 보인다. 하지만 모델 연구를 보면 급속하고 효과적인 상호작용이 뇌 전체 규모에서 출현할 수는 없는 이유가 드러난다. 첫째, 우리 뇌에는 (시상피질계와 같이) 결맞음된 동역학적 상태를 효과적으로 형성할 수 있는 연결 구조가 존재한다.[11] 둘째, 피질의 각 영역은 서로 연속적으로 연결되어 있지만, 각 신경집단은 전압 의존성 연결 등을 통해 비선형적으로 상호작용하고 있다. 그러므로 집단 간 상호작용의 강도가 일시적으로 증가하는 경우 기능적 경계가 형성될 수 있다.[12] 셋째, 충분히 긴 시간 규모에서 보면 뇌의 모든 구성 요소 간에 기능적 상호작용이 존재한다고 말할 수 있겠으나, 수백 밀리초 내에 기능적 군집을 이룰 만큼의 속도와 강도를 지닌 신경 상호작용은 전체 상호작용 중 일부에 불과하다(10장 참조).

역동적 핵심부 가설

위 결론을 종합해보면, 우리는 전체 신경집단 중 일부—극소수라는 뜻은 아니다.—만이 임의의 시점에 의식적 경험에 직접적으로 관여한다는 것을 알 수 있다. 이 집단들은 무엇이 특별하기에 의식에 관여할 수 있는 것일까? 이들을 실제로 확인하려면 어떻게 해야 할까? 이는 의식의 신경 기반과 관련된 모든 논제를 관통하는, 떠올리기는 쉽지만 답하기는 어려운 질문들이다.

지금까지의 내용은 모두 위 질문에 답하기 위한 토대였다. 뉴런의 특정한 국소적 속성이 의식의 미스터리를 해결할 열쇠라 여기는 것은[13] 완전히 그릇된 생각이다. 의식적 경험을 낳는 이 놀라운 속성이 어떻게 해부학적 위치, 발화 양상과 주파수, 다른 뉴런과의 연결 상태, 또는 특정한 화합물이나 유전자의 발현 따위에 의해 생성된다는 말인가? 이는 너무도 명백한 실체화hypostatization의 오류(추상적 속성을 물리적 실체로 간주하는 오류—역주)다. 많은 철학자와 과학자들이 여러 차례 지적하였듯 의식은 사물도, 단순한 속성도 아니다.

그 대신 저자는 의식적 경험의 기본 속성에 주목하고, 그것들을 신경 과정에 기반하여 설명하는 전략을 택했다. 통합이나 분화 등의 속성은 뉴런의 국소적 속성이 아닌, 분산적 신경 과정에 의해서만 설명될 수 있다. 자, 이제 모든 준비가 끝났다. 지금부터는 의식적 경험을 유지시키는 신경집단의 특징 그리고 그 집단을 확인할 방법에 관한 저자들의 가설을 함께 들여다보자.

1. 임의의 신경집단이 의식적 경험에 직접적으로 관여하기 위해서는 재유입 상호작용을 통해 수백 밀리초 내에 빠르게 통합되는 시상피질계의 기능적 군집에 속해야 한다.

2. 의식적 경험이 지속되기 위해서는 이 기능적 군집이 고도의 분화성과 복잡성을 지녀야 한다.

강력한 상호작용을 통해 뇌의 나머지 부분과 빠르게 기능적 경계를 형성하는 이 신경집단 군집을 저자들은 '역동적 핵심부'라 부른다. 이 표현 속에는 군집이 고도로 통합되어 있지만 군집을 이루는 요소가 매 순간 바뀐다는 뜻이 함께 담겨 있다. 역동적 핵심부는 사물이나 장소가 아닌 일종의 기능이며, 신경계 내부의 구체적인 장소, 연결성, 활동이 아닌, 상호작용에 의해 정의된다. 역동적 핵심부는 공간상에 넓게 분포되어 있으며, 그 구성이 늘 변화하기 때문에 특정 장소로 국한될 수 없다. 또한, 역동적 핵심부가 의식적 경험에 관여하기 위해서는 내부의 재유입 상호작용이 충분히 높은 분화성과 복잡성을 지녀야 한다.

시상피질계나 기타 뇌 영역에 분포된 신경집단들이 재유입적으로 상호작용하면 높은 복잡도의 기능적 군집이 만들어질 수 있다. 하지만 그 군집은 뇌 전체를 포괄하지도, 뉴런의 특정 집합으로 한정되지도 않는다. 군집의 구성은 시간에 따라 얼마든지 변할 수 있다. 저자들이 이 군집을 역동적 핵심부로 명명한 이유 가운데는 뇌 영역의 특정 집합(전전두엽, V1, V4 등)을 지칭하지 않기 위함도 있다. 저자는 분산적 신경집단의 개별 속성보다는 집단 간의 기능적 상호작용에 주목한다. 특정 시점에 역동적 핵심부에 속하여 의식적 경험의 발생에 관여하던 신경집단도 시간이 지나면 다시 핵심부에서 벗어나 무의식적 과정에 참여할 수 있다.[14] 임의의 신경집단이 역동적 핵심부에 속할지 여부를 결정하는 것은 신경집단 간의 해부학적 거리가 아닌 기능적 연결성이다. 그렇기 때문에 역동적 핵심부의 구성은 해부학적 경계를 초월할 수 있다.[15] 또한, 동일한 의식 상태에 대해서도 사람에 따라 핵심부의 구성은 상당한 차이를 보일 수 있다.

의식적 경험의 보편 속성과 역동적 핵심부

역동적 핵심부 가설을 구체화하는 가장 좋은 방법은, 앞에서 소개한 의식적 경험의 보편 속성들을 이 가설에 기반하여 실제로 설명할 수 있는지 확인하는 것이다.

통합된 과정으로서의 의식

윌리엄 제임스는 의식이 사물이 아닌 과정이라 주장했다. 오늘날 학자들은 원칙적으로 제임스의 이러한 주장에 동의하고 있다. 하지만 그럼에도 불구하고 여전히 많은 이들이 의식적 경험을 낳는 뉴런의 특수한 내재적 표지를 찾기 위해 노력하고 있다. 역동적 핵심부 가설은 제임스의 통찰을 '진지하게' 수용하고 있다. 역동적 핵심부는 하나의 과정이다. 따라서 해부학적 구조, 특정 뉴런의 속성이나 위치 등이 아닌, 상호작용 앙상블의 강도에 기반하여 기능적으로 정의된다.

통합성 또는 단일성

통합은 의식적 경험의 기본 속성이다. 프랑스의 극작가 피에르

코르네유Pierre Corneille가 말했듯 고전극에 대해 시간 · 장소 · 사건의 삼일치 법칙이 존재한다면, 의식적 경험의 필수 요소Sine Qua Non는 바로 통합성이다. 의식적 장면은 독립된 성분으로 쪼개질 수 없다. 통일되지 않은 의식 상태는 상상조차 불가능하다. 10장에서 저자는 기능적 군집을 독립적인 요소들로 나뉠 수 없는, 강하게 상호작용하는 신경 요소의 집합으로 정의하였다. 역동적 핵심부 역시 기능적 군집이므로, 고도로 통합되어 있다. 따라서 역동적 핵심부의 일부에 변화가 발생하면 그 영향이 전체 핵심부로 빠르게 확산된다.

사적성

의식은 사적이다. 의식적 장면은 하나의 관점에서만 경험될 수 있으며, 자신의 의식을 타인과 온전히 공유하는 것은 불가능하다. 의식의 사적성, 즉 내재적 주관성은 기능적 군집의 정의와도 잘 부합한다. 기능적 군집은 단일한 뇌 속에서 다른 요소들보다 더 강하게 상호작용하는 신경 요소의 집합이다. 역동적 핵심부 역시 기능적 군집에 해당하므로, 핵심부 내부에서 일어난 변화는 핵심부 외부에서 일어난 변화에 비해 핵심부의 나머지 부분에 훨씬 더 강력하고 급속한 영향을 일으킬 것이다. 이처럼 역동적 핵심부 내부의 정보 상태와 외부 환경 사이에는 기능적 경계가 존재한다. 이것이 역동적 핵심부의 상태가 '사적인' 이유다. 뿐만 아니라 역동적 핵심부의 정의 속에는 전체 뇌 영역이나 신경집단 중 일부만이 역동적 핵심부를 구성한다는 속뜻이 숨어 있다. 임의의 신경집단이 특정 시점에 역동적 핵심부에 속하는지 여부는 해당 집단이 활성화되었는지, 또는 그 집단이 과거에 역동적 핵심부를 구성한 적이 있는지와는 무관하다. 이것이 제임스가 말했던 '의식의 선택적 특성 Selective Nature'의 본질이다.

〈그림 12.1〉 바다뱀자리의 나선은하 M83 역동적 핵심부의 속성을 시각적 비유를 통해 설명하기란 아주 어렵다. 복잡하고 불분명한 경계를 가진 이 나선은하 역시 역동적 핵심부에 대한 좋은 비유일 수도, 아닐 수도 있을 것이다. 본문에서 설명한 것처럼, 1초 미만의 짧은 시간 동안 대량의 정보가 통합되기 위해서는 고도의 통합성과 분화성을 동시에 지닌 뇌 구조가 필요하다. 일부 동물만이 이러한 구조를 지니고 있다.

의식 상태의 일관성

다의도형, 동의어, 양안 경쟁 등의 사례에서 알 수 있듯, 인간은 두 개의 서로 어긋나는 장면이나 사물을 동시에 자각하지 못한다(〈그림 3.2〉 참조). 의식의 일관성이란 특정 지각적 상태가 발생하면 다른 상태의 발생이 차단되는 것을 의미한다. 이는 의식의 단일성과도 밀접하게 관련되어 있다. 역동적 핵심부는 '통일된 전체'이므로, 요소들의 상호작용이 특정한 전역적 상태를 형성하였을 때 또 다른 전역적 상태가 동시에 발생하는 것은 불가능하다. 핵심부에서의 경쟁은 단순히 몇몇 요소의 상태가 아닌, 전체 요소들의 통합된 상태 사이에 일어난다. 이러한 경쟁 현상은 시각계 시뮬레이션 모델에서도 발견된 바 있다. 계의 동역학은 상호 일관적이고 안정적인 상호작용을 선호하는 방식으로 변화하였다. 이러한 사실로부터 우리는 의식적 장면의 일관성이 '과정으로서의 의식'이 지닌 통합성으로부터 필연적으로 수반된다는 것을 알 수 있다.

분화된 과정으로서의 의식

사는 동안 우리는 셀 수 없을 만큼 다양한 의식 상태를 경험한다. 물론 모종의 규칙은 있다. 선천적 맹인은 색깔을 경험할 수 없고, 신생아는 예술의 미적 쾌감을 경험할 수 없으며, 와인을 1년에 한 번씩 마시는 사람의 미각은 소믈리에보다 둔할 수밖에 없다. 의식적 경험은 오감에만 한정되어 있으며, 그 밖의 자극이나 정보를 직접 경험하는 것은 불가능하다. 그럼에도 불구하고 우리는 상상할 수 있는 모든 것을 아우르는 어마어마하게 다양한 의식 상태를 구별할 수 있다. 가장 빠른 슈퍼컴퓨터의 능력을 아득히 넘어서는 이러한 의식적 경험의 놀라운 분화성은 의식의 주요 속성인 정보성, 전역적 접근Global Access, 유연성 등과도 관련되어 있다.

의식적 경험의 정보성

수십억 가지의 의식 상태 가운데 하나가 선택되는 과정은 불확실성을 줄인다는 관점에서 기본적으로 정보와 동일하다. 저자들이 복잡도라는 척도를 고안한 것도 그 정보가 얼마큼인지를 설명하기 위함이었다. 우리는 고립계 내부에서 통합된 과정—기능적 군집—의 존재를 상정하였고, 구성 요소 간의 관계에 주목함으로써 외부 관찰자, 상징, 암호를 도입하면서 생겨나는 모순을 해결할 수 있었다. 군집 내부의 관점에서 보자면, 계에 주어지는 정보는 임의의 부분집합의 상태 변화가 그 여집합에 어떤 차이를 일으키는지뿐이다. 다시 말해, 계의 모든 부분집합이 '관찰자'의 일부로 기능할 수 있다. 이를 통해 저자들은 외부 관찰자와 같이 정보가 통합되는 하나의 장소가 존재해야 한다는 것과 관련된 모호성을 해소하였다.

역동적 핵심부 가설에서는 의식적 경험을 야기하는 기능적 군집이 반드시 높은 복잡도—집단 간 평균 상호 정보—를 가져야 한다고 말한다. 복잡도가 높으면 군집의 일부에 변화가 일어날 때 나머지 영역의 상태에도 커다란 차이가 발생한다. 다시 말해, 역동적 핵심부의 모든 부분집합은 그 여집합의 상태들을 차별화할 잠재력을 지니고 있어야 한다. 이는 핵심부가 기능적 통합성과 분화성을 동시에 지니고 있을 때만 가능하다. 신경 복잡도의 개념은 서파 수면과 간질 발작과 같이 신경 활동이 과동기화된 상황에서 왜 의식이 소실되는지를 이해하는 데도 유용하다. 이러한 상황에서 계의 통합도는 높지만 기능적 특성화가 일어나지 않으므로 통합 정보의 양은 극히 미미하다. 이러한 '고-통합, 저-정보' 조건에서는 선택 가능한 신경 상태의 레퍼토리가 대폭 줄어들며, 따라서 신경 복잡도 역시 낮다.

정보의 분산, 맥락 의존성, 전역적 접근

우리는 자기 자신의 걸음걸이, 배의 꾸르륵거림, 논리의 오류, 스테레오그램stereogram에서 보이는 입체감 등 갖가지 정보를 자각한다. 그 정보를 갖가지 방법으로 활용하여 다양한 행동 반응을 일으킬 수도 있다. 자각이 일어나기 전, 정보는 특정한 하위체계subsystem에 제한된다. 그러나 자각이 일어난 뒤에는 뇌의 여러 영역들이 그 정보에 대한 접근권을 얻게 되는 것이다.

이러한 설명은 앞서 언급된 의식과 복잡도의 관계와도 일치한다. 복잡도가 높다는 것은 신경계의 요소 간에 정보가 효율적으로 분배되어 있음을 의미한다. 임의의 계가 복잡계가 되기 위해서는 임의의 부분집합과 그 여집합 사이의 상호 정보가 높아야 한다. 다시 말해, 부분집합이 변화할 때 그 영향이 계의 나머지에 효율적으로 전달되어야 한다는 것이다. 그로 인해 수반되는 것이 바로 맥락에 대한 민감성이다. 부분집합과 여집합 사이의 상호 정보가 높다는 것은, 크기가 작은 부분집합이 그보다 훨씬 큰 여집합의 상태에 대해 민감하게 반응할 수 있음을 뜻한다.[16]

의식이 다양한 행동 출력과 두뇌 과정에 접근할 수 있는 것은, 역동적 핵심부를 형성하는 대규모 상호작용이 다른 신경집단에 대한—그 집단이 역동적 핵심부에 속하든 속하지 않든—전역적 접근 능력을 증대시키기 때문이다. 예를 들어, 우리는 의식이 있을 때만 일화 기억, 즉 스스로가 겪은 사건에 관한 의식적 기억에 접근할 수 있다. 이는 일화 기억의 형성에 필수적인 해마의 신경회로가 역동적 핵심부의 발화 상태에 따라 차등적으로 활성화될 수 있음을 시사한다. 뉴런의 활동을 스스로 통제하는 바이오피드백Biofeedback 훈련(특수한 장비를 이용하여 신체나 뇌의 상태를 피험자에게 보여주어 피험자가 자신의 상태를 조절할 수 있게 하는 훈련—역주)이 의식의 존재하에서만 가능한 것도 이 때문이다.[17] 시상-피질 재유입과 피질-피질 재유입은 멀리 떨어진 뇌 영역들의 상호작용을 촉진한다. 따라서 의식의 정보는 뇌 전역에 광범위하게 분산되어 있다. 이러한 정보의 분산, 맥락 의존성, 전역적 접근 등의 속성들은 의식이 적응에 유리한 이유이기도 하다.

유연성, 예기치 못한 연합 관계에 반응하고 이를 학습하는 능력

의식이 가진 또 다른 적응적 가치는 의식을 이용하면 예기치 못한 새로운 연합 관계를 자각하고, 그것에 반응하는 법을 학습할 수 있다는 점이다. 정글 속 초식동물이 바람과 소리의 변화를 재규어와 연합시킨 것이 가장 대표적인 예시다. 여러 양식으로 이루어진 현재와 과거의 감각 신호를 유연하게 연합하는 능력은 비선형적 메커니즘이 통합의 동역학적 특성을 조율한 결과물이다. 저자들이 소개한 시각계 시뮬레이션 결과에서도 드러나듯, 역동적 핵심부가 형성되어 신경집단 간 상호작용이 극대화되면 신경 활동의 자그마한 변화에 의해서도 새로운 동역학적 연합 관계가 맺어질 수 있다[18](〈그림 10.2〉 참조). 겉보기에는 서로 무관한 수많은 신호 사이에 존재하는, 예기치 못한 연합 관계를 학습하는 능력은 새로움으로 가득한 열린 세상에서 개체가 생존하고 적응하기 위해 반드시 필요하다.

의식의 용량 제한

3장에서 살펴보았듯, 우리는 아무리 노력해도 특정 개수 이상의 의미덩이를 마음속에 한꺼번에 담을 수 없다. 피험자에게 4행 3열로 된 12개의 숫자를 0.15초 이하의 짧은 시간 동안 한꺼번에 보여주면, 피험자는 최대 4개의 숫자만을 의식적으로 기억해낸다. 이를 두고 학자들은 의식의 정보 용량이 초당 1~16비트로 제한되어 있다고 주장하기도 했다.[19] 공학적인 관점에서, 이는 절망적으로 낮은 성능이다. 그러나 의식의 정보성은 하나의 의식 상태가 몇 개의 정보 '덩이'를 담을 수 있느냐가 아니라, 특정한 의식 상태가 발생할 때 몇 가지의 다른 의식 상태가 배제되느냐에 따라 판단되어야 한다. 인간은 수십억 가지의 서로 다른 의식 상태를 1초도 안 되는 짧은 시간 동안 쉽게 구별할 수 있다. 그러한 점에서 의식적 경험은 오늘날 공학자들이 꿈도 꿀 수 없을 만큼 엄청나게 높은 정보성을 지니고 있다.[20] 그럼에도 불구하고 의식에 '용량 제한'이 있는 것은 왜일까?

의식의 용량 제한은 의식 상태의 통합성과 밀접하게 연관되어 있다. 역동적 핵심부 가설에서는, 의식의 용량 제한이 핵심부의 통합성과 결맞음을 저해하지 않으면서 핵심부가 유지할 수 있는 하위 과정subprocess의 최대 개수에 따라 결정된다고 본다. 실제로 의식의 용량 제한은 통합에 관여하는 신경 메커니즘과 연관되어 있다. 10장에서 소개한 시각계 모델을 다시 떠올려보자. 세 가지 도형을 제시하였을 때, 여러 영역의 신경집단의 발화율은 수백 밀리초 단위에서 통합적으로 증가하였다. 하지만 수십 밀리초 단위에서 보자면, 같은 도형의 여러 특성에 반응하는 신경집단은 고도의 상관관계를 형성한 반면, 서로 다른 도형에 반응하는 집단 간의 상관관계는 약화되었다. 즉, 수십 밀리초 단위에서는 최대 3~4개의 부분적으로 독립된 하위 과정이 형성 · 유지되고, 수백 밀리초 단위에서는 그들이 하나의 통합된 신경 과정을 형성하는 것이다.

도형의 수가 3개를 넘어서면 단위체들이 잘못 동기화되기 시작한다. 이는 인간 지각의 오결합 현상과도 비슷하다. 수백 밀리초 내에 하나의 통합된 신경 과정이 형성되기 위해서는 신경집단 간에 급속하고 효과적인 상호작용이 일어나야 한다. 이로 인해 의식이 한번에 수용할 수 있는 하위 과정의 수는 엄격하게 제한된다. 저자들의 시뮬레이션에서도 하나의 의식 상태는 4~7개의 의미 '덩이'만을 담을 수 있는 것으로 나타났다. 이 용량 제한은 신경 신호의 시간적 합산 메커니즘의 특성, 뉴런 간 동기화의 정확도와 속도에 따라 달라지기도 했다.

의식적 경험의 순차성

의식의 순차성이란 의식 상태나 생각이 한 번에 하나씩 꼬리에 꼬리를 물고 일어난다는 것을 뜻한다. 이는 핵심부의 동역학적 특성과 관련되어 있다. 역동적 핵심부는 고도로 통합되어 있기 때문에 매 순간 한 가지 상태만을 취할 수 있다. 다시 말해, 역동적 핵심부의 상태는 시간에 따라 단일한 궤적을 그리며 변화하며, '판단'이나 '선택'은 한 번에 하나씩만 발생할 수 있다. 이는 두 가지 과제를 한꺼번에 수행하기가 힘들다는 사실이나, 심리적 불응기의 존재,[21] 즉 의식적 결정이나 구별이 한 번에 하나씩만 일어날 수 있다는 사실과도 부합한다. 인간의 심리적 불응기는 약 0.15초 정도인데, 놀랍게도 이는 의식적 통합이 일어나기 위한 최소 시간과 유사하다. 어쩌면 의식을 둘 이상으로 쪼개어 각각이 서로 다른 기능을 수행하게 하는 것이 더 유용할 때도 있을 것이다. 즉, 1번 의식은 밥값의 총합을 계산하고, 그 와중에 2번 의식은 연인과 로맨틱한 대화를 주고받는 것처럼 말이다. 하지만 이 경우 여러 병렬적 과정 간의 통합이 일어나지 못할 것으므로, 오히려 적응에 불리할 수도 있다. 실제 시상피질계 내 재유입을 조절하는 거대한 양방향적 경로들은 기본적으로 신경계를 하나로 통합하고 있다. 커다란 구조적 절단이나 심리적 트라우마가 발생하지 않는 이상, 신경계가 기능적으로 분리되는 일은 없다. 그렇다면 절단증후군이나 해리성 장애와 같은 병적 상황에서 역동적 핵심부가 둘 이상으로 쪼개지는가 하는 것도 분명 흥미로운 질문일 것이다.

연속적이지만 늘 변화하는 과정으로서의 의식

의식은 사물이 아닌 과정이며, 연속적이면서도 항상 변화한다. 우리의 의식 상태는 고도의 일관성을 유지한 채로 끊김 없이 매끈하게 흘러간다. 영화에서 장면이 갑자기 건너뛰더라도(이러한 편집 기법을 '점프 컷Jump Cut'이라 부른다.) 줄거리에 대한 우리의 의식적 경험은 끊어지지 않는다. 한편, 의식적 경험은 액션 영화 속 숨 가쁜 추격 장면에서처럼 수백 밀리초 단위로[22] 빠르게 변화할 수 있다. 이것이 윌리엄 제임스가 이야기한 '느낌상의 현재'에 해당한다.

역동적 핵심부의 정의 속에는 핵심부의 구성 요소가 계속 변하더라도 통일성이 유지될 수 있다는 의미가 함축되어 있다. 이는 의식이 사물이 아닌 과정이라는 또 하나의 증거이기도 하다. 어쨌든 의식적 경험의 대략적인 지속 시간—수백 밀리초—동안 우리 뇌에서는 통합 과정에 의해 역동적 핵심부가 형성되며, 역동적 핵심부가 전역적 상태의 거대한 레퍼토리에 접근한다. 특정한 핵심부 상태가 결정됨에 따라 전역적 상태에 관한 불확실성이 급격하게 감소하며, 단기간에 엄청난 양의 정보가 생성된다. 여러 신경 모델 연구에 따르면, 이러한 통합과 분화가 수백 밀리초 만에 발생하려면 피질-피질 연결과 시상-피질 연결을 따라 '자발적인' 재유입 상호작용이 지속적으로 일어나야 한다. 10장, 11장에서 소개한 이론적 기반을 활용하기 위해서는 수백 밀리초 단위의 짧은 시간 만에 신경계의 통합도와 분화성(복잡도)을 구할 수 있는 실험 기법이 필요하다. 정상 상태stationary의 계의 상호 정보를 계산하기는 그리 어렵지 않지만, 계의 상태가 시간에 따라 변화할 경우, 동역학계 이론이나 섭동 이론을 활용하여 새로운 지표를 고안해야 할 수도 있다.

중요한 질문들

역동적 핵심부 가설은 다양한 실험적 질문과 예측을 수반한다. 의식적인 인지 활동을 할 때 과연 뇌에서 신경집단의 기능적 군집이 실제로 형성될까? 이를 검증하기 위해서는 의식적 경험과 상관관계가 있는 뉴런의 전위를 대량으로 한꺼번에 측정하면 된다. 실제로 다중 전극multielectrode을 사용한 기록 연구에서 여러 신경 대집단 간의 기능적 연결이 (발화율과 상관없이) 급격하게 변화할 수 있음이 드러났다.[23] 원숭이의 전두엽 뉴런을 기록한 최근 연구에서도 전체 뉴런이 아닌 일부 뉴런의 활성 상태가 동시에 변화하는 것이 관찰된 바 있다.[24]

하지만 실제로 우리 뇌에서 분산적 신경집단 간의 급속한 기능적 군집화가 일어나는지 증명하기 위해서는 측정하는 뉴런의 범위와 개수를 대폭 키워야 한다. 피질을 직접 자극한 뒤 그 자극이 퍼지는 패턴과 의식적 경험의 상관관계를 살펴보는 것도 한 가지 방법이다. 인간의 경우 주파수 표지법을 활용하면 결맞음된 신경집단의 범위와 경계를 측정할 수 있다. 지난 5장에서 우리는 양안 경쟁 연구에 주파수 표지법을 적용하면, 의식의 신경 기반을 직접 탐구할 수 있음을 확인하였다. fMRI, EEG 뇌지형도Topography, MEG 등 넓은 측정 범위와 높은 시분해능을 가진 영상 기법을 잘 활용하면 저자들의 가설을 검증할 수 있을 것이다.

의식적인 뇌에는 역동적 핵심부가 반드시 존재할까? 역동적 핵심부의 존재를 직접 증명할 수 있을까? 의식의 내용물이 바뀌면 역동적 핵심부의 구성도 변화할까? 역동적 핵심부에 항상 포함되는, 또는 항상 포함되지 않는 영역이 있을까? 역동적 핵심부는 쪼개질 수 있을까? 정상인의 뇌에서도 여러 개의 핵심부가 공존할 수 있을까? 핵심부가 여러 개가 되거나 하나의 핵심부에 문제가 생기면 어떤 질병이 발생할까? 저자는 의식과 관련된 일부 장애, 그중에서도 특히 해리성 장애와 조현병은 역동적 핵심부와 깊이 관련되어 있으며, 어쩌면 핵심부가 여러 개로 조각나기 때문에 생기는 것일지도 모른다고 생각한다.

역동적 핵심부는 짧은 시간에 고도의 분화도 또는 복잡성을 갖추어야 한다. 그렇다면 역동적 핵심부의 복잡도란 무엇이며, 그것이 의식적 경험의 기본 속성인 분화 능력과는 무슨 관계가 있을까? 역동적 핵심부의 복잡도는 의식 상태와 상관된 것으로 추정된다. 즉, 의식이 없는 서파 수면보다 비수면 상태나 렘수면 상태의 신경 복잡도가 훨씬 높다. 간질 발작으로 인한 무의식 상태의 경우, 전반적인 뇌 활동은 증가하지만 그 복잡도는 매우 낮다. 또한, 자동적 행동 기저의 신경 과정은 (행동의 정교함과는 무관하게) 의식적 행동 기저의 신경 과정보다 복잡도가 낮을 것으로 추측된다. 발생이나 진화 과정에서 신경 과정의 복잡도가 증가하면, 구별 능력의 비약적인 향상와 같은 인지 기능의 발달이 뒤따를 수 있다.

9장에서 소개된 시상피질계의 여러 메커니즘과 역동적 핵심부 가설을 조합하면 의식적 경험의 보편 속성들을 설명할 수 있다. 군집 지수와 복잡도—전역적 상태의 레퍼토리—를 정의하고 측정할 수만 있다면, 저자들의 가설을 직접 검증하는 것도 가능하다. 역동적 핵심부 가설은 실험적 검증이 가능한 다양한 질문과 예측들을 수반한다. 그러나 아직 의식과 관련하여 다루지 못한 몇 가지 중요한 문제들이 남아 있다. 5부에서는 '세계의 매듭'을 풀어내기 위한 노력의 일환으로써, 감각질(주관적 구별)과 역동적 핵심부의 관계, 의식적 신경 활동과 무의식적 신경 활동의 관계 등에 대해 살펴볼 예정이다.

제 5 부

매듭 풀기

역동적 핵심부 가설을 활용하면 의식적 경험 기저 신경집단의 활동 특성에 관하여 명확한 조작적 명제를 세울 수 있다. 또한, 의식의 핵심 속성을 신경학적으로 설명하기 위한 방안도 고안할 수 있다. 역동적 핵심부 내부의 상호작용은 지각적 범주화와 가치-범주 기억을 연결하여 의식적 장면을 형성한다. 그 과정에서는 재유입이 기본적인 메커니즘으로서 기능한다.

13장에서는 역동적 핵심부 가설에 기반하여 감각질 문제를 새로운 시각에서 재조명한다. 빨간 빛깔, 시끄러운 소리, 따뜻함, 아픔의 느낌 등의 다양한 감각질은 역동적 핵심부의 수많은 상태 간의 고차적인 구별과 같다. 감각질 역시 고도로 통합되어 있으며, 엄청난 양의 정보를 담고 있다. 우리는 역동적 핵심부의 조직 구조가 감각질의 현상학적 속성을 결정하는 원리에 대해서도 살펴볼 것이다. 14장에서는 역동적 핵심부가 자동적 · 무의식적 수행과 관련된, 기능적으로 격리된 루틴과 어떻게 정보를 교환하는지 소개한다. 이를 통해 의식과 무의식의 관계를 들여다보고, 학습과 기억에 대한 의식의 역할이 무엇인지도 고찰한다. 세계의 매듭을 푸는 것은, 어쩌면 가능한 일일지도 모른다.

13장
감각질과 구별

*감각질 문제는 의식에 관한 모든 문제 중 가장 난해한 주제다. '감각질'이란 색깔, 따뜻함, 고통, 소음 등이 일으키는 주관적 경험의 구체적인 특질을 말한다. 혹자는 감각질이 과학의 범주 밖에 있다고 말하기도 한다. 저자들의 입장은 다음과 같다. 첫째, 감각질을 경험하기 위해서는 앞서 소개한 여러 신경 과정을 갖춘 신체와 뇌가 필요하다. 제아무리 정확한 이론이나 서술도 감각질의 경험을 대체할 수는 없다. 둘째, 느낌 · 심상 · 생각 · 기분 등 구별 가능한 모든 의식적 경험은 그 복잡도와 관계없이 서로 다른 감각질을 가진다. 셋째, 각 감각질은 역동적 핵심부의 수십억 가지 상태 중 하나에 대응되며, 각 상태는 다차원적 신경 공간*Neural Space *속의 다른 상태들과 구별될 수 있다. 신경 공간의 차원은 역동적 핵심부를 구*

성하는 신경집단의 수에 따라 결정되므로, 감각질은 고차원적 구별과 본질적으로 동일하다. 넷째, 태아나 신생아 시기에 감각질은 주로 뇌간의 체감각계, 운동감각계, 자율신경계에 의한 신체 기반 구별을 중심으로 발달한다. 현재 우리가 경험하는 모든 감각질은 원시적 자아를 구성했던 이 신체 기반 구별에서 연원을 찾을 수 있다.

의식의 과학적 연구에 대한 철학자들의 비판과 과학자들의 회의주의는 감각질 문제와 상당 부분 관련되어 있다. 요컨대 감각질의 미스터리를 해결하지 않고서는 의식의 미스터리, 즉 '세계의 매듭'도 풀 수 없다는 것이다.

일반적으로 철학자들이 말하는 감각질은 빨간색 물체의 '빨간 느낌', 파란색 물체의 '파란 느낌', 고통의 '아픈 느낌'과 같은 단순 감각들이다. 즉 감각질이란 빨간색을 (파랗게가 아니라) 빨갛게 만드는, 고통을 (빨갛게나 파랗게가 아니라) 아프게 만드는, 자극의 고유한 주관적 느낌이다. 거의 모든 철학자들은 감각질이 환원 불가능하다고 말한다. 생각해보라. 빨간색은 왜 하필 그런 느낌인 것일까? 당신과 내가 '빨간색'이라고 일컫는 색깔이 사실은 나에게는 빨갛게, 당신에게는 푸르게 보이는 것은 아닐까? 만일 그렇다면 객관적 방법으로 그 차이를 판별하는 것이 가능할까?[1] 더 나아가, '빨간' 느낌은 애초에 왜 존재하는 것일까? 우리와 100% 똑같은 신경 메커니즘을 갖고 있고 자극에 대해서도 동일한 행동 반응을 보이지만 주관적 경험을 하지 않고 감각질을 느끼지 않는 복제품, 즉 철학적 좀비는 존재할 수 있을까? 그렇다면 누군가가 좀비인지 아닌지를 어떻게 판별할 수 있을까?

감각질을 신경학적으로 설명하기가 힘든 이유는 2장에서 소개한 광다이오드의 예시만 보더라도 쉽게 이해할 수 있다. 의식적 인간과 광다이오드는 둘 다 빛과 어둠을 구별할 수 있다는 점에서 최소한 특정 상황하에서는 유사한 행동을 보인다. 광다이오드가 빛을 탐지하는 메커니즘은 아주 잘 알려져 있다. 인간이 빛을 지각하는 방식도 일정 수준까지는 밝혀져 있다. 우리는 망막과 시각영역의 뉴런이 빛의 밝기에 따라 다르게 발화한다는 사실을 안다. 하지만 어째서 인간만이 빛과 어둠을 의식적으로 경험하는지는 알지 못한다. 시각계 뉴런의 발화는 빛의 '감각질', 즉 '빛이 있다는 주관적 느낌'을 생성한다. 그러나 광다이오드의 전압 변화는 감각질을 생성하지 않는다. 마찬가지로, 온도 민감성 뉴런이 발화하면 따뜻함의 감각질이 생겨나지만, 혈압 민감성 뉴런은 혈압의 감각질, 즉 고혈압의 주관적 느낌을 만들지 못한다. 그 이유는 무엇일까?

신경생리학자 찰스 셰링턴과 철학자 버트런드 러셀은 특정한 신경 활동이 감각질을 만드는 원리를 밝히는 것이 근본적으로 불가능하다고 생각했다. 자극을 지각할 때 발화하는 뉴런을 신경생리학적으로 아무리 세밀하게 서술하더라도, '뉴런의 발화'라는 객관적으로 기술 가능한 물리적 사실이 어떻게 의식적 감각, 주관적 느낌, 즉 감각질에 대응될 수 있는가, 그리고 왜 하필 수많은 감각질 가운데 그 감각질이 일어나는 것인가 하는 역설 또는 미스터리는 해결되지 않기 때문이다.

우선 감각질의 대표적인 예시인 색 지각에 대하여 저자들의 이론을 적용해보자. 당신이 고요한 빈 방에 아무런 근심 없이 가만히 누워 있다고 상상해보라. 당신은 몸이 존재한다는 사실마저 잊을 만큼, 최대한 편안한 자세로 누워 있다. 이때 방의 조명이 몇 초마다 다른 색깔—순수한 빨강, 파랑, 노랑—로 바뀐다고 가정해보자. 당신은 모양, 움직임, 소리, 촉감 등 다른 감각들의 방해 없이, 아무런 생각도 하지 않은 채 이 순수한 색채 감각만을 의식적으로 자각한다. 그렇다면 어떠한 신경 과정이, 당신이 여러 색깔의 주관적 느낌을 구별하게끔, 즉 감각질을 경험하게끔 만드는 것일까?

색 지각의 신경상관물

위 질문에 답하기에 앞서, 색 지각의 신경상관물에 대해 알려진 사실들부터 살펴보자. 인간은 총 수백만 가지의 색깔을 구별할 수 있다.[2] 그런데 우리의 지각적 '색 공간Color Space'은 빨강-초록, 파랑-노랑, 밝음-어둠의 세 가지 주요 축으로 조직화되어 있다. 우리가 지각하는 모든 색깔은 저마다 이 저차원 공간 속 어느 한 점에 대응된다. 색 명명 방식에 관한 비교 문화 연구에서도 색깔이 범주화되는 보편적 유형이 발견된다. 대부분의 언어에서 색은 빨강, 초록, 노랑, 파랑, 검정, 하양 등 주요 축을 구성하는 색과 주황, 보라,

분홍, 갈색, 회색 등 그들로부터 유래 혹은 결합된 색으로 이루어진 '초점색Focal Color' 또는 원색Prototypical Color을 중심으로 범주화되어 있다.

색의 의식적 구별 또는 식별은 단순히 빛의 파장에 따라 이루어지는 것이 아니다. 사물의 색에 대한 의식적 반응은 해당 사물이 반사하는 빛과 주변 사물이 반사하는 빛의 파장 차이에 따라 결정된다. 예컨대 붉은 조명 아래 바나나를 두었을 때 바나나의 반사광 속에는 노란빛보다 빨간빛이 더 많다. 하지만 주변의 다른 물체, 이를테면 아보카도에 비해서는 바나나가 노란빛을 훨씬 더 많이 반사하기 때문에 우리는 여전히 바나나가 노랗다고 느낀다. 또 다른 예로, 응달에 있던 석탄 한 조각을 양달로 옮기면 석탄이 내뿜는 반사광의 양은 수백~수천 배 증가하지만, 우리 눈에는 석탄이 여전히 까맣게 보인다. 이처럼 우리가 지각하는 사물의 '상대적 반사율'은 광원과 무관한 불변적 속성이다. 이 현상은 '색채 항등성Color Constancy'이라고도 불린다. 이 밖에도 무수히 많은 정신물리학적 근거들이 인간의 지각이 입력 신호를 있는 그대로 반영하지 않으며, 뇌에 의해 구성 또는 비교가 덧입혀지고 있음을 시사하고 있다.

지난 수십 년간 색 지각의 신경생리학적 기반에 관한 연구는 비약적으로 발전하였다. 망막의 광수용체photoreceptor 가운데 원추세포Cone Cell는 세 가지 종류로 나뉘는데, 이들은 각각 장파장, 중파장, 단파장의 빛을 감지할 수 있다. 이것이 우리가 색을 구별할 수 있는 이유다. 망막의 다른 층이나 외측슬상체Lateral Geniculate Nucleus(망막과 시각피질을 연결하는 시상핵), 시각피질의 색 선택성 세포에 관해서도 많은 것들이 밝혀져 있다. 예를 들어, 외측슬상체에는 적색광에 의해 활성화되고 녹색광에 의해 억제되는 세포, 청색광에 의해 활성화되고 황색광에 의해 억제되는 세포, 백색광에 의해 활성화되고 어둠에 의해 억제되는 세포 등등 세 가지 주요 축에 따라 조직화된 '색상 대립Color－Opponent 뉴런'이 존재한다.[3] 시각피질, 특히 V4 영역에는 광원과 관계없이 물체의 색에 따라 일정한 반응을 보이는 색채 항등성 뉴런들이 있다. 원숭이의 IT 영역 뉴런들은 비슷한 색들, 다시 말해 지각적 색 공간에서 가까운 색들에 선택적으로 반응하는 것으로 알려져 있다. 원숭이의 IT 영역과 상동기관인 방추상이랑이 손상된 환자는 색의 의식적 지각 능력만을 선택적으로 상실한다. 이러한 조직 양식은 비교 문화 연구에서 발견되는 색 분류 체계와도 깊은 관련이 있다. 만일 어떠한 신경집단이 색에 대하여 반응하는 방식이 의식적 인간이 색을 지각하는 방식과 동일하다면, 우리는 그 신경집단이 색의 의식적 경험에 대한 신경상관물이라 추정할 수 있다.

위 증거들을 토대로, 저자는 색 지각과 관련한 간단한 신경생리학적 시나리오를 세워보았다. 빛이 눈으로 들어오면 망막, 외측슬상체, V1, 혹은 그 너머에 존재하는 여러 뉴런들이 그 신호를 점진적으로 분석해나간다. 그 결과, 고차 시각영역에서는 전에 없던 새로운 반응 특성이 생겨난다. 즉, IT 영역에서는 의식적 인간과 같은 방식으로 색을 구별하는 신경집단이 나타나게 된다. 편의상, IT 영역 내부에 색 공간의 세 가지 축에 따라 선택적으로 활성 또는 억제되는 신경집단이 존재한다고 가정해보자. 즉, 빨간색을 볼 때는 켜지고 초록색을 볼 때는 꺼지는 집단, 파란색을 볼 때는 켜지고 노란색을 볼 때는 꺼지는 집단, 밝음을 지각할 때는 켜지고 어둠을 지각할 때는 꺼지는 집단이 있는 것이다.[4]

이때 이들 신경집단의 평균 발화율이 0Hz(완전 억제)에서 10Hz(자발적 발화), 최대 100Hz(최대 발화)에 이를 수 있고, 발화율이 5Hz만 변하더라도 그들의 목적 뉴런이 다르게 발화한다고 가정해보자. 이들의 발화율에 의해 정의되는 3차원 공간은 인간이 구별 가능한 모든 색을 포함한다(그림 13.1). 예를 들어, 이 공간에서 순수한 빨간색은 빨강-초록 축에서는 100, 파랑-노랑과 밝음-어둠 축에서는 10의 좌표를 가진 점에 대응될 것이다.

이 시나리오만으로도—물론 개선될 여지는 있지만—인간의 색 구별과 관련된 여러 현상을 충분히 설명할 수 있다.[5] 발화율 조합이 달라지면 운동피질이나 언어영역 등 다른 영역의 뉴런에 주어지는 효과도 달라질 수밖에 없다. 그래서 우리는 색채 항등성 원리에 기반하여 수천 가지의 색깔을 행동적으로 구분할 수 있는 것이다.

이 세 신경집단의 상태를 알면 색에 대한 행동적 반응을 꽤 높은 정확도로 예측할 수 있을 것이다. 실제로 한 연구팀이 위에서 소개한 신경 시나리오를 신경 모델로 구현하였다.[6] 이 모델은 인간의 색 구별 원리를 설명할 수 있으며, 색채 항등성을 비롯한 여러 정신물리학적 현상도 잘 재현하고 있었다. 이처럼 오늘날 우리는 색 지각의 신경 메커니즘을 셰링턴과 러셀도 어느 정도 만족할 만큼 상당히 잘 이해하고 있다. 하지만 여전히 골치 아픈 문제가 하나 남아 있다. 앞서 서술한 신경 시나리오나 그것을 구현한 모델만으로는 빨강이나 파랑의 감각질을 설명할 수 없다. 이 신경 모델이 감각질을 경험한다는 증거 역시 전혀 없다. 과연 무엇이 더 필요한 것일까?

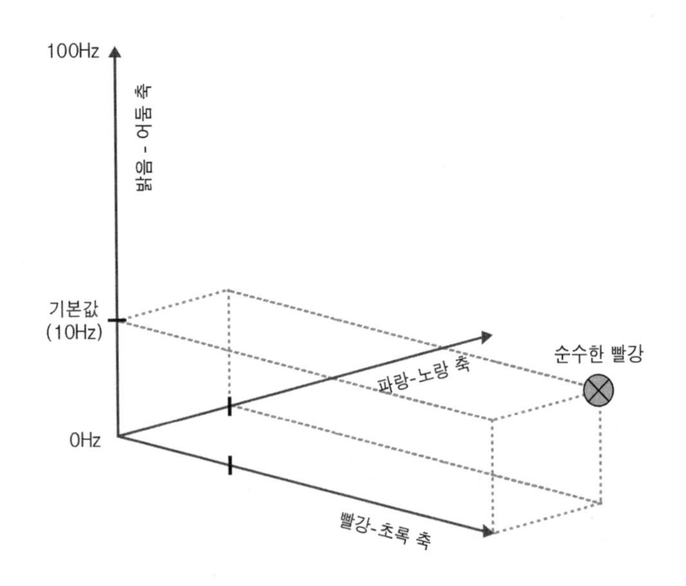

〈그림 13.1〉 색 공간 인간의 색 지각을 설명하는 3차원 신경 공간이 그려져 있다. 각각의 축은 색 지각을 수행하는 신경집단에 해당한다. 신경집단의 발화율은 0Hz(완전 억제)에서 10Hz(자연적 발화 수준), 최대 100Hz(최대 발화)에 이를 수 있다. 세 집단의 발화율이 정의하는 3차원 공간은 인간이 구별할 수 있는 모든 색을 포괄하며, 각각의 색깔은 공간상의 서로 다른 점에 대응된다. 즉, 순수한 빨강은 빨강-초록 축에서는 100, 나머지 축에서는 10의 좌표값을 가진 점(회색 표식)에 대응된다. 실제로 색을 처리하는 대뇌피질 영역에서 이러한 속성을 지닌 뉴런들이 발견된다.

신경집단 하나당 감각질 하나?

감각질 문제를 해결하는 가장 간단한 방법은 모든 감각질에 대해 그것을 명시적으로 표상하는 신경집단 또는 뉴런이 하나씩 존재한다고 가정하는 것이다.[7] 예를 들어, 집단 A의 발화는 빨간색의 지각을, 집단 B의 발화는 파란색의 지각을 명시적으로 표상한다. 이 '1신경집단 1감각질' 가설을 검증하는 법은 간단하다. 빨간색을 볼 때는 반드시 발화하고 그렇지 않을 때는 절대로 발화하지 않는 신경집단이 있는지를 확인하면 된다.[8]

하지만 단순히 신경집단의 활동과 감각질을 동치하는 것에는 몇 가지 문제가 있다. 우선, 하나의 감각질에 대해 얼마나 많은 신경집단이 필요한지가 확실치 않다. 과연 색을 명시적으로 표상하는 신경집단이 인간이 구분할 수 있는 모든 색에 대해—그 색이 이름이 있는지는 차치하더라도—존재할까? 모든 감각질이 서로 다른 신경집단에 의해 표상되어야 한다면, 감각질의 가짓수가 총 몇 개냐 하는 것도 문제가 된다. 사실 이 질문은 꽤나 유서가 깊다. 20세기 초 심리학자 에드워드 티치너는 의식의 '원자'가 존재한다고 여겼다. 그는 빨강, 파랑, 고통과 같은 명확한 요소뿐 아니라 의식의 현상학 전체를 기초적인 감각 요소들의 조합으로 서술하고자 했다. 티치너의 제자들은 성적 흥분, 배뇨감 등 기타 신체적 기능의 기본 원자를 탐구하기도 했다. 물론 이들의 시도는 실패로 끝났다.

감각질과 신경집단의 대응 관계를 찾는 원자론적 접근법의 가장 큰 문제는 감각질 문제 자체를 전혀 해결하지 못한다는 점이다. IT 영역 내 특정 뉴런의 발화가 어째서 '초록'이나 '아픔'이 아닌, 하필 '빨강'의 감각질을 생성한다는 말인가? 감각질의 주관적 특질과 의미는 어디서 출현하는가? 왜 망막이나 외측슬상핵 뉴런이 아닌 IT 영역의 뉴런만이 감각질을 생성하는 것일까? 셰링턴과 러셀이 불가해하다고 여겼던 이 '객관에서 주관으로의 변환'은 구체적으로 어떻게 발생하는가? 신경 시뮬레이션 모델도 원시적인 색 지각이나 탈체화된disembodied 빨강 · 파랑 · 노랑의 감각질을 느낄 수 있을까? 그렇지 않다면, 신경계 모델이 감각질을 경험하려면 어떠한 생물학적 요소나 뇌 영역이 필요한 것일까? 1신경집단 1감각질 가설만으로는 위 질문들에 전혀 답할 수 없다.[9] 이렇게 또다시 원점으로 되돌아온 우리들의 모습을 아르투르 쇼펜하우어가 보았다면, 그는 자신이 말한 세계의 매듭을 떠올리며 내심 즐거워했을 것이다. 올림포스의 신들이 이 거대한 선결 문제 요구의 오류Petitio Principii에 빠진 인간들을 내려다보며 하염없이 박장대소하고 있을 거라고, 쇼펜하우어는 말했으리라.

감각질과 역동적 핵심부

감각질 문제를 덜 신비스럽게, 최소한 '덜 어처구니없게'라도 만들기 위해서는 역동적 핵심부 가설의 함의를 다시 고찰해볼 필요가 있다. 역동적 핵심부 가설의 요지는, 의식적 경험 기저의 신경 과정들이 거대하고 변화무쌍한 기능적 군집인 '역동적 핵심부'를 이루고 있다는 것이었다. 역동적 핵심부는 시상피질계에 분포된 수많은 신경집단(물론 반드시 시상피질계에 국한된 것은 아니다.)으로 이루어져 있으며, 수백 밀리초 단위의 급속한 재유입 상호작용에 의해 출현한다. 이 가설에 의하면, 색 지각을 포함한 모든 의식적 경험이 구성하는 신경 기준 공간Neural Reference Space은 개별 신경집단(1신경집단 1감각질 가설에 의하면, 각각의 색에 반응하는 신경집단)이나 신경집단의 집합(IT 영역의 세 가지 신경집단)이 아닌, 전체 역동적 핵심부의 활동에 의해 정의된다.

더 엄밀한 정의를 위해, 〈그림 13.2〉의 N차원 신경 공간상에서 역동적 핵심부 가설을 다시 서술해보자. 역동적 핵심부의 신경 기준 공간은 약 10^3~10^7차원으로 이루어져 있다. 이는 핵심부를 구성하는 신경집단의 수와 동일하다(그림에는 전체 차원 중 극히 일부만이 표현되어 있다.). 이들 중에는 〈그림 13.1〉에서처럼 색에 반응하는 신경집단도 있다. 하지만 그 밖에도 역동적 핵심부에는 사물의 모양, 움직임, 청각, 체감각, 고유감각, 신체도식Body Schema 등을 관장하는 수많은 신경집단이 존재하며, 이들 각자는 자신만의 축을 이루고 있다. 물론 이 도식은 아주 단순한 데다가 상당히 부정확하기 때문에 이를 그대로 받아들여서는 곤란하다. 하지만 의식을 통합된 과정으로 정의할 때 감각질이 갖는 의미, 그리고 앞서 제시된 여러 이론적 개념들과 감각질의 관계를 파악하기에는 이 도식만으로도 충분할 것이다.

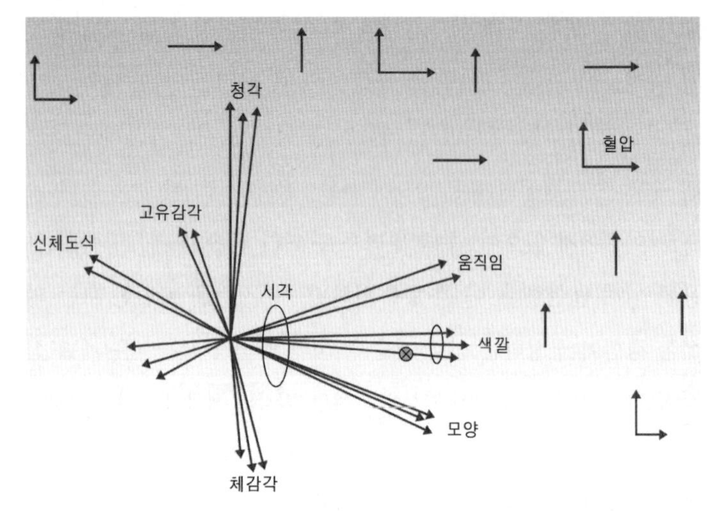

〈그림 13.2〉 감각질 공간 역동적 핵심부의 N차원 신경 공간이 그려져 있다. 이 공간의 차원은 역동적 핵심부를 구성하는 신경집단의 수와 동일하다(그림에는 극히 일부 차원만이 표현되어 있다.). 이들 중에는 〈그림 13.1〉에서처럼 색에 반응하는 신경집단도 있다. 그 밖에도 사물의 모양, 움직임, 청각, 체감각, 고유감각, 신체도식 등을 관장하는 수많은 신경집단이 존재하며, 이들은 자신만의 축을 이루고 있다. 즉, '순수한 빨강'의 감각질은 이 신경 기준 공간 내부의 한 점(가운데 회색 표식)에 대응된다.

역동적 핵심부 가설에 의하면, 의식 기저의 N개의 신경집단은 매우 빠르게 하나의 기능적 군집을 이룬다. 이 기능적 군집은 통합된 하나의 물리적 과정이므로, 그 활동 역시 하나의 기준 공간상에서 표현되어야 한다. 핵심부의 모든 차원은 같은 원점을 공유한다(그림 13.2). 기능적 군집의 정의상, 핵심부의 기준 공간은 정보의 손실 없이는 독립된 하위 공간(여러 신경집단)으로 분해될 수 없다.[11] 역동적 핵심부에 속하지 않은, 기능적으로 분리된 신경집단들은 제각기 별개의 신경 공간을 구성한다. 〈그림 13.2〉에도 역동적 핵심부와 다른 원점을 가진, 소수의 축으로 이루어진 작은 신경 공간들이 표현되어 있다. 예컨대 혈압 변화에 반응하는 뉴런들은 기능적으로 분리된 소규모 공간을 구성할 수 있다. 하지만 역동적 핵심부를 이루는 신경집단과 그렇지 않은 집단을 하나의 신경 기준 공간에 표현하는 것은 무의미하다. 그 둘의 기저에는 통합된 물리적 과정이 발생하지 않기 때문이다. 그것은 마치 어느 미국인의 뉴런과 영국인의 뉴런을 하나의 공간 위에 그려놓고 그 공간의 의미를 찾으려 드는 것과도 같다.

역동적 핵심부는 높은 복잡도를 지니고 있다. 즉, 핵심부의 N차원 공간 내에는 서로 구별 가능한—차이를 일으킬 수 있는—점들이 엄청나게 많이 존재한다. 역동적 핵심부를 이루는 신경집단의 수(N)가 증가하면 구별 가능한 점의 수도 늘어나며 신경계의 최대 복잡도 역시 높아진다. 하지만 많은 신경집단이 참여한다고 해서 반드시 복잡도가 높은 것은 아니다. 간질 발작의 경우처럼 신경집단들이 극단적으로 동기화되면 역동적 핵심부가 취할 수 있는 상태의 레퍼토리는 엄청나게 줄어든다. 결과적으로는 몇 개의 점밖에 남지 않게 될 것이다. 핵심부의 상태가 그중 하나로 결정되더라도 핵심부의 복잡도가 낮으므로 매우 적은 정보만이 생성된다.

자, 이제 색 지각이 갖는 의미를 역동적 핵심부 가설에 기반하여 해석해보자. 빨간색을 느끼는 신경 상태에서는 IT 영역을 비롯한 '색 처리 영역'의 뉴런 가운데 적색광에 민감한 신경집단만이 활성화되고 청색광이나 전체 광량에 민감한 신경집단은 억제된다. 하지만 이 세 가지 신경집단의 발화만을 고려하면 색깔이라는 개념 자체가 성립하지 않는다. 그 세 차원만으로는 무엇이 색깔이고 무엇(색깔이 아닌 모든 것)이 색깔이 아닌지 구별할 수 없다. 색깔과 색깔이 아닌 것을 구별하기 위해서는 모양이나 움직임 등에 반응하는 다른 신경집단의 차원이 존재해야 한다. 갖가지 신경집단이 하나의 신경 기준 공간을 이룰 때만이 색, 움직임, 모양 등 여러 하위 양식이 구별될 수 있다.

하지만 이것만으로는 시각이 다른 감각 양식과 구분되기에 부족하다. 자극의 시각적 측면이 다른 측면들과 구분되기 위해서는 청각, 촉각, 고유감각 신호에 반응하는 (혹은 반응하지 않는) 신경집단, 몸의 위치와 주변 환경과의 관계—신체도식—에 반응하는 신경집단, 상황의 친숙함이나 일관성에 반응하여 사건의 중요성을 감지하는 신경집단 등도 신경 기준 공간에 추가되어야 한다. 이것을 반복하다 보면 신경 기준 공간은 수십억 가지의 의식 상태 가운데 '순수한 색깔'을 지각하는 의식 상태가 구별될 수 있을 만큼 풍부해지게 된다.

역동적 핵심부 가설은 빨간색의 감각질을 다음과 같이 정의한다. '순수한 빨강의 느낌'은 역동적 핵심부가 정의하는 N차원 신경 공간 속 한 점에 대응되는 특정한 신경 상태와 동일하다. 그 신경 상태가 신경 기준 공간 내 수십억 가지 다른 상태들과 구별될 수 있다면, 그것이 바로 감각질에 해당한다.[12] 빨간색을 의식적으로 경험하려면 적색광에 반응하는 뉴런들이 필요한 것은 맞다. 하지만 그것만으로는 충분치 않다. 빨간색의 감각질과 다른 감각질의 의식적 구별은 그보다 훨씬 거대한, 다양한 구별이 일어날 수 있는 신경 기준 공간 속에서만 온전한 의미를 지닌다. 마찬가지 이유로, 적색광에 반응하는 신경집단이 역동적 핵심부와 기능적으로 분리된다면, 그 신경집단의 발화는 아무런 의미도 갖지 못할 것이며, 감각질도 생성되지 않을 것이다.

이러한 관점은 이 장의 서두에 소개된 '원자론적' 또는 '모듈적' 접근법과는 전혀 다르다. 역동적 핵심부 가설에 의하면, 빨간색이 지각되려면 그에 해당하는 신경 상태가 역동적 핵심부의 다른 상태들과 구분되어야 한다. 감각질은 특수한 국소적 · 내재적 속성을 가진 어느 신경집단이 마술처럼 만들어낼 수 있는 것이 아니다. 혈압 민감성 신경집단의 발화가 아무런 주관적 경험이나 감각질을 생성하지 않는 이유도 같은 논리로 설명 가능하다. 역동적 핵심부를 구성하지 않는 신경집단의 발화는 거대한 N차원 공간의 맥락이 아닌, 오로지 국소적인 수준에만 영향을 끼치기 때문이다.

몇 가지 따름정리

감각질에 대한 저자들의 가설은 몇 가지 간단한 따름정리corollary를 수반한다. 첫째, 역동적 핵심부가 정의하는 N차원 공간에서 구별 가능한 모든 점들은 각기 서로 다른 의식 상태에 대응된다. 또한, 여러 점을 잇는 궤적은 의식 상태의 흐름에 해당한다. 일반적인 철학자나 과학자들은 순수한 빨강, 순수한 어둠, 순수한 고통 등 순수한 감각만이 감각질에 해당한다고 말한다.[13] 하지만 저자는 복잡한 시각적 장면을 바라보거나 '비엔나를 상상하는' 상태 등 모든 의식 상태가 고유한 감각질로 정의될 수 있다고 생각한다.[14] 윌리엄 제임스는 다음과 같이 말했다. "단순한 감각 그 자체를 느끼는 사람은 아무도 없다. 태어난 순간부터 의식은 수많은 사물들과 그들의 관계로 가득 메워진다. 우리가 흔히 '단순한 감각'이라 부르는 것은 사물의 구별에 고도로 주의를 기울인 결과물이다."[15] 한마디로, '순수한' 감각의 원자는 존재하지 않는다는 것이다. '순수한 빨강'을 느끼든, 뉴욕 월가의 붐비는 전경을 바라보든, 둘 다 N차원 상태 공간 속 하나의 점에 해당한다. 의식적 지각의 의미는 서로 다른 결과를 야기할 수 있는 수십억 가지 다른 상태들과의 구별로부터 도출된다. 저자들이 의식이 정보적이라고 말했던 이유가 바로 이것이다. 순수한 빨강을 지각하는 것과 숨가쁜 도시의 모습을 지각하는 것은, 그로 인해 배제되는 의식 상태의 가짓수가 같다는 점에서 같은 정보량을 지닌다. 의식 상태의 선택이 지니는 의미는 이렇게 정의된다.

두 번째 따름정리는 역동적 핵심부의 N차원 신경 공간에 거리 단위metric가 존재하며, 점들 간의 거리가 엄밀하게 정의될 수 있다는 것이다. 〈그림 13.2〉에서도 역동적 핵심부의 모든 축들은 서로 특정한 각도로 벌어져 있다. 색깔이라는 하나의 하위 양식에 반응하는 세 개의 축은 서로 가까이 붙어 하나의 다발을 이루고 있다. 모양에 반응하는 축들도 마찬가지다. 하위 양식의 다발들은 서로 멀리 떨어져 있지만, 더 큰 규모에서는 시각과 촉각 등의 감각 양식에 해당하는 더욱 거대한 다발을 이루고 있다. 감각 양식 간의 거리는 하위 양식 간의 거리보다 훨씬 멀다. 이러한 설명은 의식 상태 간의 유사성에 관한 우리의 직관과도 일치한다. 우리는 흔히 빨강과 파랑의 감각질이 근본적으로 다르며 환원 불가능하다고 말한다. 이 환원 불가능성은 빨간색을 지각할 때와 파란색을 지각할 때 발화하는 두 신경집단이 N차원 공간상에서 서로 환원 불가능한 두 개의 차원을 정의하기 때문에 발생한다. 그런데 빨강과 파랑의 주관적 느낌이 다르기는 하지만, 트럼펫 소리와 비교하자면 상당히 비슷하다. 이는 현상적 공간 역시 의식 상태의 거리 단위를 따르고 있음을 시사한다. 현상적 공간의 형태와 거리 단위는 역동적 핵심부를 이루는 신경집단 간의 상호작용에 의해 결정되므로, 적절한 신경 기준점Neural Reference—역동적 핵심부—에 기반하여 서술되어야 한다.[16]

이 N차원 신경 공간과 의식의 연관성에 대해 조금 더 살펴보자. 인간은 어디까지나 시각적 동물이다. 인간의 의식은 시각적 경험이 주를 이루고 있으며, 실제로 피질의 상당 부분은 어떠한 방식으로든 시각에 조금씩 관여하고 있다. 따라서 역동적 핵심부에는 시각적 자극에 반응하는 신경집단이 많이 포함되어 있다. 다른 조건이 동일하다면, 특정한 의식적 경험의 신경 공간 내에서의 위치는 주로 시각 관련 차원에 의해 결정될 것이다.

우리는 보통 의식적 감각을 생각이나 상상보다 훨씬 더 생생하게 경험한다. 그 이유 역시 저자들의 가설을 적용하면 간단한 신경학적 사실만으로 쉽게 설명된다. 감각 영역의 뉴런들은 일반적으로 전전두엽처럼 생각에 관여하는 뉴런들보다 훨씬 더 넓은 동적 범위Dynamic Range에서 빠르게 발화한다. 〈그림 13.2〉에서도 감각과 관련된 축은 길게(0~100Hz), 계획이나 생각과 관련된 축은 짧게(0~10Hz) 표현되어 있다. 그렇기 때문에 감각과 관련된 신경집단의 발화 상태가 변화하면 생각과 관련된 신경집단이 변화할 때보다 N차원 신경 공간에서 현재 의식 상태의 위치가 더 많이 달라지게 된다.

신경 시간 속의 감각질

감각질의 의미는 단순한 뉴런의 활동이 아닌, 그보다 훨씬 큰 신경학적 맥락으로부터 출현한다. 그 맥락은 특정 시점에 역동적 핵심부를 구성하는 수많은 신경집단의 동시적 활동에 의해 형성된다. 하지만 이 설명에는 가장 중요한 성분인 '시간'이 빠져 있다. 그렇다면 뉴런의 실시간적 발화는 어떻게 N차원 신경 공간 속 수십억 개의 점들 중에 하나를 특정 짓는 것일까? 이를 이해하기 위해서는 당신의 상상력이 필요하다.

방 안에 누워서 순수한 빨강, 순수한 파랑, 순수한 흰색을 지각하는 예시를 다시 떠올려보자. 조명이 빨간색에서 파란색으로 바뀔 때, 신경계에서는 무슨 일이 일어나는가? 첫째로, 적색광에 의해 활성화되는 망막 광수용체의 발화가 즉시 감소하며, 청색광을 선호하는 광수용체의 발화가 증가한다. 망막에서 시작된 신경 신호의 변화는 시각계의 몇몇 하위 단계를 거쳐 수십 밀리초 만에 IT 영역에 도달한다. 그 결과, IT 영역에서 '청색 선택성' 신경집단이 강하게 활성화되고 '적색 선택성' 집단은 억제된다. 이 신경 사건들은 파란색이 지각적으로 범주화되기 위한 필요조건이자 기초 단계에 해당한다.

단순히 IT 영역의 신경집단의 발화를 파악하는 것만으로는 의식적 경험—순수한 빨강이나 파랑의 감각질—의 형성을 이해할 수 없으며, 전체 역동적 핵심부의 인과적 영향도 고려하여야 한다. 저자들의 가정에 따르면, 망막의 '파장 선택성' 뉴런들은 역동적 핵심부에 속해 있지 않지만, IT 영역의 '색 선택성' 뉴런들은 역동적 핵심부에 속해 있다. 따라서 IT 영역의 활성화나 비활성화는 N차원 신경 기준 공간상의 위치에 영향을 줄 수 있다. 그렇다면 뉴런의 실제 발화 방식을 놓고 볼 때, 임의의 신경집단이 역동적 핵심부에 속해 있다는 사실은 무슨 의미를 가질까? 신경집단이 흥분 또는 억제됨에 따라 전체 핵심부의 상태가 N차원 공간상의 어느 한 점에서 다른 한 점으로 옮겨 간다는 것은 정확히 무엇을 뜻할까?

이를 직관적으로 파악하기 위해서는 다음 개념을 반드시 이해해야 한다. 어느 신경집단이 기능적 군집의 일부라면, 그 신경집단의 상태가 변할 때 그 영향이 나머지 집단에 수백 밀리초 내로 전달된다. IT 영역의 청색 선택성 신경집단이 갑자기 활성화되면 그 집단의 목적 뉴런뿐만 아니라 역동적 핵심부를 구성하는 수많은 신경집단의 발화에도 모종의 변화가 발생한다. 어떻게 1초도 안 되는 짧은 시간 동안에 수많은 신경집단이 인과적으로 상호작용할 수 있는 것일까? 이는 신경집단 간에 재유입 상호작용이 일어나기 때문이다. 한 신경집단의 발화 패턴의 변화가 기능적 군집 전체에 빠르게 전파되기 위해서는 신경집단들이 양방향적 연결로를 따라 계속해서 신호를 주고받으면서 강력한 재유입 고리를 형성해야 한다. 재유입 과정은 한 신경집단의 변화가 다른 집단에 빠르게 영향을 줄 수 있는 동역학적 체계를 형성한다. 그러나 시상피질계의 고유한 배열 구조 덕분에 신경집단들은 기능적 군집에 속해 있으면서도 여전히 자신의 기능적 특성을 유지할 수 있다.

복잡계 내부에서 섭동이 전파되는 과정을 시각화하려면 컴퓨터 모델의 도움이 필요하다. 10장에서 등장한 시상피질계 모델과 같은 대규모 신경 시뮬레이션이 중요한 까닭이 여기에 있다. 저자들의 모델에서는 한 신경집단에 발생한 작은 변화가 100~200밀리초 내에 빠르고 효과적으로 전체 시상피질계에 전달되었다. 하지만 이러한 급속한 정보 전달은 뉴런들이 지속적으로 활동하면서 '준비readiness' 상태에 있을 때만, 즉 시상-피질 간 혹은 피질-피질 간 재유입 고리가 커지고 전압 의존성 연결이 활성화될 때만 발생하였다.[17] 재유입 고리가 점화되지 않으면 같은 변화가 일어나도 그 영향은 훨씬 더 좁은 범위에 국한된다. 따라서 이 시상피질계 모델은 기능적 특성이 보존된 신경계에서 섭동의 영향이 급속하게 전파되는 메커니즘을 잘 보여주는 예시라 하겠다.[18]

컴퓨터 시뮬레이션 외에도 기능적으로 특화된 계 내부에서 섭동의 영향이 빠르게 퍼져나가는 것을 잘 보여주는 예시가 하나 더 있다(그림 13.3). 그것은 바로 팽팽하게 얽혀 있는 용수철들의 거대한 군집이다. 군집의 주변에는 느슨한 용수철들이 일직선으로 이어져 일종의 모듈을 이루고 있다. 군집 내부의 용수철을 건드리면 그 영향이 전체 군집에 빠르고 효과적으로 전달된다. 하지만 주변부의 느슨한 용수철을 건드리면 그 영향이 멀리 퍼지지 않는다. 용수철들이 전역적으로 서로 연결되어 있고 장력도 존재한다면, 자그마한 섭동도 빠르고 효과적으로 퍼져나간다. 그러나 용수철들이 모듈 형태로 연결되어 있거나 너무 느슨해서 장력이 없으면 섭동의 영향은 감쇠 혹은 차단된다. 여기서 분산적 신경 대집단 간의 지속적인 재유입 상호작용이 바로 장력에 해당한다.

이 용수철 비유를 보면, 역동적 핵심부에서 일부 신경집단의 변화가 전역적 섭동을 야기할 수 있다는 사실이 얼마나 중요한지 이해할 수 있다. 청색광 신호가 IT 영역에 전달되면, 특정 신경집단의 활성화(또는 비활성화) 때문에 자극이 지각적으로 범주화된다. IT 영역의 청색 선택성 신경집단이 역동적 핵심부의 일부라면, 이 집

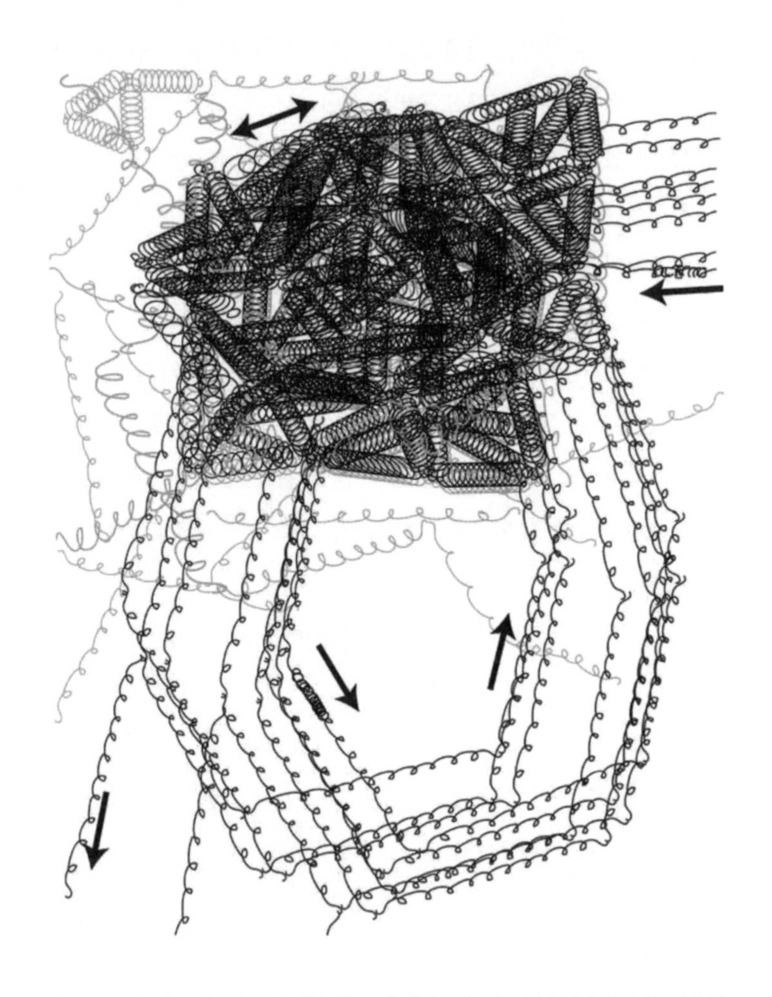

〈그림 13.3〉 역동적 핵심부의 용수철 모델 팽팽하게 얽힌 용수철 군집은 역동적 핵심부에 해당한다. 이 군집에 가해진 변화는 전체 핵심부에 빠르게 전달된다(회색 음영, 양방향 화살표). 기능적으로 고립된 평행 루틴에 가해진 변화에 따른 영향은 그 근방에만 머물며, 한쪽 방향으로만 전파된다(단방향 화살표).

단의 발화 패턴이 달라짐에 따라 피질의 앞쪽 부위를 비롯하여 핵심부 전체의 수많은 신경집단의 발화 패턴 역시 급속하게 변화할 수 있다. 그 결과, 핵심부 상태는 다음 상태로 전환된다.

역동적 핵심부는 복잡계이므로—선택 가능한 상태 또는 활동 패턴의 거대한 레퍼토리가 존재하므로—특정 감각질에 대한 신경집단의 활동 패턴은 매우 구체적으로 정의될 수 있다. 이는 진화·발생·경험 과정에서 신경집단 사이에 매우 복잡한 기능적 연결이 형성되기 때문이기도 하다. 역동적 핵심부의 급속한 재유입 상호작용은 일시적인 '자가적 활동bootstrap'을 일으키며, 그 과정에서 지각적 범주화에 관여하는 신경집단의 변화에 따라 전체 핵심부—전체 기억 레퍼토리—의 무수한 활동 패턴 중 하나가 선택된다. 이 선택 과정은 짧은 시간 동안에 많은 정보를 생성하며, '기억된 현재' 속의 장면을 만들어낸다. 핵심부의 상태는 기억을 이루며, 이를 통해 지각적 범주화를 수행하는 뉴런들의 발화에 의미가 부여된다. 이처럼 우리 뇌는 외부 자극을 범주화할 때 주어진 정보를 매우 능동적으로 해석한다. 따라서 의식적 지각과 기억은 사실상 동일한 신경 과정의 서로 다른 두 가지 측면에 불과하다고 말할 수 있다.

감각질의 발생: 자아에 관하여

이 장을 끝마치기 전에, 역동적 핵심부가 어떻게 발생하는지에 관하여 살펴보자. 역동적 핵심부를 구성하는 신경집단은 시간에 따라 계속 달라지므로, N차원 신경 기준 공간 역시 계속 변화할 것이다. 실제로 역동적 핵심부는 생애 초기의 발생 단계뿐만 아니라 일생 동안의 경험을 거치면서 전혀 다른 모습으로 변형된다. 역동적 핵심부는 성인이 된 이후에도 성장을 거듭할 수 있다. 와인의 맛을 예로 들어보자. 와인을 처음 맛보는 이에게는 모든 와인의 맛이 비슷하게 느껴지겠지만, 충분한 경험이 쌓이고 나면 각각의 와인은 서로 완전히 다른 감각질과 연합된다. 처음에는 고작해야 '맹물과 와인의 차이'를 구별할 능력밖에 없었던 사람이, 레드 와인과 화이트 와인, 카베르네Cabernet와 피노Pinot를 구별할 수 있게 되기도 한다. 이렇게 구별 능력이 향상되는 것은 역동적 핵심부에 새로운 차원이 추가되면서 의식 상태가 더 정교하게 분화되기 때문이다.

발생 과정이나 출생 직후에는 이보다 훨씬 더 극심한 변화들이 일어난다. 이 시기에 관해서는 직접 실험하기가 매우 어렵기 때문에 주로 사변적인 추측에 의존하여 논의를 진행할 수밖에 없다. 그러나 생애 초기의 의식적 구별 능력이 신체와 밀접하게 관련되어 있다는 것만은 분명한 사실이다. 이 시기에는 뇌간의 신경 구조들이 고유감각, 근감각, 체감각, 자율신경계 등으로 이루어진 다중양식 신호를 받아들이고, 신체의 상태와 내 · 외부 환경 간의 대응 관계를 파악한다. 저자는 이 요소들을 원시자아protoself의 차원이라 부른다.[19] 원시자아에 해당하는 신체 기능은 실제 우리의 일상 속에서는 거의 자각되지 않지만, 인간 존재의 거의 모든 측면에 영향을 끼치고 있다. 사건의 중요도를 판단하는 가치 시스템도 이 시기에 형성된다. 우리의 기억은 재범주적recategorical이다. 즉 가치-범주 시스템과 지각적 범주화가 서로 지속적으로 영향을 주고받을 수 있다. 생애 초기의 이러한 원시자아는 신경 기준 공간의 중심축들을 결정할 수 있다. 이후에 형성되는 모든 기억과 외부 세계(비자기nonself[20]) 신호들은 이 중심축들과 관련된 양식과 범주에 따라서 표현된다.

언어나 고차 의식이 나타나기 전부터 일차 의식 내에서는 범주와 심상에 대한 신경 기준 공간이 만들어진다. 이러한 동역학적 구조와 일차 의식을 지니고 있다면, 동물이나 신생아도 의식적 장면을 경험할 수 있다. 물론 거기에는 내 · 외부를 구별하는 기준으로서의 자아는 존재하지 않을 것이다. 인간의 경우, 성장 과정에서 언어와 관계된 새로운 차원들이 역동적 핵심부에 통합되면서 고차 의식이 등장한다. 일차 의식이 현재의 의식적 장면을 실시간으로 형성한다면, 고차 의식은 과거와 미래의 개념을 생각과 언어로 엮어내어 새로운 형태의 심상을 만들어낸다. 또한, 사회적 상호작용은 개인에게 구별 가능하고 명명 가능한 자아를 부여한다. 자아는 일차 의식의 즉각적 경험에 접근할 수 있을 뿐만 아니라, 과거의 모든 경험이 축적되어 만들어진 개념 기반 심상에도 연결된다.

이러한 발생 과정 끝에, 인간은 비로소 자신의 의식을 의식할 수 있게 된다. 우리가 감각질에 이름을 붙이고 그들에 관해 추론할 수 있는 것은 고차적 범주화 과정이 일어나기 때문이다. 하지만 존재는 서술에 선행하므로, 감각질은 명명되지 않아도 서로 구별될 수 있다. 또한, 그 구별의 주체는 바로 의식 기저의 복잡계, 즉 구별 가능한 모든 의식 상태들이다. 따라서 발생과 경험은 역동적 핵심부의 복잡도—차원의 수 또는 구별 가능한 점의 개수—가 점진적으로 증가하는 과정과도 같다.

지금까지의 설명은 어디까지나 발견법적heuristic일 뿐, 본질적인 것은 아니다. 또한, 저자들의 이론은 감각질을 바라보는 올바른 방식을 일러줄 뿐, 감각질 자체를 대체할 수는 없다. 감각질의 정체를 완전히 이해하더라도 우리 각자는 여전히 감각질로 이루어진 의식적 장면으로부터 벗어날 수 없다. 감각질의 구별은 개인의 삶이 반영된 '경험적 필터'를 통해 이루어지기 때문이다. 이 필터의 작용에는 역동적 핵심부뿐만 아니라 무의식적 신경 과정들도 영향을 끼치고 있다. 그러므로 다음 장에서는 의식적 과정과 무의식적 과정의 상호작용에 관하여 살펴보고자 한다.

14장
의식과 무의식

정신 활동의 무의식적 측면, 예컨대 운동 루틴, 인지 루틴, 무의식적 기억, 의도, 기대 등은 의식적 경험의 형태와 진행 방향에 지대한 영향을 준다. 이 장에서는 각종 무의식적 신경 과정이 역동적 핵심부와의 상호작용을 통해 의식적 경험과 영향을 주고받는 메커니즘에 관해 살펴본다. 무의식적 신경 루틴은 역동적 핵심부에 의해 촉발되어 핵심부의 동역학적 특성을 조절함으로써 핵심부의 그 다음 상태를 결정한다. 무의식적 루틴은 운동과 인지에 모두 관여하며, 기저핵과 소뇌 등의 피질 부속기관을 지나는 기다랗고 평행한 신경 고리를 통해 발생한다. 의식적 수행은 무의식적 루틴을 순서에 맞게 내포 또는 연결시키며, 그 결과 형성된 감각운동 고리는 전역 지도의 작용에도 관여한다. 이 장의 후반부에서는 시상피질

계 내부의 고립된 신경 활동이 역동적 핵심부에 합쳐지지 않고 이와 공존하면서 핵심부의 행동에도 영향을 줄 수 있다는 내용을 소개한다. 우리는 이러한 신경생리학적 토대 위에서 무의식적 과정이 역동적 핵심부를 변화시켜 의식적 경험에 관여하는 메커니즘과 역동적 핵심부의 활동이 무의식적 과정의 연결 상태를 바꾸어 학습된 자동적 루틴에 영향을 주는 메커니즘을 함께 이해할 수 있다.

역동적 핵심부 가설은 의식적 경험 기저의 신경 과정이 이떤 형태인지를 알려줄 뿐만 아니라, 의식적 과정과 무의식적 과정을 구분하기 위한 기준을 제공한다는 점에서 발견법적인 유용성을 지니고 있다. 예를 들어, 혈압 조절을 담당하는 신경 과정이 의식적 경험에 관여하지도 않고 관여할 수도 없는 것은 그 뉴런들이 역동적 핵심부에 속해 있지 않으며, 그렇다고 해서 그들 스스로 충분한 복잡도를 가진 통합된 신경 공간을 만들지도 못하기 때문이다. 실제로 혈압을 조절하는 신경회로는 단순한 반사궁Reflex Arc 형태로 되어 있다.

역동적 핵심부와 기능적으로 격리되어 있는 신경회로에 변화를 가하면, 그 영향은 국소적인 범위에만 머물 뿐 시상피질계의 상호작용 전반에 이르지는 못한다. 우리의 척수, 뇌간, 시상하부에서는 이러한 기능적으로 격리된 반사Reflex-Like 회로들이 매우 중요한 생물학적 기능을 수행하고 있다. 그러나 이 회로들은 역동적 핵심부와의 기능적 관계가 완전히 끊어져 있다. 따라서 이들의 신경 활동은 무의식의 영역에 머무를 수밖에 없을뿐더러, 의식적으로 관찰하거나 통제하는 것이 불가능하다. 단, 신경 활동의 무의식적 매개 변수 중 일부를 의식적으로 관찰하는 바이오피드백 훈련을 실시하면 이 회로들을 의식적 통제하에 두는 것이 가능한 경우도 있다.[1]

의식적 경험은 무의식적 과정의 바다 위를 그저 자유롭게 떠다니고 있는 것이 아니다. 의식적 과정과 무의식적 과정은 서로 늘 영향을 주고받고 있기 때문에, 그 둘을 명확히 분리하기란 불가능하다. 실제로도 수많은 연구들이 지각 · 행위 · 생각 · 감정 등의 기능을 수행하는 과정에서 의식과 무의식이 지속적으로 정보를 주고받고 있음을 예증하고 있다. 악기 연주가 가장 간단한 예시다. 연주자 자신이 리듬을 변화시키거나 연주 중의 실수에 대응하려고 의식적 지시를 내리지 않는 한, 연주자의 손가락은 의식적 통제 없이 움직인다. 이 장에서 우리는 의식과 영향을 주고받는 여러 무의식적 신경 과정의 신경생리학적 기반에 대해 살펴볼 것이다. 이들의 해부학적 위치는 어디인지, 이들이 역동적 핵심부와 기능적으로 연결되어 있음에도 불구하고 어째서 의식에 포함되지 않는지 등이 논의된다. 두뇌 동역학의 기본 원리에 대한 우리의 이해는 아직도 걸음마 단계에 불과하다. 그렇기 때문에 저자들의 설명 역시 개괄적인 수준에 그칠 수밖에 없다. 따라서 저자들은 역동적 핵심부 가설에 기반하여 의식적 과정과 무의식적 과정 사이의 상호작용의 양상을 서술하는 것을 이 장의 주요 목표로 삼고자 한다.

무의식과 관련된 논의는 사변적 영역에 빠지기가 쉽다. 이를 막기 위해 우리는 무의식의 여러 측면 가운데 심리학적으로는 의미가 있더라도 신경생리학과는 동떨어져 있는 것들, 예를 들면 기대, 의도, 놀람이나 기대 위반Violation of Expectation 등의 무의식적 맥락이 의식에 미치는 영향, 주의의 의식적 · 무의식적 조절, 프로이트적 무의식의 해부학적 기제와 메커니즘 등에 관해서는 다루지 않을 것이다.[2] 지금 우리가 보유한 지식 수준에서는 각 과정에 대한 기계론적 설명을 자세하게 서술하기보다 이들을 신경생리학적으로 설명하기 위한 포괄적인 학문의 기틀을 구축하는 것이 더 바람직하기 때문이다.

출력 단자

의식적 과정과 무의식적 과정의 상호작용을 이해하기 위해, 역동적 핵심부의 특정 부위에 입출력을 위한 단자port, 다시 말해 입출력 연결로들이 존재한다고 상상해보자. 역동적 핵심부의 신경집단 가운데 핵심부 바깥의 뉴런들과도 상호작용하는 집단이 있다면, 이들은 상호작용의 방향성에 따라 출력 단자Ports Out나 입력 단자Ports In로 간주될 수 있다.

제일 먼저 살펴볼 것은 역동적 핵심부의 출력부가 무의식적 신경 과정을 촉발하는 메커니즘이다(무의식적 신경 과정이나 회로는 의식적 경험에 직접 관여하지 않는 신경회로를 가리킨다.). 우리가 잔을 집기 위해 손을 뻗을 때 기저핵, 소뇌, 피질하 운동핵, 운동피질 등에 존재하는 수많은 신경 과정이 활성화된다. 이 과정들은 근육이 수축되는 시점을 세밀하게 조정하고, 근육과 관절의 협응을 이끌어내며, 유리잔의 크기에 맞게 손목과 손가락을 움직이고, 유리잔의 무게와 균형을 맞추기 위해 자세를 가다듬는 등, 원하는 행위를 부드럽게 수행하기 위해 필요한 갖가지 동작을 수행한다(이것은 8장에서 소개한 전역 지도와도 관련 있다.). 우리는 이 세부 과정의 대부분을 의식하지 못하며, 그것이 우리에게 바람직하기도 하다. 이는 전시 상황에서 대통령이나 내각이 함대의 배치를 명령하는 상황과도 비슷하다. 대통령은 함대가 어디에, 언제, 왜 배치되어야 하는지 알아야 하겠지만, 함대와 항해사의 소집 과정이나 갑판과 무기고의 적재 상황 등을 일일이 다 알 필요는 없다.

운동과 관련된 무의식적 신경회로를 의식적으로 실행할 수 있다는 것은, 이 회로와 핵심부를 연결하는 '출력 단자'가 존재함을 뜻한다. 저자는 그 단자가 피질의 특정 층에 존재할 거라고 추측한다. 실제로 운동영역과 전운동영역의 6개의 층 가운데 V층 뉴런들은 핵심부의 출력 단자를 구성하기에 알맞은 해부학적 특성을 지니고 있다. V층 뉴런들은 VI층과 연결되어 있어 다른 핵심부 영역들과 재유입 회로를 형성할 수 있을 뿐만 아니라, 시상피질계 외부로도 축삭을 뻗고 있어 운동 반응기effector—척수의 운동 뉴런—에 직간접적으로 연결되어 있다. 행위에 관한 의식적 결정은 이러한 경로를 통해 손의 움직임과 같은 운동 출력을 일으킬 수 있다.

물론 이에 대해서는 다음과 같은 의문점이 있을 수 있다. 역동적 핵심부는 구성 요소 간의 상호작용에 의해 정의된다. 만일 핵심부의 일부인 운동영역 또는 전운동영역의 V층 뉴런이[3] 척수 운동 뉴런을 자극함으로써 출력 단자로 기능한다면, 어째서 척수 운동 뉴런은 핵심부에 속하지 않는 것일까? 그 이유는 의외로 간단하다. 이는 역동적 핵심부와 운동 뉴런의 상호작용이 단방향적이기 때문이다. 핵심부의 발화 패턴이 변화하면 운동 뉴런의 발화도 변화하고, 그로 인해 행동 출력이 일어난다. 그러나 운동 뉴런의 발화는 핵심부에 거의 아무런 변화도 일으키지 못한다. 척수의 운동 뉴런을 자극하면 근육의 움직임은 변하겠지만, 핵심부의 전역적 상태는 달라지지 않는다. 물론 감각 입력이 달라져서 행동 출력의 결과물이 의식될 수는 있겠지만, 이는 어디까지나 간접적인 효과에 불과하다.

입력 단자

이번에는 무의식적 신경 과정이 핵심부에 영향을 주는 원리에 관하여 살펴보자. 가장 간단한 예시는 감각 말단Sensory Periphery에서 발생하는 무의식적 신경 활동이다.[4] 우리의 의식이 일관적이고 안정적이며 의미로 가득한 시각적 장면을 지각하는 동안, 망막을 비롯한 시각계의 하층부에서는 우리가 의식하지 못하는 엄청나게 다양한 신경 활동이 발생한다. 우리가 빛의 밝기에 적응하거나 빛의 대비에 민감하게 반응하고, 움직임의 일관성을 판단하고, 테두리를 감지하고, 물체와 물체 또는 물체와 배경을 분리하고, 색채 항등성 원리에 따라 물체의 색을 파악하며, 물체의 재인recognition에 필요한 다양한 불변적 · 추상적 특징을 위치 · 방향 · 크기와 무관하게 추출할 수 있는 것은 이러한 무의식적 신경 활동의 작용 때문이다. 간단히 말해, 무의식적 신경 활동은 지각물이 외부 환경의 속성을 반영하도록 만든다. 이는 언어 처리를 비롯한 여러 감각 과정의 경우에도 마찬가지다.

그런데 우리는 왜 감각 말단 뉴런의 모든 활동 변화나 상호작용이 아닌, 그 결과물 가운데서도 특정 측면만을 의식할 수 있는 것일까? 예를 들어, 우리는 망막 원추세포의 활동이 아닌 사물의 색깔만을 자각할 수 있다. 운동 뉴런과는 달리 감각 뉴런의 발화는 역동적 핵심부에도 영향을 끼치며, 궁극적으로는 지각물의 내용을 결정한다. 이 신경 과정들이 역동적 핵심부를 변화시킬 수 있다면, 왜 이들은 역동적 핵심부에 속하지 않는 것일까? 그에 대한 답은 이번에도 간단하지만, 조금 더 곱씹어볼 필요가 있다. 망막과 시각계 하층부의 뉴런 연결망에서는 신경 활동의 여파가 멀리 퍼지지 않고 해당 영역에 국한된다. 이들의 상호작용은 마치 작전 중인 함대의 각 함선 간 레이더 통신과도 같다. 작전을 수행하는 과정에서 각 함선들은 바쁘게 통신을 주고받는다. 하지만 그 내용 중 어느 하나도 대통령의 귀에 들어가지는 않는다. 대통령은 함대의 대략적인 위치와 향후 계획을 아는 것만으로도 충분하다.

마찬가지로, 망막 뉴런이 피질 뉴런을 발화시켜 빨간색이 지각되는 과정에서 가장 중요한 것은, 피질의 적색 선택성 뉴런이 발화했다는 사실이다. 그러므로 이 적색 선택성 신경집단은 역동적 핵심부의 입력 단자로 간주될 수 있다. 이들은 핵심부 바깥의 국소적 신경 과정들의 신호를 수용하여 환경의 변화에 반응할 수 있을뿐더러, 시상피질계 전반—핵심부 전체—에 영향을 미칠 수도 있다. 감각기관이 받아들인 정보는 입력 단자를 거치지 않는 한 핵심부에 도달할 수 없다. 핵심부 신경집단이 변화하지 않는 이상, 감각 말단 뉴런의 영향은 국소적 수준에 머무를 수밖에 없다.

운동과 인지 루틴

지금까지 우리는 역동적 핵심부와 정보적으로 분리된 감각 말단과 운동 말단Motor Periphery의 무의식적 신경 과정이 어떻게 핵심부에 영향을 주고(입력 단자)받는지(출력 단자) 살펴보았다. 하지만 아직 소개되지 않은, 전혀 다른 종류의 무의식적 신경 과정이 하나 더 있다. 이들은 핵심부의 입력부와 출력부에 동시에 연결되어 있으며, 감각 또는 운동 말단과는 선택적으로 연결되어 있다.

무언가를 말할 때 우리는 하고 싶은 말의 요지만을 대강 떠올릴 뿐, 정확히 어떤 단어를 사용할지는 알지 못한다. 하지만 다행스럽게도 우리가 말을 하기 바로 직전에 마음속에서는 올바른 소리와 의미를 지닌, 때와 장소에 알맞은 단어가 떠오른다. 이처럼 우리 뇌는 무의식적 루틴을 통해 적합한 단어를 찾거나 문법을 점검한다. 만일 이 작업들이 의식적이었다면, 언어란 의식에 어마어마한 부담을 주는, 수행하기가 거의 불가능한 과제였을 것이다. 프랑스 심리학자 M. V. 에거M. V. Egger는 자신의 책 『내면의 언어La Parole Interieure』에서 다음과 같이 말했다.[5] "말을 하기 전에는 자신이 무슨 말을 하려 하는지 거의 알지 못한다. 하지만 말을 내뱉고 나면 그 사람의 마음은 자신이 성공적으로 말했다는 사실에 대한 경이와 놀라움으로 가득 찬다." 영국 소설가 E. M. 포스터E. M. Foster의 소설 『하워즈 엔드Howards End』에는 이런 문장이 나온다. "내가 내 말을 직접 듣지 않는 이상 내 생각을 어떻게 알겠어요?" 핵심부의 의식 상태가 전환되는 와중에도 언어와 관련된 무의식적 루틴과 하위 루틴subroutine들은 계속해서 올바른 단어를 찾고, 문법을 점검하고, 그 결과를 의식에게 전달하는 작업을 수행하고 있다.

말할 때나 글을 쓸 때, 악기를 연주할 때나 체력을 단련할 때, 운전이나 암산을 할 때, 식탁을 차릴 때, 심지어 가만히 앉아 생각의 흐름을 좇을 때도, 의식은 무의식의 보조를 받고 있다. 〈그림 14.1〉에는 역동적 핵심부와 무의식적 신경 루틴 사이의 관계가 도식적으로 표현되어 있다. 무의식적 루틴은 핵심부의 입출력 단자와 연결되어 있다. 핵심부의 상태에 따라 특정한 루틴이 실행되고, 그 결과물은 핵심부에 전달되어 의식 상태의 전환을 돕는다(단, 이것이 반드시 눈에 보이는 운동 출력을 낳는 것은 아니다.). 운동 말단이나 감각 말단의 신경 과정과 마찬가지로, 이 루틴들은 의식적 경험의 진행에 커다란 영향을 주지만, 그들이 직접 의식적 경험을 유발하지는 못한다. 이들은 입출력 단자를 통해 핵심부와 맞닿아 있기는 하지만, 핵심부를 이루는 전역적 상호작용에 직접 참여하지는 않는다.

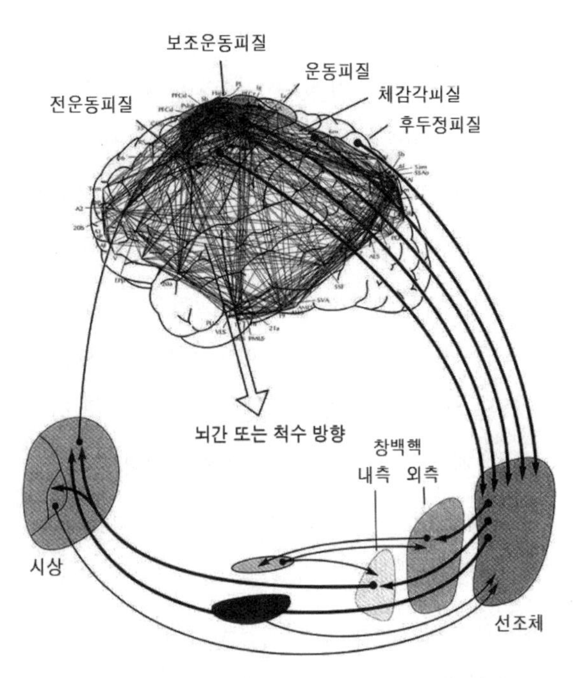

〈그림 14.1〉 의식적 과정과 무의식적 과정을 조율하는 구조와 연결로 피질과 시상의 미세한 그물망은 역동적 핵심부에 해당한다. 역동적 핵심부가 기능적으로 고립된 루틴을 활성화하면, 피질에서 단방향적인 다시냅스성 평행 경로가 뻗어 나와 기저핵과 시상을 지나 피질로 다시 돌아온다. 흰색 화살표는 운동 출력을 조절하는 뇌간과 척수 방향 연결로를 나타낸다.

핵심부 내부의 신경 상호작용은 분쟁 중인 각국의 최고위 외교관들이 벌이는 비공개 회담과도 같다. 회담의 내용은 어디까지나 회의실 속 외교관들의 대화에 의해 결정된다. 하지만 회의가 진행되는 동안 외교관들은 휴대폰을 통해 자국의 정부 관료들과 개별적으로 연락을 주고받는다. 이때 정부 관료는 무의식적 루틴에 해당한다. 외교관들이 합의문을 발표하기 전에 이들은 반드시 본국의 관료들과 연락하여 지침을 하달받거나 기술적 문제의 유무를 확인해야 한다. 외교관과 관료들 사이에는 고립적인 방식으로 정보가 교환된다. 양국 관료들 사이에는 아무런 의사소통이 일어나지 않으며, 심지어 같은 정부 내에서도 여러 관료들은 별다른 소통을 하지 않는다. 그럼에도 불구하고 외교관과 관료 사이의 대화는 회담의 내용에 영향을 미칠 수 있다.

긴 고리 회로와 인지 루틴

이번에는 자동적 루틴과 하위 루틴의 신경해부학적 · 신경생리학적 기반에 관해 알아보자. 이 루틴들은 시상피질계로부터 뻗어 나와 기저핵과 소뇌 등의 피질 부속기관을 지나 시상피질계로 되돌아가는 다시냅스성 고리들로 이루어져 있다. 편의를 위해 이 책에서는 주로 기저핵의 역할을 살펴보겠지만, 소뇌의 루틴도 그 기능은 유사할 것으로 생각된다.[6]

4장에서 언급했듯, 기저핵은 전뇌forebrain 아래에 존재하는 거대 신경핵 집단이다. 기저핵은 시상피질계와 함께 진화하였으나, 그 연결 구조는 시상피질계와는 전혀 다르다. 기저핵의 각 영역은 서로 독립적이고 평행한, 긴 고리 모양의 회로들로 연결되어 있다. 후술하겠지만, 기저핵이 자신의 기능을 무의식적으로 수행하기 위해서는 이러한 구조가 반드시 필요하다. 기저핵의 입력부인 선조체striatum는 다양한 피질 영역의 V층 뉴런으로부터 신호를 투사받는다(그림 14.1). 그러나 일반적인 피질-피질 연결이나 시상-피질 연결과는 달리, 선조체가 거꾸로 피질에 투사하지는 않으며, 창백핵pallidum 등 기저핵의 다른 부분들로만 축삭을 뻗고 있다. 이 회로는 두 영역을 양방향으로 연결하는 것이 아니라, 단방향적 피드포워드feedforward 방식으로만 조직되어 있다. 기저핵의 출력부인 내측 창백핵은 처리된 신호를 시상을 거쳐 피질에 되돌려보낸다. 특이하게도 기저핵의 각 부분은 특정 피질 영역과 대응된다. 그래서 내측 창백핵은 전체 피질이 아닌 운동 · 전운동 · 전전두 · 측두피질의 일부 영역에만 투사하고 있다.[7]

피질에서 시작되어 기저핵과 시상을 지나 다시 피질로 돌아가는 이 일련의 시냅스 고리는 시상피질계 신경집단의 양방향적 재유입 고리와는 전혀 다르다. 첫째, 이 회로들은 긴 고리 모양으로 되어 있으며 여러 시냅스 단계로 이루어져 있다. 둘째, 이들은 단방향적이며 재유입이 일어나지 않는다. 셋째, 이 회로는 하나의 피질 영역에서 뻗어 나와 다시 그 영역으로 돌아간다. 이러한 평행 구조는 회로들 간의 상호작용을 최소화하기에 특히 적합하다. 이러한 모습은 미로마냥 얽혀 있어 수천 개의 신경집단이 한꺼번에 상호작용하는 시상피질계의 재유입 회로와는 사뭇 대조적이다.

최근의 한 기록 연구에서도 기저핵 내부의 기능적 연결 상태가 시상피질계와는 본질적으로 다르다는 것이 밝혀졌다.[8] 원숭이를 대상으로 한 이 실험에서, 시상과 피질의 경우 임의의 두 뉴런의 활동이 동기화되어 있을 확률이 20~50%에 달했다. 그러나 기저핵의 출력부인 담창구Globus Pallidus의 뉴런 간에는 상관관계가 전무했다. 이는 시상피질계와 기저핵의 구조적 차이를 보여준다. 요컨대 시상피질계는 재유입 상호작용이 일어나기 때문에 여러 영역 간에 광범위한 결맞음이 출현하기에 적합한 반면, 기저핵은 서로 독립된 평행 회로들로 조직되어 있기 때문에 피질에서와 같은 영역별 정보 교환이 일어나지 않는다.

위 결과는 기저핵의 신경 활동이 시상피질계와는 상당히 다른 조직화 패턴을 보인다는 저자들의 가설과도 일치한다. 기저핵 고리들은 상호작용하지 않기 때문에 기능적 군집을 이룰 수 없다. 이 고리들의 순차적 활동은 이따금씩 역동적 핵심부의 입출력 단자와 접촉할 때를 제외하고는 핵심부와 거의 항상 분리되어 있다. 기저핵 고리 중 하나를 인위적으로 자극하더라도 핵심부 상태는 바뀌지 않으며, 그 영향은 해당 고리 내부의 국소적인 변화에 그칠 뿐이다. 해당 자극이 전체 핵심부에 영향을 주려면 여러 시냅스 단계를 거쳐 하나 이상의 핵심부의 입력 단자를 활성화시켜야 한다.

그렇기 때문에 기저핵의 기다란 단방향적 평행 고리 구조는 독립된 무의식적 신경 루틴 또는 하위 루틴들을 구현하기에 아주 적합하다. 무의식적 루틴은 핵심부의 특정 출력 단자에 의해 실행되어, 빠르고 효율적이되 국소적이고 고립된 방식으로 작업을 수행하고, 그 결과물을 핵심부의 입력 단자에 되돌려보낸다.[9]

기저핵(또는 소뇌)의 평행 고리들이 신경 루틴의 수립과 실행에 관련되어 있다는 것 자체는 그다지 새로운 주장이 아니다. 실제로 기저핵이 순차적 운동 행위의 학습과 실행에 관여한다는 것은 실험적으로 증명되어 있다[10](원숭이의 기저핵 뉴런은 피질과 마찬가지로 학습된 동작에 따라 선택적으로 발화한다.[11]). 저자들이 주장하고자 하는 것은, 그러한 루틴들이 '무의식적으로' 수행되는 이유가 기저핵 회로의 일반적인 구조—입출력 단자를 통해서만 역동적 핵심부와 연결되는 기능적으로 고립된 구조—와 모종의 관계가 있다는 것이다.

이는 여러 중요한 시사점을 지니고 있다. 최근 들어 기저핵 회로가 운동뿐만 아니라 각종 인지 기능과도 연관되어 있다는 증거들이 속속 등장하고 있다. 따라서 우리는 운동 루틴이 자동적 행동을 수행하는 것처럼 언어, 생각, 계획 등과 관련해서도 이를 수행하는 '인지 루틴'이 존재할 거라 추측할 수 있다. 운동 루틴과 같은 이유로, 인지 루틴 역시 의식될 수 없다. 핵심부의 출력 단자가 인지 루틴을 실행하면 기저핵 고리를 따라 신호가 처리되고, 그 결과물이 입력 단자를 활성 또는 억제시킨다. 그렇게 루틴의 결과물이 전체 핵심부에 전달되고 나야 우리는 그것을 의식할 수 있다.

기저핵 내부나 기저핵과 피질의 경계에 존재하는 여러 신경 메커니즘은 승자독식적Winner-Take-All 경쟁을 벌이는 것으로 추정된다. 다시 말해, 여러 평행 루틴 가운데 오직 하나의 루틴만이 핵심부와 기능적 연결을 맺는다는 것이다. 그래서 우리는 이전의 생각이나 행동을 끝마친 뒤에야 새로운 생각이나 행동을 시작할 수 있다. 이는 우리의 생각과 행동이 순차성과 통합성을 지닌 까닭이기도 하다.

전역 지도와 학습

일련의 운동 기능이나 인지 기능을 수행하기 위해서는 독립된 기본 루틴Elementary Routine을 연결 또는 내포시키는 신경 과정이 필요하다. '기본 루틴'이란 신경 신호가 기저핵 회로를 한 바퀴 도는 것을 뜻한다. 일반적으로 피질 부속기관의 회로를 한 바퀴 도는 데는 0.1~0.15초 정도가 걸리지만, 대부분의 행동이나 인지 활동은 그보다 훨씬 더 긴 시간 동안 일어난다. 우리의 행동은 매우 섬세한 일련의 동작들로 구성되어 있다. 예를 들어, 피아니스트들은 새로운 곡을 익힐 때 한 마디씩 연습한 뒤에 그 마디들을 이어붙인다. 이때 여러 루틴을 하나로 연결하고 내포하는 특정한 신경 메커니즘이 있다는 것이 저자들의 주장이다.

루틴을 내포하려면 기저핵이나 피질 단계에서 여러 고리 간의 연결로가 수립되어야 한다. 역동적 핵심부는 막대한 연상 능력 Associative Capability을 지니고 있으므로, 기존의 무의식적 루틴을 특정한 순서로 연결하거나 계층적으로 조직하기에 아주 적합하다. 새로운 곡을 익히는 피아니스트가 각 마디를 연결할 때 벌어지는 현상이 바로 이것이다. 역동적 핵심부는 막대한 수의 무의식적 루틴들에 접근할 수 있다. 핵심부는 이 접근권을 활용하여 루틴들이 특정한 순서로 일어날 수 있도록 조율하고, 통합된 감각운동 고리들이 매끄럽게 수행되게끔 한다. 이 감각운동 고리들은 악기 연주자들이 악보를 보거나 외워서 연주할 때, 심지어 머릿속으로 예행연습을 할 때도 활성화된다.

이 감각운동 고리들은 전역 지도의 일부이기도 하다. 전역 지도는 다양한 피질 지도와 피질 부속기관으로 구성된 동적 구조체다. 전역 지도의 활동은 여러 고리 회로를 순환하면서 감각 신호와 몸의 움직임 사이에 상관관계를 형성한다. 전역 지도는 운동과 감각에 대하여 지속적으로 일어나는 무의식적 예행연습에 의해 유지되거나 변화하기도 한다. 그렇다면 전역 지도와 의식의 신경 기반 사이에는 어떠한 관련이 있을까? 감각운동 행위를 수행하는 무의식적 루틴이 입출력 단자를 통해 역동적 핵심부와 연결되는 순간, 전역 지도도 함께 활성화된다. 인간의 인지 활동은 핵심부 상태가 특정한 무의식적 루틴을 실행하고, 그 루틴이 핵심부를 또 다른 상태로 이행시키는 과정의 연속이다. 물론 핵심부 상태는 감각 입력뿐만 아니라 핵심부 자체의 내재적 동역학에 의해서도 변화할 수 있

지만 말이다.[12]

이는 의식적 학습이 일어나는 과정과도 관련되어 있다. 5장에서 언급하였듯, 행동이나 생각이 자동화 · 무의식화되기 전에는 단편적인 행동이나 인지 행위를 일일이 공들여 수행해야만 하는 '의식적 통제'의 시기가 존재한다. 그 과정에서 행위들이 하나의 자동화된 '덩이'로 연결되고 나면, 별다른 주의를 기울이지 않아도 매끄럽게 실행될 수 있다.

따라서 우리는 말하기, 생각하기, 악기 연주 등 새로운 루틴을 배울 때 다음과 같은 일련의 사건이 일어난다고 상상해볼 수 있다. 첫째, 역동적 핵심부가 특정한 기본 루틴을 실행한다. 핵심부는 수많은 기저핵 회로에 대한 접근 권한을 지니고 있으며, 이 접근 권한은 계층적으로 배열되어 있을 것으로 추측된다(악기를 연주하고자 하는 의도가 생겼을 때 활성화되는 신경집단, 자세를 조정하기 위해서 활성화되는 신경집단, 손가락을 움직여 특정 건반을 누르는 신경집단은 모두 다르다.). 핵심부의 통제하에서 몇 번의 반복을 거치고 나면 루틴들은 점점 더 효과적으로 수행되며 오류 역시 줄어드는데, 이는 루틴을 수행하기 위해 선택된 다시냅스성 회로들이 기능적으로 고립되기 때문이다.[13] 회로가 기능적으로 고립된다는 것은 루틴의 실행을 관장하는 뇌 부위가 줄어드는 것을 뜻한다. 이러한 기능적 고립은 회로 내의 신경 상호작용을 최적화하여 뇌의 작동을 효율화한다.

둘째, 의식적 통제가 갖가지 연결망을 형성하여 무의식적 루틴들의 협응을 이끌어낸다. 역동적 핵심부는 다양한 정보에 접근할 수 있고 맥락에 민감하게 반응한다는 점에서 여러 기저핵 고리 간에 고차적 연결을 형성하기에 매우 적합하다. 핵심부는 루틴 간의 전환을 조율함으로써 특정한 전환 방식이 더 선호되도록 만들 수 있다.

고리와 회로의 기능적 고립은 가치 시스템, 그중에서도 도파민성 시스템Dopaminergic System의 발화에 의한 기저핵 회로의 강화를 통해 이루어진다. 가치 시스템은 기저핵과 피질 영역을 동시에 자극할 수 있으며, 보상이 행동을 강화할 때 발화하고 행동이 습득된 이후에는 발화하지 않는다.[14] 따라서 우리는 가치 시스템의 발화가 루틴 간의 시냅스 연결을 강화하는 핵심 메커니즘 가운데 하나라는 것을 추측할 수 있다. 가치 시스템은 의식적 학습 과정에서 과제와 관련된 전역 지도를 구성 또는 연결시킨다. 그 결과, 학습이 끝난 후에는 무의식적 감각운동 고리들이 별다른 노력 없이도 매끄럽고, 빠르고, 정확하게 실행될 수 있다.

강박 장애Obsessive Compulsive Disorder와 같은 정신 질환도 특정한 루틴이 너무 자주 촉발되기 때문으로 해석될 수 있다. 강박증 환자의 머릿속에서는 특정한 생각이나 행위에 대한 욕구가 자꾸만 의식에 끼어든다. 이러한 강박과 충동은 환자 스스로가 의도한 것이 아니고 감정적 불쾌감을 자아낸다는 점에서 자아 이질적Ego-Dystonic이라 말할 수 있다. 이는 마치 핵심부의 특정 입출력 단자가 비정상적으로 개방되어서 무의식적 루틴이 강제로 의식에 개입하는 것처럼 보인다. 한편, 파킨슨병의 경우 기저핵 내부의 도파민 자극이 줄어듦에 따라 기저핵 고리들의 독립성이 사라진 것으로 해석할 수 있다.[15] 모든 근육이 동시에 수축하면 강직성 마비Spastic Paralysis가 발생하는 것처럼, 여러 루틴이 한꺼번에 활성화되면서 '실행성 마비Executive Paralysis'가 일어나는 것이다. 파킨슨병의 실행성 마비가 행동뿐만 아니라 생각까지도 느리게, 심지어 멈추게 할 수 있다는 점 역시 흥미롭다.

이 책에서는 기저핵과 관련된 상호작용만을 다루었지만, 소뇌에도 이와 유사한 관계가 존재할 것으로 예상된다. 몸의 움직임은 기타 피질 부속기관의 구조와 기능에 의해서도 수행 또는 조정될 수 있다. 의식적 활동과 무의식적 활동의 관계를 온전히 이해하기 위해서는 모든 구조들의 기능적 상호작용을 전부 파악해야 할 것으로 보인다.

시상피질계의 분열: 조각난 핵심부는 존재할 수 있는가

마지막으로 살펴볼 무의식적 신경 과정은 피질 부속기관이 아닌 시상피질계 내부에 존재하고 있다. 이들은 바로 구조적 또는 기능적 절단 때문에 역동적 핵심부에 포함되지 못한 시상피질계의 영역 혹은 신경집단이다. 앞서 저자들은 1차 감각영역이나 1차 운동영역 내부에 입출력 단자를 통해서만 역동적 핵심부와 연결된 부분이 있을 거라 추측한 바 있다. 하지만 여기서 우리가 말하고자 하는 것은 일반적으로는 핵심부의 일부를 이루다가 특정한 조건하에서만 기능적으로 고립되는 신경집단이다. 과연 시상피질계 내에 둘 이상의 기능적 군집이 존재할 수 있을까? 시상피질계라는 '대륙'에서 일부 신경집단이 떨어져 나가 섬을 이룬 채로 활동하는 것이 가능할까?

현재 우리의 지식 수준으로는 이 질문에 대해 확실하게 답할 수 없다. 단, 우리는 3장에서 소개한 여러 증후군의 기저에 이러한 구조적 · 기능적 절단이 자리하고 있다는 사실에 주목할 필요가 있다. 히스테리성 실명 환자는 눈앞의 장애물들을 모두 피하면서도 아무것도 보이지 않는다고 말한다. 어쩌면 이들의 뇌 속에서는 (시각영역의 일부가 포함된) 작은 기능적 군집이 역동적 핵심부와 병합되지 않은 채로 자율적으로 활동하면서 기저핵 운동 루틴을 실행하는 것일지도 모른다. 뇌량이 절단된 분리뇌 환자의 뇌에도 최소한 두 개의 기능적 군집이 존재하는 것으로 추측된다.

시상피질계 영역 중 일부가 '조각난 핵심부Splinter Core'를 이루어 자율적으로 기능하면서 역동적 핵심부와 공존할 수 있다면, 우리는 다음 질문들을 떠올려볼 수 있다. 만약 당신이 어떠한 목표를 의식적 · 의도적으로 세운 뒤 그것을 일상 속에서 간간이 떠올린다면, 그 목표에 해당하는 신경회로는 평상시에는 비활성화되어 있다가 활성화될 때만 의식에 영향을 주는 것일까, 아니면 이들 역시 자율적으로 활성화되어 있지만 역동적 핵심부에 합쳐지지 않기 때문에 의식되지 않는 것일까? 심리학적 무의식—지그문트 프로이트가 지적한 '정신병'의 공통적 특징—의 기저에 혹시 이 기능적으로 고립되어 활동하는 시상-피질 회로가 있는 것은 아닐까? 그렇다면 억압repression이 이 신경회로들을 형성하는 것일까? 이들이 스스로 기저핵 루틴을 실행하는 것이 가능할까? 혹 이들이 말실수나 행위실수Action Slip 등의 현상과 모종의 관계가 있을까? 이 질문들에 답하기 위해서는 많은 연구가 수행되어야 함은 물론, 핵심부의 활동이나 기타 피질 부속기관의 상호작용을 실제로 측정하는 실험 기법이 개발되어야 한다. 그 과정에서 의식 상태의 기저에 역동적 핵심부가 있으며 무의식적 루틴들이 핵심부와 연결되어 있다는 저자들의 가설이 유용한 개념적 토대로 활용되기를 기대한다.

제 6 부
관찰자의 시간

6부에서는 인간의 삶과 직결된 의식적 현상학의 풍부함에 관해 살펴본다. 지금까지 우리는 일차 의식의 필수적인 신경 메커니즘과 진화적 기원을 논하고, 의식적 경험의 신경학적 기반에 대하여 가설을 세우기도 했으나 언어나 생각, 지식의 한계 등 고차 의식에 기초한 개념들을 명시적으로 다루지는 않았다. 세계의 매듭을 풀기 위해서는, 아니, 최소한 덜 복잡하게라도 만들기 위해서는, 이 책을 마무리하기 전에 고차 의식에 관한 논제들을 짚고 넘어가야 한다. 고차 의식과 관련된 논의는 과학 또는 철학 전반과도 얽혀 있으며, 의식의 과학이 무엇을 알려줄 수 있고 무엇을 알려줄 수 없는지에 관해서도 중요한 통찰을 가져다준다.

고차 의식은 의식과 관련된 신경 과정의 속성을 과학적으로 연구하기 위해서 반드시 다루어야 하는 문제다. 우리는 의식적 인간이기 때문에 고차 의식에서 벗어나 즉각적 사건으로만 이루어진 일차 의식만을 경험하는 것이 불가능하다. 어쩌면 일차 의식만 남은 그 상태가 바로 일부 종교 수행자들이 도달하고자 하는 목표일지도 모른다. 우리는 고차 의식과 관련된 몇 가지 주제들—언어, 자아, 생각, 정보의 기원, '앎'의 기원과 범위—에 대해 간략히 살펴본다. 그 과정에서 우리는 자신의 의식적 과정에 관해 보고하는 과학적 관찰자로부터 무엇을 알아낼 수 있는지도 알게 될 것이다. 바야흐로 관찰자의 시간이 도래한 것이다.

15장

언어와 자아

이 장에서는 인간의 의식적 삶과 관련된 여러 논제들을 새로운 시각에서 재조명하고, 이들이 철학이나 과학과는 어떠한 관련이 있는지, 의식의 과학이 무엇을 알려줄 수 있는지도 살펴본다. 인간의 뇌에서 고차 의식이 출현한 것은 언어와 관련된 신경학적 변화가 발생했기 때문이다. 따라서 우리는 언어의 진화에 관해 들여다볼 필요가 있다. 고차 의식이 출현하고 나면, 사회적 · 감정적 관계가 자아를 구성한다. 자아는 자의식을 지닌 행위자인 '주체'를 만들어낸다. 자아의 개인성은 일차 의식을 가진 동물의 생물학적 개인성과는 질적으로 다르다. 자아는 현상학적 경험을 더욱 정교하게 다듬어, 감각적 느낌을 생각, 문화, 믿음과 연결 짓는다. 자아는 상상을 자유케 하여 '은유'라는 거대한 지평을 열었다. 자아를 통

해 우리는 의식을 유지한 채로 기억된 현재의 족쇄로부터 잠깐이나마 벗어날 수 있다. 일차 의식과 고차 의식의 청사진을 이어붙이면 자각의 지속성, 자아, 이야기 · 계획 · 소설의 구성이라는 인간 지성의 세 가지 미스터리를 해결할 수 있다.

고차 의식은 어떠한 뇌 구조와 관련이 있을까?(그림 15.1) 일차 의식을 가진 동물은 '심상'을 만들어낼 수 있다. 심상은 역동적 핵심부 내의 통합된 재유입 신경활동에 의해 형성되는 의식적 장면이다. 심상의 내용물은 외부 환경의 사건에 의해 상당 부분 결정되며, 그 외에 무의식적인 피질하 활동도 약간의 영향을 준다. 일차 의식만을 가진 동물은 '생물학적 개인성'은 있을지라도 진정한 의미의 자아는 없다. 즉, 스스로를 자각하지 못한다. 이들은 역동적 핵심부가 만들어내는 '기억된 현재'를 경험하지만, 과거나 미래에 대해서는 알지 못한다. 과거와 미래의 개념은 인간이 진화 과정에서 의미론적 능력—상징을 사용하여 느낌을 표현하고 사물이나 사건을 지시하는 능력—을 습득한 후에야 비로소 탄생했다. 또한, 고차 의식은 사회적 상호작용을 수반한다. 호모 사피엔스의 조상들이 구문syntax에 기초한 언어 능력을 갖추고 공동체의 다른 구성원과 대화를 주고받기 시작하면서 고차 의식은 비로소 그 꽃을 피웠다. 새로운 상징 구성 수단인 구문론과 의미론 체계는 고차 의식을 조절하는 새로운 기억 체계를 탄생시켰고, 그 결과 인간은 스스로의 의식을 의식할 수 있게 되었다.

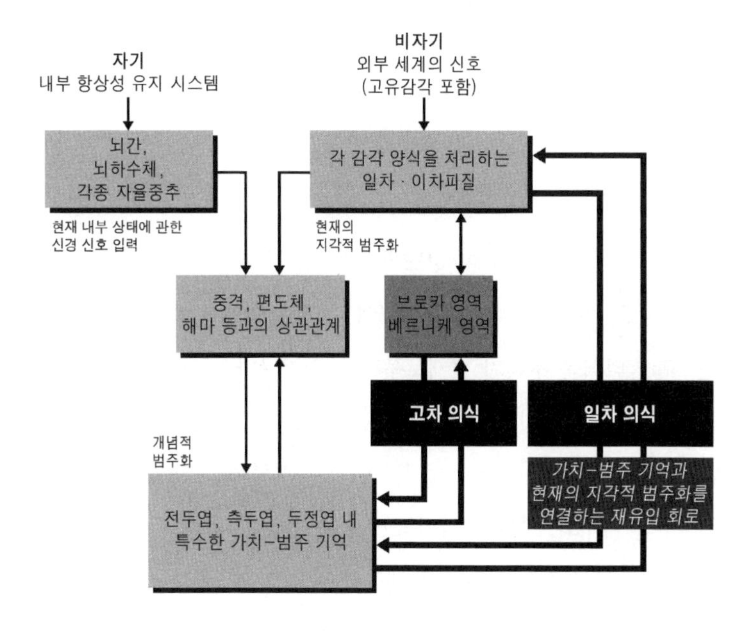

〈그림 15.1〉 고차 의식의 모식도(〈그림 9.1〉과의 차이에 주목) 진화 과정에서 언어가 출현하면서 새로운 재유입 고리가 나타났다. 의미론적 능력과 언어적 능력이 생겨나면서 새로운 종류의 기억 체계가 만들어졌다. 이는 개념의 다양성을 폭발적으로 증가시켰고, 그 결과 일차 의식이 자아 · 과거 · 미래의 개념과 연결되었다. 즉, 스스로의 의식을 의식할 수 있게 된 것이다.

일차 의식이 그러했듯, 고차 의식의 진화 역시 특수한 재유입 연결로의 발달에 의해 이루어졌다. 그것은 바로 개념을 관장하는 영역과 언어 중추 사이의 연결이었다(그림 15.1). 언어가 탄생하자 인류는 상징을 사용하여 내적 상태, 사물, 사건 등을 지시할 수 있게 되었다. 이 상징들은 부모 자식 간의 양육적 · 정서적 관계와 같은 사회적 상호작용을 통해 습득되며, 의식과 자아를 분리시킨다. 이 서사적 능력Narrative Capability이 언어 기억과 개념 기억에까지 영향을 주면서, 고차 의식은 과거와 미래의 개념까지도 발달시킬 수 있었다.

고차 의식의 수준이 이 정도에 달하자, 인간은 기억된 현재에서 어느 정도 해방되었다. 일차 의식이 우리와 현재를 하나로 묶는다면, 고차 의식은 우리가 현재로부터 잠깐이나마 벗어날 수 있게 만든다. 이는 '과거 시간'과 '미래 시간'의 개념이 형성되면서 가능해진 일이다. 과거와 미래의 개념은 인간으로 하여금 전에 없던 복잡한 계획, 범주화, 구별을 경험하거나 기억할 수 있게 만들었고, 인간의 개념과 생각은 한결 풍성해졌다. 보상이 따를 것 같은 관계를 발전시키거나, 복수를 꿈꾸거나, 음모를 벌이는 일도 가능해졌다. 상징의 출현 역시 우리의 의식적 장면을 더욱 풍부하게 만들었다. 경험에 따라 가치 시스템을 변화시키는 신경 체계가 진화하면서, 기존의 가치는 의미 또는 의도와 새로이 연결되어 훨씬 더 폭넓은 적응성을 갖추게 되었다.

언어의 출현에 선행한 표현형적 변화를 찾는 방식으로는 언어의 진화적 기원을 파악하기 쉽지 않다. 맨 처음 인류의 조상은 일차 의식—기억된 현재 속에서 사물이나 사건을 하나의 장면으로 구성하고, 가치와 기억에 의거하여 중요도를 부여하는 능력—을 가지고 있었을 것이다. 이후 각종 형태학적 변화가 일어나면서 인간은 직립보행을 할 수 있게 되었고, 손이 물체를 잡기에 알맞은 구조로 변하면서 촉각이 발달하였으며, 두개기저골biscranium(뇌의 바로 아래쪽 뼈—역주)의 모양도 바뀌었다. 두개골의 변화는 후두larynx와 후두상 공간Supralaryngeal Space의 출현으로 이어졌으며, 인류는 동시조음적coarticulated 성음과 같은 복잡한 말소리를 만들어내는 능력을 얻게 되었다. 물론 당시에는 말과 몸짓이 의사소통에 함께 활용되었을 것으로 예상된다. 이러한 사회적 상호작용은 사냥과 번식에서도 적잖은 이점으로 작용하였을 것이다.

뇌에는 어떠한 변화가 일어났을지 살펴보자. 이 시기에는 음운론적 범주화Phonological Categorization를 수행하고 말소리를 기억하기 위한 신경 구조들이 진화하였을 것으로 추정된다. 이러한 언어 중추들이 재유입 연결로를 통해 개념을 관장하는 영역과 연결된 것이 고차 의식의 진화에 결정적인 역할을 했다. TNGS에 의하면, 뇌는 선택론적 원리를 따르므로 뇌 영역의 레퍼토리는(후두상 공간의 출현 등) 신체의 다양한 표현형적 변화에 적응하기에 충분한 가소성을 지니고 있다. 그러므로 우리는 언어의 진화를 설명하기 위해 신체의 변화와 신경계의 변화를 한꺼번에 야기하는 돌연변이를 찾을 필요가 없다(물론, 뇌가 신체의 돌연변이에 대응하여 체세포적으로 변화한 뒤에, 신경 유전자의 유익한 돌연변이가 진화적으로 누적되었을 수는 있다.).[1]

그렇다면 각 단어가 지닌 의미의 집합인 의미론Semantics은 어떻게 출현하였을까? 인류 조상의 의사소통은 보상이나 처벌과 관계된 정서적 · 감정적 요소를 포함하고 있었다. 부모 자식의 정서적 관계 혹은 몸단장이 그 원형prototype에 해당한다. 또한, 인류 조상은 일차 의식을 지니고 있었고, 개념화 능력도 이미 상당히 발달해 있었다(언어가 없어도 개념은 존재할 수 있다. 개념은 뇌가 지각 지도와 운동 지도를 한 차원 높이 지도화하여 '보편적 사실'을 구성하는 과정에서 형성되기 때문이다.). 소리가 모여 단어가 된 뒤, 이윽고 집단 내에서는 특정한 발성 방식이 하나의 대상을 가리키게 되었을 것이다. 구성원들은 소리와 대상의 연관성을 의사소통에 활용하였고 그것을 기억하여 다음 세대에 물려주었다. 이로 인해 단어의 발성vocalization에 반응하고 그것을 범주화하는 뇌 영역이 생겨났고, 상징에 대한 기억은 개념 · 가치 · 운동 반응과 연결되었다. 언어적 상징을 기억하는 영역과 개념 형성을 관장하는 영역 간에 재유입 연결이 형성되자 인간은 사건을 전보다 훨씬 더 잘 기억할 수 있게 되었고, 이것이 진화적인 이점으로 작용하였을 것이다.

언어 교환 과정은 기본적으로 두 명의 화자, 상징, 사물이라는 네 가지 요소 간의 관계로 묘사될 수 있다. 사물(또는 사건)이 고정되어 있고 두 화자의 뇌가 축퇴적이기 때문에 두 화자는 동일한 어휘를 사용하여 의미를 주고받을 수 있다. 사물을 지시하기 위해 어떠한 기호가 사용되든, 두 사람의 뇌에서 어떠한 뉴런이 발화하든, 그것은 아무런 상관이 없다. 두 사람의 뇌 속 상징과 사물 간의 지시 관계가 고정되어 있다면 의미 교환은 일어날 수 있다.

이 시기 의사소통의 최소 단위는 단어가 아닌 '원시 문장'이었다. 몸짓과 같은 원시 문장도 행위나 내적 상태를 전달하거나 사건이나 사물을 지시할 수 있다. 손으로 사물을 가리키는 등의 일련의 운동 행위를 특정 사물과 연결하는, 몸짓과 관계된 '원시구문protosyntax'[2]은 진정한 의미의 구문론으로 발전하였으며, 그 과정에서 어순을 범주화하는 능력도 생겨났다. 이 능력은 브로카 영역Broca's Area이나 베르니케 영역Wernicke's Area, 관련 피질하 고리들의 신경 레퍼토리가 확장되면서 본격적으로 출현하였을 것으로 추정된다. 이처럼 언어는 음운에서 의미, 원시구문에서 구문의 순서로 발전하였다. 언어는 사건이나 사물을 지시하는 것 외에도, 느낌과 판단을 공유하는 표현적expressive 기능을 지니고 있다.[3] 모든 대화는 정서적 측면을 포함하고 있으며, 가치 시스템과도 강하게 연결되어 있다.

14장에서 언급하였듯, 무언가를 말하기 위해서는 엄청나게 다양한 무의식적 루틴이 필요하다. 언어 루틴의 발달과 더불어 단어의 의미를 의식할 수 있게 되면서 언어 영역이 조절하는 매우 풍부한 기억 체계인 '상징 기억Symbolic Memory'이 출현하였다. 물론 우리의 생각이 언어 영역에 의해서만 만들어지는 것은 아니지만, 상징 기억의 발달로 인해 한번에 말할 수 있는 단어의 수가 대폭 늘어난 것은 사실이다. 이로 인해 인간은 어마어마한 다양성을 가진 상징 구조인 문장을 사용할 수 있게 되었다. 사용 가능한 어휘의 수가 일정 수준에 달하면서 인간은 엄청나게 많은 것들을 개념화할 수 있게 되었고, 이는 비유의 탄생으로도 이어졌다.

언어와 고차 의식이 출현한 뒤, 사회적 · 정서적 관계로부터 자아가 구성되기에 이른다. 여기서 우리는 다음 두 가지 문제를 짚고 넘어갈 필요가 있다. 첫째, 주관성은 언어에 얼마나 많이 의존하는가? 둘째, 감각질과 고차 의식은 서로 얼마큼 관련되어 있을까?

자아와 주관성의 관계에 대해서는 학자마다 의견이 첨예하게 갈리는데, 크게 보자면 내재주의Internalism와 외재주의Externalism라는 두 가지 극단적 입장이 존재한다.[4] 내재주의적 관점은 태어난 직후에도 주관적 경험이 존재하고, 성장기에 사회적 · 언어적 상호작용이 축적되면서 자아와 외부 세계의 구분이 점점 더 명확해진다고 보는 것이다. 물론 출생 직후의 주관적 상태를 직접적으로 관찰하는 것은 불가능하지만, '진정한 자아'가 출현하기 위해서는 주관성의 존재가 반드시 선행되어야 한다고 내재주의자들은 말한다. 언어를 습득하지 않아도 제한적인 수준의 사고는 가능하다. 그래서 말을 채 못 뗀 갓난아기도 부모의 의도를 알아차릴 수 있는 것이다.

반면, 외재주의자들은 언어를 습득하지 않은 개체의 주관적 반응이나 내부 상태에 관해 논하는 것이 무의미하다고 본다. 자아를 위한 개념적 토대는 타인과의 사회적 상호작용을 통해 언어가 충분히 습득된 후에야 비로소 마련된다. 의식을 가진, 즉 '스스로를 의식하는' 개인의 존재 여부를 논할 수 있는 것은 그 이후다. 언어 습득 이전의 주관적 경험은 불확정적indeterminate이므로, 갓난아기나 박쥐로서의 삶이 어떤 느낌인지 따위를 묻는 것은 무의미하다.[5]

극단적 견해가 으레 그러하듯, 이 두 관점은 나름대로 시사하는 바가 있기는 해도, 둘 중 하나가 참으로 밝혀질 가능성은 높지 않아 보인다. 하지만 일차 의식과 고차 의식의 개념을 적용하면 이 두 견해를 적절히 조화하여 문제를 해결할 수 있다. 일차 의식만을 가진 동물은 상징 조작 능력이 결여되어 있으므로 자아 · 과거 · 미래의 개념을 이해할 수 없다. 반면, 인간은 태어난 직후에도 언어 능력을 지니고 있다. 음운론적 · 의미론적 발달을 위한 토대가 이미 마련되어 있는 것이다. 그러므로 갓난아기도 어머니와의 감정적 교류를 통해 외부 신호들의 중요도를 해석하여 이를 행동이나 개념으로 변환할 수 있다. 아기에게는 어머니와의 의사소통이 커다란 보상이기 때문에, 아기들은 태어난 직후부터 언어를 습득하고자 하는 욕구를 보인다.

침팬지와 같은 고등 영장류에서는 이러한 욕구가 관찰되지 않는다. 고등 영장류들은 의미를 이해하는 능력뿐만 아니라 심지어 자아의 개념까지도 어느 정도 갖추고 있다. 하지만 이들은 야생 조건에서는 언어를 습득하지 않으며, 아무리 훈련하더라도 인간의 언어만큼 복잡한 구문론을 처리하지 못한다. 아기들은 언어를 배우고 사회화를 거치면서 고차 의식과 자아 관념, 과거와 미래의 개념을 재빨리 습득한다. 물론 '진정한 주체'가 언제 시작되는지는 아무도 알 수 없지만, 태어난 직후의 아기도 일차 의식을 통해 자신만의 '장면'을 구성하는 것만은 분명해 보인다. 몸짓, 말, 언어를 익히고 사용하면서 머릿속 개념들은 점점 더 선명해진다. 말을 갓 배운 아이들의 생각은 비유와 서사로 가득하다. 이 시기의 아이들은 온갖 사물에 역할과 특징을 부여하면서 상상의 친구와 소꿉놀

이를 한다. 이를 보면, 내재주의와 외재주의 둘 다 너무도 극단적인 주장임을 알 수 있다. 주관성의 발달을 이해하기 위해서는 두 관점 모두 필요하다.

저자들의 이론이 내재주의 대 외재주의 논쟁을 해결할 수 있다는 사실은, 감각질과 자아의 관계에 대해서도 시사하는 바가 크다. 일차 의식을 가진 동물들은 역동적 핵심부가 있기 때문에 수십억 가지 장면과 감각질을 구별하고 그에 알맞게 반응할 수 있다. 하지만 우리 인간은 (특별한 기술을 익히지 않는 한) 고차 의식 없이 일차 의식만을 경험하는 것이 불가능하다. 따라서 우리는 동물의 시각, 청각, 고통 등이 우리의 경험과 얼마나 비슷한지 알 수 없다.

의미론적 능력이나 언어 능력이 결여된 동물에게는 경험의 여러 특질과 자아를 연관 짓는 상징 기억이 없다. 이들은 과거 · 현재 · 미래를 의식적으로 연결하는 신경 사건의 집합도 갖추고 있지 않다. 그러나 인간인 우리는 스스로의 감각을 기억하고 분류할 수 있을 뿐만 아니라, (침팬지와는 달리) 속으로 생각하거나 남에게 이야기할 수도 있다. 이러한 의사소통 능력은 감각질을 구별하는 능력을 향상시키기도 한다(와인의 예시를 다시금 떠올려보라.). 서술 가능한 감각질Describable Qualia, 그것이 바로 인간의 의식적 경험을 일컫는 가장 적확한 표현이라 하겠다.

언어를 사용하여 의사소통하는 우리 인간은 '인간으로 사는 것'이 어떤 느낌인지 알고 있으며 그에 관해 말할 수도 있다. 우리 자신의 경험만으로 비언어적 동물의 경험을 유추하려 들면 그릇된 추정을 해버리기 쉽다. 인간의 감각질은 자아가 자신의 의식적 경험을 고차적으로 범주화한 결과물이며, 가치-범주 기억과 지각의 상호작용에 의해 형성된다. 다양한 감각질을 서술하려면 고차 의식과 일차 의식이 동시에 필요하다. 고양이나 박쥐가 자신의 감각질을 언어적으로 서술하지 못한다고 해서 그들이 고통을 경험하지 않는다고 단정할 수는 없다. 하지만 고양이나 박쥐가 우리 인간만큼 감각질을 선명하게 경험하되, 단지 언어적 보고 능력만이 결여되어 있을 가능성은 극히 낮다. 동물들도 질적 · 현상적 경험을 위한 다양한 수단을 지닌 것은 사실이지만, 경험을 명시적으로 기억하고 가공하기 위해 필요한 '스스로를 의식하는 자아'를 갖고 있지는 않다. 동물들의 경우, 주로 (무의식적) 장기 기억이 과거의 현상적 경험에 기반하여 미래의 행동을 결정하는 역할을 수행한다. 하지만 인간의 경우에는 장기 기억과 외현 기억Explicit Memory이 함께 그 일을 수행하고 있다(외현 기억은 언어적 자아가 고통이나 쾌락을 현상적으로 경험할 때 형성된다.). 생각의 흐름, 내면의 서사, 풍부한 감정 역시 그 작업을 돕는다.

16장
생각

무언가를 생각할 때 머릿속에서는 무슨 일이 일어날까? 신경과학이 상당한 수준으로 발전한 오늘날에도 우리는 이에 대한 구체적인 답을 알지 못한다. 최초로 이 문제를 진지하게 성찰한 이는 바로 윌리엄 제임스였다. 현재까지 밝혀진 사실에 따르면, 무언가를 생각할 때 우리 뇌 속에서는 무수히 많은 사건이 발생한다. 이 신경 과정들은 대부분 병렬적이고 풍부한 연상 관계를 동반하며, 현재 우리가 사용하는 컴퓨터의 수준을 아득히 넘어서는 고도의 정보량과 복잡도를 지니고 있다.

'무언가를 생각할 때 머릿속에서는 무슨 일이 일어날까?' 생각은 맥락이나 환경 · 분위기와도 밀접하게 관련되어 있지만, 그 세 요소를 완벽히 파악하더라도 뇌에서 무슨 일이 일어나는지는 알 수 없다. 간단한 예를 들어보자. '무생때머무일일'이라는 수수께끼의 단어가 있다. 이 단어가 무슨 뜻인지 짐작이 가는가? 눈치 빠른 독자는 알아챘겠지만, 이는 이 문단의 첫 문장('무언가를 생각할 때 머릿속에서는 무슨 일이 일어날까')의 각 어절 첫 글자를 모은 것이다. 당신이 이 사실을 알아차린 순간, 당신의 정신적 내용물은 어떻게 바뀌었을까? 이에 답하기 위해 저자는 생각이 일어나는 장소인 '머리'를 둘러싸고 무슨 일들이 일어나는지 가상의 시나리오를 세워보려 한다. 뇌의 해부학적 구조, 병리학, 신경외과학Neurosurgery에 관해서는 이미 상당히 많은 것들이 밝혀져 있다. 더군다나 머지않은 미래에는 언어적 보고와 뇌 활동 간의 상관관계를 파악하기 위한 새로운 영상 기법들이 개발될 수 있다. 일인칭적 보고, 내성, '의식에 대한 의식'의 결과들도 잘못 해석할 가능성에 유의하기만 한다면 얼마든지 연구에 활용될 수 있다.

본격적인 논의에 들어가기에 앞서, 다음 사항들을 유념하라. 첫째, 주관적 세계Subjective Domain는 각 개인 속에 체화되어 있다. 내가 지금 당장 무엇을 생각하든, 내 의식의 변두리에는 늘 나 자신의 과거 경험과 관련된 기억의 편린들이 자리하고 있다. 지각, 심상, 느낌, 믿음, 욕구, 기분, 감정, 계획, 기억 등의 무수한 병렬적 정신 과정들을 모두 고려하다 보면 불필요한 혼란에 빠지기 십상이다. 생각이 무엇을 수반하는가를 이해하고자 한다면, 언어를 필요로 하는 정신 과정과 필요로 하지 않는 정신 과정을 구별하는 일이 먼저다.

이를 위해서는 내재주의와 외재주의의 관계를 다시금 들여다볼 필요가 있다. 내재주의(1인칭적 관점)에 따르면, 인간이 외부 세계와 상호작용할 때 형성되는 정신적 내용물은 내성 가능한 특정 종류의 뇌 활동에 따라 결정된다. 반면, 외재주의(3인칭적 관점)에 따르면 인간의 정신 활동 가운데 상당 부분은 언어에 기초한 사회적 정보 교환에 의존하고 있다. 언어 체계 없이 생각하는 것은 불가능하며, 언어의 공공성이야말로 생각에 의미를 부여하는 주체이자 정신적 내용물의 근간이다. 물론 언어화되지 않은 '생각'이 아예 존재할 수 없는 것은 아니다. 실제로 알베르트 아인슈타인Albert Einstein 역시 자신이 이론의 핵심 아이디어를 떠올릴 때 명시적인 단어를 사용하지는 않았노라고 술회한 바 있다. 이러한 반례가 있음에도 불구하고, 외재주의자들은 생각할 수 있는 능력이 언어의 존재 때문이라는 주장을 굽히지 않는다. 우리는 이 두 극단적 입장 가운데서 취할 것은 취하고 버릴 것은 버릴 것이다. 그래야 최소한 '심적mental' 두뇌 과정이 무엇인지를 판단할 수 있기 때문이다.

지각, 심상, 느낌에 관해서는 내재주의적 해석이 옳다. 어린 침팬지나 말을 떼지 못한 신생아처럼 일차 의식만을 가진 개체의 경우, 그 주관성은 각자 고유한 방식으로 체화되어 있다. 느낌과 지각, 느낌과 심상 간의 연결 고리는 경험을 통해 자율적으로 생성되며, 이는 '비문장적nonsentential 개념'의 발생으로도 이어질 수 있다. 그러나 내재주의적 관점은 서사 · 논리 · 추상적 생각의 근원은 물론, 사회 속에서 진정한 자아를 찾고자 하는 우리의 풍부한 믿음과 욕구를 설명하지 못한다. 그렇다고 해서 일차 의식만을 가진 동물에게 정신적 세계가 없다고 단정할 수는 없다. 동물은 언어로 된 믿음이나 욕구 없이도 얼마든지 정신 생활을 영위할 수 있다. 외재주의자들은 정신의 범주를 '언어에 기반한 자아'에만 국한하기 때문에 비언어적 정신의 존재 가능성을 인정하지 않는다. 이들은 침팬지 역시 의미론적 능력은 있지만 제대로 된 언어를 구사하지 못하므로 생각하는 능력이 없다고 주장한다. 저자는 이 주장에 동의하지 않는다.

일차 의식은 내재주의를 통해, 고차 의식은 외재주의를 통해 설명 가능하다. 인간의 경우에는 일차 의식과 고차 의식이 함께 작용한다. 초자연적 현상, 약물 복용, 일시적인 혼동과 같은 특수한 상태를 제외하면, 두 의식 중 하나만 작동하는 일은 없다. 반면, 비언어적 동물은 정신 생활을 영위할 수는 있지만, 자아 개념을 갖고 있지 않으므로 그 삶의 양상이 제한되어 있다. 이들 역시 개체마다 고유한 정신적 개인사를 지니고 있지만, 하나의 주체—의식을 의식하는 자아—로서 살아가지는 못한다.

한 가지 더 짚고 넘어가야 할 것은 심상imagery과 상상imagination에 관한 문제다. 심상의 존재에 관한 논쟁은 고대 그리스 시대에 시작되어 오늘날까지도 이어지고 있다. 이에 관해서도 크게 회화주의Pictorialism와 명제주의Propositionalism라는 두 가지 극단적 입장이 존재한다. 우리가 어떤 기하학적 도형을 머릿속에서 회전하거나 평행

이동할 때 걸리는 시간은 '실제' 각도나 거리에 비례한다. 이에 대해 회화주의자들은 우리 머릿속에 그림과 같은 정신적 이미지가 실제로 존재한다고 주장한다. 반면, 명제주의자들은 심상이라는 이 희미한 '수반물accompaniment'이 우리의 생각에 불과하며 실제로는 명제와 구문 구조에 의해 만들어진 거라 여긴다.

명제주의자들의 주장과는 달리, 많은 실험 결과들은 '생각의 언어'가 별도로 존재하지 않음을 시사하고 있다. 명제주의자들의 주장이 참이 되려면, 일례로 개나 침팬지에게 생각의 언어가 존재한다는 것을 증명해야 하는데, 이것은 사실상 불가능하다. 그렇다면 회화주의자들의 말처럼 우리 머릿속에 진짜로 그림이 들어 있는 것일까? 우리가 의식적으로 경험하는 심상은 희미하고 불완전하며 '가짜'에 지나지 않는다. 머릿속 도형의 움직임과 실제 도형의 움직임의 상관관계는 개념의 형성이 비표상적 기억에 의해 이루어진다는 사실에 기반하면 충분히 설명할 수 있다. 머릿속 도형에 대한 정신적 관계나 기억은, 과거에 보았던 실제 도형의 움직임에 관한 전역 지도에 기반하여 작동한다. 그러므로 머릿속에서 도형을 조작하는 데 걸리는 시간과 실제 도형의 이동 시간 혹은 거리 사이에 상관관계가 존재하게끔 하는 신경학적 제한이 존재할 수 있다. 이 때문에 그러한 상관관계의 존재만으로는 회화주의자들의 주장이 증명되었다고 말할 수 없는 것이다. 우리가 심상을 의식적으로 경험한다는 것은 부정할 수 없는 진실이다. 단, 저자들은 심상이 '표상'의 형태로 우리 머릿속에 존재한다는 믿음에 동의하지 않는다. 꿈을 꾸거나 조현병에 걸려서 환각을 느끼지 않는 한, 우리는 어떠한 대상이 상상인지 아닌지 쉽게 알 수 있다. 외부 환경에 대응하는 뇌의 기능적 연결망 그리고 지각과 기억의 밀접한 관계를 감안한다면, 꿈속에서의 상상이 깨어 있을 때의 지각 또는 심상과 매우 유사하다는 사실은 그리 놀라운 일이 아니다. 그렇기 때문에 우리는 어떠한 심상을 의식적으로 경험한다는 이유만으로 그것이 뇌 속에 실제로 존재한다고 가정할 필요가 없다.

그렇다면 생각은 고립된 채로 존재할 수 있는가, 아니면 심상 · 지각 · 감각 · 느낌 등을 반드시 수반하는가? 편의를 위해, 일차 의식의 결과물은 '제1종 정신생활Mental Life I'로, 고차 의식의 결과물은 '제2종 정신생활Mental Life II'로 부르도록 하자. 일차 의식과 고차 의식이 공존하면서 서로 영향을 주고받는다는 사실을 인지하기만 한다면, 우리는 충분히 그 둘을 따로 떼어 생각할 수 있다. 하지만 그 둘은 완전히 분리될 수 없다. 심상을 예로 들어보자. 우리는 임의의 심상을 단어 없이 떠올리기도 하고, 단어와 관련하여 혹은 단어에 의해 촉발되어 떠올리기도 한다. 반대로 심상을 떠올리지 않고 어떤 단어를 생각하는 것도 가능하다. 하지만 그 배경에는 지각, 느낌, 기분, 기억의 편린들이 언제나 부산한 소음을 내며 의식의 주위를 맴돌고 있다. 그 소음은 주의 메커니즘이 작동하여 극도의 집중 상태에 돌입하면 거의 잦아들기도 하지만, 어쨌거나 대부분의 생각들은 제1종 정신생활이 만들어내는, 절제되어 있지만 여전히 소란스러운 아우성 속에서 일어나고 있다.

생각의 흐름은 무엇에 의해 유지될까? 그것은 아마도 과거의 학습이 반영된 지각, 주의, 기억, 습관, 보상의 총체일 것이다. 생각의 흐름이 지속되는 데는 제1종 정신생활과 제2종 정신생활 모두 기여하고 있다. 심상은 옛 추억이나 의지적 행동뿐만 아니라 수학적 대상에 관한 생각 속에도 포함될 수 있다.

'늦기 전에 장을 봐야 한다'와 같은 생각은 제2종 정신생활과 깊이 관련되어 있다. 그 생각 속에는 사회적 상호작용, 고도로 발달한 언어, 여러 기억 간의 풍부한 연결, 타인과의 관계 등이 암묵적으로 가정되어 있다. 저자가 물을 마시러 부엌에 들어섰다가 장을 보기로 아내와 약속했다는 사실을 불현듯 떠올렸다고 상상해보자. 벽에 걸린 시계를 쳐다보았는데 가게가 닫을 시간이 머지않았다면, 이는 '장을 보러 가야 한다'는 생각을 일으키는 강한 원동력으로서 작용한다.

그 과정에서 저자의 머릿속에서는 다음의 신경 사건들이 일어난다. 첫째, 기저핵, 소뇌, 운동피질이 걷거나 수도꼭지를 돌리는 등의 무의식적 · 습관적 절차를 수행한다. 이때 전역 지도는 몸의 움직임에 관한 신호를 몸과 팔다리에 전송한다. 둘째, 시각 지도, 두정엽, 전뇌 영역 간의 재유입 상호작용이 시곗바늘의 위치로부터 현재 시간을 해석하고, 역동적 핵심부의 활동이 복잡한 맥락적 장면과 신체상을 만들어낸다. 바로 그 순간, 강력한 감정이 제1종 정신생활로부터 몰려들고 그 감정은 제2종 정신생활에 의해 '가게가 닫았을지도 모른다'는 가벼운 공포감—불안감anxiety—으로 전환된다. 불안감은 인지적 감정의 일종으로 청반핵, 기저전뇌핵, 솔기핵, 시상하부 등의 가치 시스템으로 하여금 적합한 신경전달물질을 방출하도록 만든다. 그 결과, 역동적 핵심부에서는 지각, 회상, 느낌 등이 형성된다.

이 단계에 이르러 상황을 언어로 분명히 표현할 수 있게 되면 진정한 의미의 주관적(감정적) 경험이 나타난다. 저자의 입이나 머릿속에서는 '젠장! 당장 나서야겠군!'이라는 문장이 튀어나올 것이다. 이렇게 상황을 문장으로 옮기는 순간, 언어 기억 체계가 켜지고 측두엽이나 전두엽의 핵심부와 결합된다. 언어 기억은 출력 단자를 통해 기저핵과도 결합하여 차고로 갈 계획을 수립하며, 결과적으로는 운동피질의 신호를 발생시킨다.

그 순간 저자의 머릿속에서는 방금 먹은 식사의 부대낌과 동시에, 살아오면서 놓쳤던 여러 기회에 대한 기억들이 주마등처럼 스쳐 지나간다. 프로이트적 해석을 살짝 가미하자면, 저자가 약속을 제때 기억해내지 못한 '까닭'은 어쩌면 어릴 적 심부름을 제대로 해내지 못해서 어머니에게 꾸중 들었던 억압된 일화 기억들이 다양한 실패의 기억들과 연결되어서일 수 있다.

위 시나리오는 주로 감정, 믿음, 욕망에 중점을 두고 있다. 하지만 뇌에서는 이 셋 외에도 엄청나게 다양한 신경 사건이 동시에 일어나고 있다. 그중에는 장을 못 본 것에 따른 불안감과 직접 관련되어 있거나 그 불안감을 줄이기 위한 방법과 관련된 사건도 있지만, 별다른 이유 없이 그저 동시에 발생한 것들도 있다. 다시 말해,

뇌에는 인과적으로 연결된 신경 사건들과 우연히 동시에 일어난 사건들이 공존하고 있다. 하지만 우리가 외부 사건이나 기억, 불안에 대해 어떻게 대응하느냐에 따라, 인과적 관련성이 없는 우연한 사건들 사이에 예기치 못하게 강력한 인과성이 형성되어 의식적 주의나 감정, 행동이 예측할 수 없는 방식으로 달라지기도 한다.

이렇게 역동적 핵심부와 무의식적 루틴을 함께 설명하는 서술 방식을 저자들은 '제임스적 시나리오Jamesian Scenario'라 부른다. 이 시나리오에 따르면, 언어 능력이 없는 동물도 지각적 범주화와 개념 기억 형성만 가능하다면 다양한 행동을 수행할 수 있다. 일차 의식을 가진 동물의 뇌는 가치 시스템, 지각, 움직임, 기억, 습관 등의 영향을 받는다. 동물은 사건들의 인과적 연결성과 무관하게 과거의 경험에 의거하여 현재 장면의 보상이나 위협을 판단하고 다음 행동을 결정한다. 기억된 현재—일차 의식, 제1종 정신생활—가 인식하는 순간순간이 쌓이면 개체의 개인사가 형성되고, 이에 기반하여 가치-범주 기억과 지각적 범주화 간의 자가적 활동이 역동적이고도 지속적으로 일어난다.

언어와 고차 의식의 출현은 느낌과 가치를 명시적 · 의식적으로 결합시켰다. 그 결과 개인, 즉 자아는 여러 감정, 그 가운데서도 인지적 감정을 경험할 수 있게 되었다. 느낌과 가치가 결합함에 따라 제1종 정신생활과 제2종 정신생활의 사건들이 함께 뒤엉켜 더더욱 복잡해졌다. 언어적 믿음과 욕망의 토대 위에 서사와 은유 능력, 자아 · 과거 · 미래의 개념이 덧붙여지면서 이야기를 지어내기가 가능해졌고, 그 결과 진정한 의미의 주관성이 출현하였다.

하지만 이 체계의 기저에는 여전히 일차 의식, 기억, 동물적 욕구가 원동력으로 작동하고 있다. 역동적 핵심부와 전역 지도는 다양한 뇌 영역에 의해 형성되며, 그 구성과 연결 관계는 시간에 따라 바뀔 수 있다. 어느 한 시점에 핵심부의 작동에 실제로 관여하는 회로와 세포들은 조합 가능한 모든 가짓수에 비하자면 극소수에 불과하다. 우리가 처음 보는 상황에도 유연하게 대처할 수 있는 것은 여기에 새로운 조합이 추가될 가능성이 늘 존재하기 때문이다. 진화와 마찬가지로 뇌의 작동 역시 항상성과 변이, 선택과 다양성 사이의 상호작용에 기반하고 있다. 여기에 언어가 부가적인 영향을 주고 의식적 자아가 발달하면서 가치로부터 의미가 창발하게 된 것이다.

모든 생각은 의식적일까? 때로는 강력한 무의식적 루틴이 의식적 결정을 압도하기도 하지만, 의식 없이는 생각이 발생할 수 없다. 하지만 무의식적으로 학습된 루틴이나 감정이 생각에 미치는 막대한 영향은 간과될 수 없다. 또한, 자아가 스스로에게 해로운 생각을 억압할 수 있다는 사실도 잊어서는 안 된다. 생각 역시 행동과 마찬가지로 의식적 과정과 무의식적 루틴에 의해 함께 통제된다.

생각을 수반하는 실제 두뇌 과정을 자세하게 시각화하고 추적하는 기술이 개발되기까지는 앞으로도 상당한 시일이 걸릴 것으로 보인다. 그렇기 때문에 현재 우리 수준에서는 생각을 할 때 머릿속에서 그저 '엄청나게 많은 일들이 벌어진다.'고 결론 내릴 수밖에 없을 것 같다. 단, 인간의 경우에는 그 사건들 중 상당수가 의식적 정보를 만들어낸다. 그렇다면 정보, 그리고 의식적 정보는 언제, 어디서 처음 출현하였을까? 고차 의식의 작용 아래에서 과연 인간은 자신의 생각과 지식으로부터 자유로워질 수 있을까? 마지막 장인 17장에서는 위 질문들을 비롯하여 고차 의식과 관련된 여러 가지 논제들을 함께 고찰해본다.

17장
서술의 포로

마지막 장에서는 '제한적 실재론Qualified Realism'이라는 철학적 관점에 입각하여 지금까지 소개한 여러 사실들을 재조명해본다. 제한적 실재론에 따르면 이 세계에서 오직 자연선택 원리만이 범주를 결정하는 판단 주체로 기능할 수 있다. 의식은 각 개인에 체화된 물리적 과정이며, 이 체화는 단순한 서술로 대체될 수 없다. 체화는 모든 서술의 원천이자 앎의 토대라는 점에서 인식론과도 밀접한 관련이 있다. 따라서 우리는 뇌의 실제 발생 과정을 주의 깊게 들여다보아야 한다. 신경발생학이 반영되지 않은 철학적 사유만으로는 의식을 이해할 수 없으며, 두뇌 메커니즘에 대한 분석이 반드시 뒷받침되어야 한다. 심리학에 기반하여 인식론을 '자연화'하려는 시도도 있었지만, 그것만으로는 부족하다. 정보와 의식의

기원을 고려한다면, 한 발짝 더 나아가 생물학, 특히 신경과학에 기반하여 인식론을 재정립하여야 한다. 이로부터 우리는 다음 세 가지 중요한 철학적 결론을 도출할 수 있다. 존재는 서술에 선행하고, 선택은 논리에 선행하며(생각의 발생과 관련하여), 행위는 이해에 선행한다.

의식에 관한 질문을 묻고 답할 때 우리에게 주어진 직접적 탐구 대상은 우리 자신뿐이다. 우리는 모두 고차 의식을 가진 인간이므로, 일차 의식의 기본 속성에 기반하여 의식을 설명하려는 것은 어쩌면 역설에 불과할는지 모른다. 물론 인간도 일차 의식을 가지고 있다. 저자들이 이를 '일차 의식'이라 이름 붙인 것은 그것이 고차 의식의 발생에 필수적이기 때문이다. 이 책의 상당 부분이 일차 의식을 다루고 있는 이유도 거기에 있다. 그러나 이 장에서 우리는 고차 의식에 관한 논의에 집중하고자 한다. 우리의 고차 의식, 즉 '의식을 의식하는 능력'은 의미론적 능력, 언어, 사회적 상호작용, 과거와 미래의 개념, 자아 등의 출현과 밀접하게 관련되어 있다. 일차 의식과 기억된 현재를 원동력으로 삼아 상징을 교환하고 고차 의식을 발달시킴으로써 인간은 서사, 허구, 역사를 창조할 수 있게 되었다. 이제 우리는 '앎이란 무엇인가'라는 질문을 던져, 과학의 틀에서 벗어나 철학의 영역에 들어서고자 한다.

'생물학 기반 인식론Biologically-Based Epistemology'의 관점에서 보자면, 저자들의 의식 이론은 다음과 같은 함의를 지니고 있다.[1] 이 책의 서두에서 언급하였듯, 과학적 대상으로써 의식을 연구하려는 과학적 관찰자는 한 가지 특별한 문제와 마주하게 된다. 일반적인 물리적 대상의 경우, 관찰자는 자신의 서술에서 현상적 경험의 요소를 배제하고, 다른 관찰자도 자신과 비슷한 경험을 한다고 가정함으로써 그 대상을 '신의 관점God's-Eye'에서 서술할 수 있다. 하지만 의식을 서술하는 경우에는 다음과 같은 문제가 발생한다. 의식은 각 개인마다 고유하게 사적으로 체화되어 있고, 그 어떠한 과학적 서술이나 비과학적 서술도 개인의 경험과 동등하지 않다. 또한, 자연에는 (자연선택을 제외하고는) 범주를 결정하는 어떠한 판단 주체도 존재하지 않으며, 정보는 외부 관찰자에 의해 뇌 속 부호의 형태로 서술될 수 없다. 이 논점들은 고등한 뇌 기능을 어떻게 기술할 것인가, 자연에서 정보는 어떻게 출현하는가, (인식론의 핵심 주제인) 앎이란 무엇인가 등의 난제와도 맞물려 있다.

정보의 기원

앞서 언급하였듯, 정보성은 의식 상태의 가장 놀라운 특성이다. 수백 밀리초의 짧은 시간 동안에 특정한 의식 상태가 결정되면 무수히 많은 다른 가능성이 차단되고 엄청난 양의 정보가 통합된다. 이러한 통합 능력은 컴퓨터를 비롯하여 인간이 발명한 그 어떤 기계 장치도 갖고 있지 않다. 확실한 것은 이 능력이 아무런 진화적 연원 없이 느닷없이 생겨나지는 않았을 거란 점이다. 이 능력은 수백만 년 동안 자연선택에 의해 수없이 많이 재구성되면서 형성된 구조와 체계로부터 출현하였다. 인간의 의식적 뇌는 지구상에서 가장 창의적인 거대한 정보의 원천이다. 하지만 다양한 표현형이 존재하듯, 정보의 근원과 종류는 사람마다 제각기 다르다.

이 우주에 정보가 처음 출현한 것은 언제였을까? 이 질문에 답하기 위해서는 먼저 다음 질문부터 답해야 한다. 정보는 의식적 해석 주체interpreter 없이 존재할 수 있는가? 인간이 없는 세계에서 질서가 관찰된다면 그것은 정보인가? 유전 암호가 정보의 기원일까? 우주에는 각종 자연 법칙이 '존재'한다. 그렇다면 자연은 일종의 컴퓨터와도 같은 것일까?

정보의 기원을 이해하기 위해서는 이러한 정의적 문제Definitional Problem들을 짚고 넘어가야만 한다. 서술자와 서술 대상의 차이에 관하여 우리는 다음과 같은 질문을 떠올려볼 수 있다. 인간 관찰자가 없을 때의 자연의 상태를 서술하기 위해서 정보라는 표현을 사용할 수 있는가? 정보는 완전히 객관적인 개념일까? 물리학에서는 정보를 '비평형 상태가 가진 질서의 척도'로 정의한다. 그렇다면 정보는 '신의 관점'에서 객관적으로 측정될 수 있다. 하지만 정보가 기억이나 유전 가능한heritable 상태 등의 '역사적 과정Historical Process'을 필요로 한다면, 정보는 생명이 탄생하면서 함께 출현했을 것이다.

우선, 정보를 처리하는 체계가 자연선택에 의해 출현한 것은 사실이다. 정보가 형성되기 위해서는 변이와 선택이 필요할 뿐만 아니라, 그 선택이 유전 가능한 변화를 일으켜야 한다. 따라서 변이, 선택, 유전 가능성의 존재는 정보가 출현하기 위한 핵심 요소라 말할 수 있다. 개체는 정보를 활용하여 환경적 상태에 대응하고 스스로를 안정화한다. 단, 이 시기의 유전적 과정들은 생명의 탄생과 관련되어 있을지라도 지능을 가진 관찰자를 필요로 하지는 않는다.

또 하나 특기할 만한 점은, 유전 암호의 진화가 핵산 분자의 결합과 관련된 물리 또는 화학 법칙 외에도 다윈주의적 선택 규칙에 기반하고 있다는 사실이다. 유전 암호가 작동하기 위해서는 핵산 고분자가 안정한 공유 결합을 형성해야 하고, 그 고분자가 복제될 수 있어야 하며, 그 과정에서 돌연변이가 발생할 수 있어야 한다. 하지만 이러한 화학 또는 물리 현상 외에도 높은 적합도를 가진 DNA나 RNA 서열을 안정화하는 선택 과정이 함께 일어나고 있다. 유전 암호 서열 속에는 이 모든 선택적 사건의 역사적 자취가 담겨 있다. 유전 암호의 선택은 DNA 자체보다 훨씬 더 높은 단계, 이를테면 개체 수준에서 비가역적으로 발생한다. 요컨대 유전자의 실제 뉴클레오티드 서열은 화학 법칙과 역사적 사건에 따라 결정되며, 궁극적으로 이 두 요소가 자연계에서 정보가 처리되는 방식을 결정하였다.

생명—자연선택적 자기복제 시스템—의 창발은 맥락의 변화 아래에서도 한 가지 수행을 반복할 수 있는 능력을 만들어냈다.[2] 이후 자연선택에 의해 각 동물종은 면역 체계, 반사신경, 의식 등 기억을 필요로 하는 각종 구조를 갖게 되었다. 기억 체계란 이전 상태와의 자기 상관성autocorrelation을 처리할 수 있는 체계를 의미하며, DNA 자체로 구성되어 있을 수도, DNA의 표현형으로 구성되어 있을 수도 있다. 기억 체계의 속성은 체계의 형태에 따라 결정된다. 기억이란 적응적 가치가 있는 특성에 대하여 과거와 미래를 결합시키는 시스템적 속성이다. 물리학에서 대칭성이 각종 보존 법칙의 기저에 존재하는 보편 원리라면, 생물학에서는 '선택적 체계의 기억'이 유전 암호로부터 의식에 이르기까지 다양한 수준에서 광범위하게 적용되는 보편 원리에 해당한다.

그렇다면 유전 암호가 정보의 기원인 것일까? 유전 암호는 복잡한 단백질-핵산 상호작용을 통해 특정한 구조와 기능을 가진 단백질을 형성한다. 실제로 연구실의 생물학자들이 유전 암호를 '읽을' 때, 그 내용은 정보가 맞다. 그래서 혹자는 오픈 리딩 프레임Open Reading Frame(DNA 서열 중에서 mRNA로 전사되는 부위—역주)의 트리플렛 염기 서열이 단백질로 전사 · 번역될 때 효소가 정보를 '읽어들인다'고 표현하기도 한다.

하지만 이러한 생물학적 질서나 기억 현상을 '정보'로 취급하는 것은 적절치 않다. 정보 교환이 일어나려면 상징이 교환되거나, 최소한 의미화signification 과정이라도 수반되어야 한다. 따라서 정보는 (꿀벌처럼) 개체 상호 간에 상징을 교환할 수 있는 고등한 동물이 진화하였을 때 비로소 출현하였다고 말할 수 있다. 어떠한 자극, 신호, 물리적 상태가 정보가 되기 위해서는 다음의 조건들이 충족되어야 한다. 첫째, 물리 또는 화학 법칙을 포괄하면서도 초월하는 특수한 패턴 인식 과정이 관여해야 한다. 벌의 춤은 정보적이지만, 광물의 결정 구조에는 아무런 정보도 없다. 벌의 춤은 역사적 · 진화적 제한 조건에 기반한 원형적 가치에 따라 만들어졌지만, 결정 구조는 그렇지 않기 때문이다. 둘째, 신호 전달의 처음이나 끝(혹은 둘 다)에 의사소통을 수행하는 선택적 기관이 자리해야 한다. 따라서 분자적 상호작용, 나노 수준 혹은 우주 수준에서 발생하는 사건, 풍부한 기억을 할 수 없는 아메바와 같은 생물들은 정보를 생성할 수 없다. 일각에서는 박테리아의 향성tropism이나 원생생물protozoa의 섭식 활동이 정보 교환을 수반한다고 주장한다. 하지만 저자들의 정의에 따르면, 이러한 하등생물의 행동을 발달된 신경계와 학습, 기억, 의사소통 능력을 지닌 고등동물들의 행동과 비유하는 것은 지나친 확대 해석이다.

정보는 어디까지나 생물학적인 개념이다. 인간은 인공 암호, 과학적 분석, 논리적 증명, 수학적 창의성과 같이 고도로 정교한 행동을 보이기도 하고, 주식 시장의 패닉이나 군중의 광기와 같은 괴상한 행동을 저지르기도 한다. 하지만 이것은 인간이 언어 능력과 고차 의식을 가졌기 때문이다. 인간을 보고서 자연에도 (컴퓨터 프로그램과 같은) 고유한 구문 패턴이 존재한다거나 뉴런이 특별한 암호에 따라 작동한다고 여기는 것은 그릇된 생각이다. 정보가 생성되기 위해서 충분히 발달된 신경 구조 간의 의사 교환이 필요한 것은 사실이다. 하지만 이 교환이 반드시 구문 규칙에 따라 일어나야 하는 것은 아니다. 자연은 컴퓨터가 아니며, 구문론은 언어를 구사할 수 있는 유인원 종이 출현하기 전까지 이 세상에 존재하지 않았다.

적응적 필요에 의해 개체가 신호를 교환하기 시작하면서 정보가 탄생하였고, 그 이후 신경계의 복잡도는 비약적으로 증가하였다. 이것이야말로 진화의 가장 큰 업적이라 하겠다. 정보가 탄생하기 전 신호 교환은 개별 신경 하위 체계 내에서 고립적으로 이루어졌다. 그러나 정보가 탄생한 이후 신경계 내부에서는 재유입 동역학이 형성되었고, 막대한 수의 신호들이 역동적 핵심부라는 하나의 신경 과정 내에서 급속히 통합되었다. 이 통합 과정은 전체 진화의 역사와 개체의 경험에 기반하여 여러 감각 신호와 기억 간에 상관관계를 형성함으로써 하나의 장면을 구성하는데, 이것이 바로 '기억된 현재'이다. 이때 수백 밀리초의 짧은 시간 동안 뇌에서는 막대한 양의 정보가 통합되며 생성된다. 기나긴 진화의 역사에서 처음으로 정보가 주관성이라는 새로운 잠재력을 얻게 된 것이다. 주관성은 '누군가를 위한' 정보이며, 의식 그 자체다.

인간이 지금까지 발전시킨 여러 복잡한 정보 교환 과정은 의식 없이는 발생할 수 없다. 호모 사피엔스가 고차 의식을 갖게 된 이후, 풍부한 구문론적 상징 체계, 암호, 논리가 사용되기 시작했고, 과학적 방법론이 발명되면서 자연계의 여러 법칙이 발견되었다. 우리 인간의 입장에서는 이 자연 법칙들은 정보에 해당한다. 하지만 우리가 아닌 자연의 입장에서 보았을 때는 실제로 무엇이 교환되는 것일까? 에너지인가, 아니면 부호화된 정보인가? 비트에서 존재가 생긴 것It From Bit일까, 아니면 존재에서 비트가 생긴 것Bit

From It일까?[3] 생물학과 논리학 중 무엇이 먼저일까?

자연선택론과 논리

어느덧 우리는 컴퓨터와 계산이 지배하는 세상을 살아가고 있다. 뇌가 '논리에 따라 작동하는 일종의 컴퓨터'라는 주장은 상식이 되었다. 물론 저자들은 여기에 동의하지 않는다. 하지만 계산주의적 관점으로부터 파생되는 다음의 물음들은 분명 곱씹어볼 가치가 있다. 생각에는 총 몇 가지 작동 방식이 있을까? 과연 논리가 인간의 유일한 사고 방식일까?

철학자들이 순수 형식주의를 추구하던 시절, 논리학은 문장의 관계에 관한 연구로 정의되었다. 문장의 관계는 문장 속 어휘들과는 무관하다. '모든 A는 B이고, X가 A라면, X는 B다.' 이 명제는 A, B, X에 무엇이 대입되든 모두 성립한다. 심리학이 태동한 이후, 그러한 형식론과 직관(또는 패턴 인식)의 관계에 대한 연구 역시 논리학에 포함되었다. 물론 이 때문에 형식주의적 논리학의 간결성이 사라진 것은 사실이다. 하지만 이렇게 논리학의 범주가 확장되고 나자 우리는 패턴 인식 능력, 사고 능력, 논리 연산Logical Operation 능력 사이의 연결 고리가 무엇인지에 대한 질문을 던질 수 있게 되었다. 인간은 이미 논리 연산 능력을 기계화하는 데 성공했다. 수많은 학자들이 뇌가 컴퓨터의 일종이며 튜링 기계Turing Machine의 형태로 묘사될 수 있다고 주장한 이유다. 그러나 괴델의 정리Gödel's Theorem는 수학적 관계 중에는 일관된 공리계 내에서 진위를 증명할 수 없는 것들이 존재함을 보여준다.

보편 튜링 기계Universal Turing Machine는 임의의 연속된 논리 연산을 수행할 수 있는 기계를 말한다. 처치-포스트 명제Church-Post Thesis에 의해, 보편 튜링 기계는 임의의 잘 정의된 절차 또는 알고리즘을 연속적으로 수행할 수 있다(그림 17.1). 많은 이들이 뇌가 튜링 기계의 일종이라 여기는 것은 어쩌면 튜링 기계의 이러한 막강한 능력 때문일지도 모른다. 이미 저자들은 다른 저술에서 왜 이것이 틀린 생각인지 논증한 바 있다. 간단히 말하자면 다음과 같다. 시냅스 수준에서 본 뇌의 연결 상태와 동역학은 엄청나게 가변적이다. 뇌는 선택적 체계이며, 각자의 뇌는 서로 다르다. 이 고유성과 예측 불가능성은 뇌가 특정한 연산을 수행함에 있어 유의미한 변수로 작용할 수밖에 없다. 따라서 뇌의 연산 능력을 설명하기 위해서는 그 둘을 반드시 고려해야 한다. 또한, 뇌는 축퇴적이므로 두 뇌가 서로 다른 구조를 지니고 있더라도 동일한 출력 혹은 기능을 내놓을 수 있다. 지각과 기억 연산 중 대다수는 비표상적이고 발전적이며 맥락 의존적이므로 절차에 구애받지 않는다. 뇌의 핵심 연산은 규칙이 아닌 선택에 의해 수행되며, 컴퓨터와 같이 엄밀하게 정의된 신경 부호가 존재하지도 않는다. 외부 환경과 맥락에 관한 입력 신호 역시 자기 테이프나 하드디스크처럼 고정된 하나의 값으로 특정 지어지지 않는다.

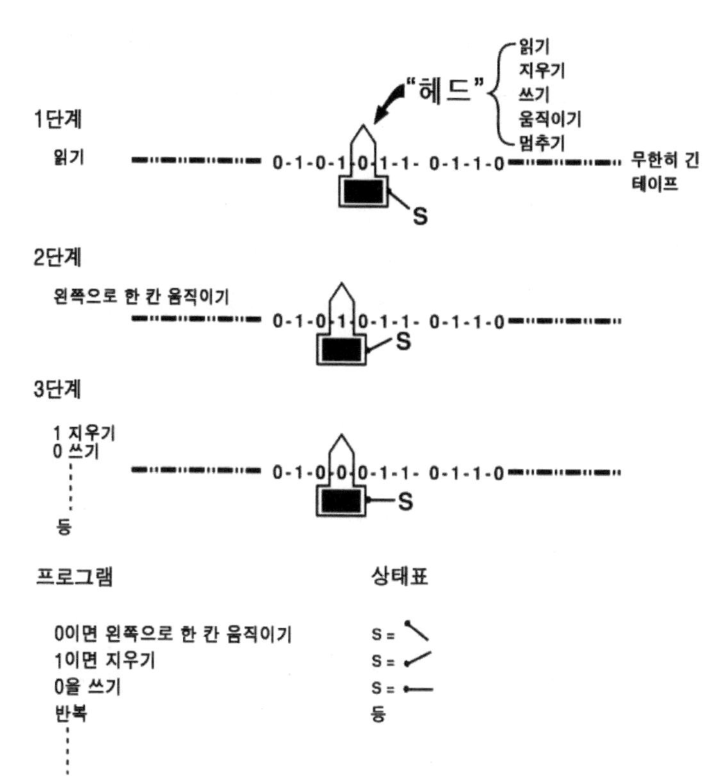

〈그림 17.1〉 튜링 기계의 모식도 프로그램이 행동을 지시하면 기계의 상태 S가 변화하고 명확한 규칙에 따라 다음 사건이 결정된다. 뇌는 이러한 방식으로 작동하지 않는다.

뇌가 튜링 기계가 아니라면, 도대체 어떤 방식으로 작동하는 것일까? 이에 대해서는 TNGS가 해답을 줄 수 있다. TNGS에 기반한 신경계 시뮬레이션에서는 패턴 인식과 지각적 범주화 능력이 관찰된다. 그 밖에도 수많은 실험 증거들이 뇌에서 선택적 사건들이 일어나고 있음을 시사하고 있다. 더욱 희망적이게도, TNGS는 이 모든 실험 결과들을 하나의 결론으로 융합할 수 있다. 가치 제한 조건과 주요 신경계 구조들은 자연선택에 의해 이미 결정되어 있으므로, 뇌는 체세포 선택 과정에 따라 작동할 수밖에 없다. 뇌의 기능을 결정하는 것은 정해진 절차가 아닌 축퇴적 구조와 그 구조들의 동역학이며, 따라서 뇌의 활동은 논리적 규칙이 아닌 선택적 원리를 따른다.

뇌는 인류가 논리 체계를 구축한 생물학적 기반이지만, 자연선택에 의해 진화하였다. 따라서 우리는 자연선택이 논리보다 생성적generative 관점에서 더 우위에 있다고 말할 수 있다. 언어, 패턴 인식, 은유적 사고 등의 기능 역시 논리가 아닌 자연선택과 체세포 선택에 의한 것이다. 생각은 궁극적으로 신체의 구조와 상호작용에 기반하여 일어나기 때문에, 우리의 사고 능력에는 일정 수준의 제약이 존재한다. 단, 인간의 패턴 인식 능력은 명제를 논리적으로 증명하는 능력을 초월할 수 있다. 대표적으로, 인간의 의식적 생각은 새로운 공리를 창조할 수 있지만, 컴퓨터는 그러지 못한다. 물론 그렇다고 해서 자연선택이 논리를 대신할 수 있다거나 논리적 연산이 무용하다는 뜻은 아니다.

모든 유기체나 합성 인공물Synthetic Artifact은 크게 '튜링 기계'와 '선택적 체계'라는 두 가지 종류로 나뉠 수 있다. 선택적 체계가 튜링 기계보다 먼저 탄생하였으므로, 우리는 선택이 논리보다 더 근본적인 생물학적 원리임을 알 수 있다. 흥미롭게도, 생각의 기본적인 패턴화 방식 역시 선택과 논리의 두 가지 유형으로 분류될 수 있다. 만약 생각의 제3의 패턴화 방식이 발견된다면, 그것은 아마도 철학사에 큰 족적으로 길이 남을 것이다.

철학적 주장들

생각은 체화되어 있으며, 자연선택과 신경집단 간 선택의 산물이다. 인간의 생각은 존재의 궁극적 의미에 관한 철학적 질문을 던질 수 있을 만큼 발전하였다. 철학은 크게 실재의 궁극적 본질을 묻는 형이상학과 지식 또는 믿음의 근거와 정당성을 논하는 인식론으로 나뉠 수 있다. 이 두 분야는 서로 일정 부분 연결되어 있으며, 윤리학이나 미학Esthetics처럼 '가치'를 다루는 유관 분야들과도 맞물려 있다. 과연 의식 이론이 이러한 철학적 문제들을 해결하는 데도 도움이 될까? 저자들은 그렇다고 생각한다.

의식 이론은 인식론과 형이상학, 그 가운데서도 특히 과학과 관련된 문제들을 해결하는 데 도움을 줄 수 있다. 저자들은 '실제 세계'의 존재를 믿는다. 이 세계는 우주 어디서든 성립하는 여러 가지 물리 법칙으로 기술될 수 있다. 인간 역시 이 세계에 속해 있으므로 그 물리 법칙을 예외 없이 따라야만 한다. 게다가 우리는 동물의 한 종류이므로 진화적 제약의 지배도 받고 있다. 의식이 상당히 독특한 것은 사실이지만, 의식은 뇌와 신체의 형태학적 조건 아래에서 수차례의 진화적 발전을 통해 출현한 존재다. 마음은 몸의 발달로 말미암아 생겨나는 체화적 존재이므로, 마음 역시 자연의 일부다.

이 주장은 2장에서 소개한 물리적 가정과 진화적 가정에 따른 것이다. 저자들의 의식 이론 역시 이 두 가정에 근거하고 있다. 물리적 가정과 진화적 가정은 데카르트적 이원론뿐만 아니라 그 어떤 형태의 유심론도 배격한다. 그래서 저자들은 형이상학적으로는 유물론을 따르면서 인식론적으로는 이원론Dualism, 합리론Rationalism, 유심론Idealism을 따르는 것에 동의하지 않는다. 진화론과 신경학을 무시한 채 양자역학에 기반하여 의식을 설명하려 드는 극단적 환원주의나 우주 대부분이 의식적 속성을 지니고 있다고 주장하는 범심론에 대해서도 저자들은 회의적인 입장이다.

형이상학과 인식론에 대한 저자들의 입장은 각각 '제한적 실재론'과 '생물학 기반 인식론'이라는 관점으로 요약될 수 있다.[4] 이 두 관점은 '최초의 개념은 비문장적이었다.'는 사실에 기초하고 있다. 우리는 흔히 개념이 '언어화된 명제'라고 생각하지만, 언어가 생겨나기 전에도 뇌는 이미 자신의 반응을 지도화하기 위해 개념이라는 구성물을 이용해왔다. 외부 세계의 신호에 정보가 내재되어 있지 않은 것처럼, 우리의 언어에도 유전적으로 고정된 보편 문법은 존재하지 않는다. 언어는 개념적 · 감정적 소통을 촉진하기 위해 발달한 후생유전학적epigenetic 수단에 불과하다. 따라서 개념은 언어에 우선한다.

의식은 시상피질계의 재유입 그물망이라는 독특한 구조가 외부 환경과 상호작용하면서 만들어내는 하나의 동역학적 속성이다. 마음과 몸이 실제 세계와 물리적 · 심리학적 · 사회적으로 상호작용하면서 외부 세계에 대한 지식이 형성된다. 하지만 그 과정에서 외부 세계가 우리에게 직접적으로 정보를 전달하지는 않는다. 따라서 인간이 사물의 특질을 있는 그대로 지각한다는 소박 실재론 Naive Realism은 틀렸다. 지각은 감관의 제약을 받는다. 우리 인간은 뛰어난 감각기관을 가지고 있지만, 감각기관은 어디까지나 제한된 범위의 신호만을 간접적으로 처리할 수 있다. 이러한 제약은 뇌가 개념 체계를 발달시키는 과정에도 영향을 미쳤고, 실체에 대한 우리의 인식은 일정 부분 제한되었다.

물론 인간이 언어 능력을 습득하고 문화가 발전함에 따라 인간의 개념적 능력이 엄청나게 풍부해진 것은 사실이다. 논리학과 수학이 그 산물이다. 인간은 논리학과 수학을 통해 체화에 따른 표현형적 한계를 일정 부분 극복할 수 있었다. 언어에 기반한 의식적 계획 능력, 선택 능력, 개념적 범주화 능력은 '과학적 탐구'라는 새로운 사고 체계의 탄생으로 이어지기도 했다. 이처럼 의식의 과학은 인간의 개인성과 주관성과 관련된 기존의 학문적 지식들과도 잘 합치할 수 있다.

현대 실험심리학과 신경과학이 출현하기 전, 인식론의 주요 화두는 규범적 담론과 '생각에 관한 생각'이었다. 찰스 다윈 이후 현대 과학이 태동하면서 인식론을 행동심리학에 기반하여 '자연화'

하려는 움직임이 일어났다.[5] 하지만 이러한 '자연적 인식론'은 지금도 감각 수용체 신경층(망막, 피부, 미뢰 등)의 수준을 넘어서지 못하고 있다. 1950년대 이후 언어학적 방법론이 추가되기는 하였으나, 신체와 뇌의 내부 작동 방식은 여전히 인식론의 범주에서 제외되어 있다. 저자들은 인식론을 생물학, 신경과학, 의식 이론, 심리학을 토대 삼아 재정립하여야 한다고 생각한다. 인식론을 오직 행동심리학만으로 자연화하려는 '철학적 행동주의'는 잘못되었다.[6] 저자들의 생물학 기반 인식론은 '선험적 종합판단Synthetic a priori'의 존재 가능성뿐만 아니라 생각과 느낌에 관해서도 훨씬 더 넓은 논의의 장을 제공한다. 피부와 외부 세계의 경계에 그치지 않고, 느낌과 감정 등 계산을 초월하는 신체 메커니즘까지도 학문적 논의 주제로 아우를 수 있을 것이다.

주관적 세계는 충분히 과학 연구의 대상이 될 수 있다. 그러나 주관주의Subjectivism 그 자체는 마음의 과학을 위해 그리 적절한 토대가 아니다. 저자들은 철학적 행동주의뿐 아니라 현상학이나 내성주의도 모두 거부한다. 전자는 의식이라는 핵심 현상에서 관찰자를 배제한다는 문제가 있고, 후자는 생각만으로 의식적 경험의 기반을 분석할 수 있다는 그릇된 가정에 기반하고 있기 때문이다. 의식의 메커니즘은 행동이나 내성 중 어느 하나에만 의존하지 않고서도 충분히 과학적으로 탐구될 수 있다.

생물학 기반 인식론에서는 '과학적 관찰자'에 관해 다음과 같이 이야기한다. 과학적 관찰자는 가상이지만 유용한 개념이다. 슈뢰딩거가 지적하였듯, 물리학자는 자신의 이론에서 감각이나 지각 등의 정신적인 요소를 배제해야 한다. 하지만 마음의 정체는 자연 속에서 발견될 수 없다. 그렇기 때문에 제3자의 시선이나 전지적 관점에서 다른 사람을 관찰하는 방식으로는 마음에 관한 제대로 된 모델을 구축하는 것이 불가능하다. 인지과학자들이 의식이 고작 '몇 덩이'의 정보만을 담을 수 있는 정보 처리 과정의 병목에 불과하다는 엉뚱한 결론을 내린 것도 그 때문이다. 의식을 관찰하기 위해서는 의식의 기저 신경 과정에 영향을 줄 수 있는 요소들을 뇌 속에서 찾아내야 한다. 그리고 그 끝에는 엄청나게 복잡한—막대한 정보를 빠르게 통합할 수 있는—통일된 물리적 과정이 자리하고 있을 것이다.

생물학 기반 인식론은 물리학과 진화론에 기초하고 있으며, 동물 행동과 인류 문화를 더 폭넓은 지평에서 과학적으로 고찰할 수 있게 한다. 의식은 가치에 기반한 과거의 기억들과 현재를 연결 짓는 정보적 장면('기억된 현재')을 구성한다. 의식이 진화적으로 유용한 까닭은 계획과 정보를 빠르게 통합하고 그 계획을 무의식적 루틴으로 만들기 때문이다. 이 루틴들은 실제 우리 삶의 기본 행동 메커니즘 중 상당 부분을 차지하고 있다. 의식은 더 나은 계획을 만들거나 더 복잡한 행동을 수행하기 위해 이 무의식적 루틴들을 이용하기도 한다.

이처럼 무의식적 메커니즘이 많은 효용을 지닌 것은 사실이지만, 생물학 기반 인식론에서는 정신적 행위가 일어나기 위해서는 의식이 반드시 필요하다고 본다. 사람마다 정의는 다르겠지만, 생각은 어디까지나 비표상적 기억, 가치 제한 조건, 피질 부속기관들의 활동 등 무의식적 메커니즘의 심층 구조 위에서 기능하는 '의식적 과정'이다.

생물학 기반 인식론은 감정을 의식적 생각의 근간이자 원동력으로 취급한다. 이는 가치 시스템이 뇌의 작동에 반드시 필요한 제한 조건이기 때문이다. 스피노자는 감정이 인간에게 씌워진 굴레bondage라고 말했지만, 감정이 없었다면 스피노자 역시 그만의 놀라운 사유 체계를 구축할 수 없었을 것이다. 가치 시스템과 감정은 뇌에서 선택이 일어나고 의식이 형성되기 위해 반드시 필요하다. 가치 시스템의 특성과 학습과의 관계 등을 연구하다 보면, 사실의 세계 속에서 가치가 어떠한 지위를 차지하고 있는지도 밝혀질 것이다.[7]

아직도 의식의 효용성에 관해 의문이 든다면, 시인, 작곡가, 수학자, 과학자의 창작물과 진사회성eusocial 곤충의 행동을 비교해보라. 물론 생명이 없었다면 벌의 섬세한 행동이나 흰개미의 복잡한 군집 구조가 자발적으로 출현하지는 못했을 것이다. 하지만 이것들은 인류의 고차 의식이 만들어낸 눈부신 업적과는 비교 대상이 못 된다. 모든 인간은 우주를 바라보는 자신만의 거대한 관점을 지니고 있다. 인류는 과학을 통해 우주 속 우리의 위치를 밝히려 노력하기도 하고, 예술을 통해 서로를 위안하거나 자신이 얼마나 위대한 존재인지를 되새기기도 한다. 인간의 자유와 소속감, 그 둘 모두 의식의 산물이다.

물리적 과정으로서의 의식

의식은 뇌라는 물질의 배열 구조로부터 출현한다. 흔히 우리는 물질적인 것이 (마음, 영혼, 순수한 생각 등) 정신적인 것보다 덜 고귀하다는 편견을 가지고 있다. 물질material이라는 단어는 다양한 사물이나 상태를 뜻할 수 있지만, 이 책에서는 느끼거나 측정할 수 있는 것들, 과학자들이 연구하는 실제 세계를 가리킨다. 물질 세계는 겉으로 보이는 것보다 훨씬 더 복잡하다. 의자와 같은 사물뿐만 아니라 별, 원자, 기본 입자까지도 모두 물질—정확히 말하자면, 물질-에너지—에 해당한다.

생각의 경우는 어떠할까? 윌러드 밴 오먼 콰인Willard Van Orman Quine이 지적하였듯, "비엔나를 떠올리는 것"과 같은 우리의 생각들은 물질에 기반하고 있으면서도 그 자체는 비물질적이다. 이는 의식적 생각이 단순한 에너지나 물질을 넘어서는—물론, 그 둘 다 관여하기는 하지만—'의미 관계'의 집합이기 때문이다. 그렇다면 마음은 무엇일까? 마음은 '관계의 집합'이라는 물질적 기반을 가진, 의미를 지닌 물질적 존재다. 마음은 원자에서 행동에 이르기까지 뇌의 모든 신경 메커니즘에 의해 형성되며, 의미를 처리하여 비물질적인 관계를 형성한다. 하지만 마음은 철저히 스스로의 몸, 타인의 마음, 의사소통과 관련된 물리적 과정 또는 사건에 기반하여 작동한다. 물질과 마음은 별개의 실체가 아니며, 따라서 이원론은 틀렸다. 그러나 뇌, 신체, 사회적 세계의 세 가지 물리적 구조가 의미라는 또 다른 세계를 형성하는 것은 사실이다. 의미는 세계를 과학적으로 서술하거나 이해하는 데 반드시 필요하다. 신경계의 엄청나게 복잡한 물질 구조가 역동적인 정신 과정을 만들어내고 그것이 의미의 탄생으로 귀결되었다는 것, 그 외에 인간의 마음을 설명하기 위해 또 다른 세계나 영혼, 양자 중력을 비롯한 어떠한 가정도 필요치 않다.[8]

여기서 우리가 답해야 할 질문이 하나 있다. 의미와 생각을 만드는 능력은 과학이 탄생하기 전에도 존재했다. 과학은 혼자 할 수 있는 것이 아니며, 모종의 사회적 상호작용을 필요로 한다. 무언가를 과학적으로 탐구하려면 최소 두 사람은 필요하기 때문이다. 사적인 생각과 과학적 이해는 동시에 발생 가능한 별개의 과정이다. 그렇다면 뇌와 마음에 대한 과학적 탐구의 한계는 어디일까? 그 과정에서 우리는 무엇을 포착하고 이해할 수 있을까?

저자들은 마음의 물리적 기반에 대한 탐구가 정신과 같은 소위 '고귀한 것들'의 기원까지도 밝혀낼 수 있을 거라 생각한다. 물론 그 정신 과정들을 완전히 이해하려면 뇌의 활동을 관찰하는 새로운 기법이나 뇌와 신체의 연결을 모사하는 인공 모델이 필요할 수도 있다. 생각의 정체를 완전히 이해하려면 반드시 의식을 가진 인공물을 만들어야 할지도 모른다. 하지만 저자들은 그것이 가능하다고 본다. 과거에 진화가 한 번 해낸 일을 우리가 하지 말라는 법이 어디 있겠는가. 과학사, 특히 생물학의 역사를 되짚어보면, 불가해하게 여겨지던 난제가 새로운 관점의 도입과 기술의 발전으로 해결된 사례가 부지기수다. '마음의 물질적 기반'에 관한 문제도 예외는 아닐 것이다.

이러한 저자들의 입장은 현재까지의 과학적 결론, 즉 마음은 기계가 아니며, 각 개체는 고유한 마음을 지니고 있고, 과학적 수단으로 이를 온전히 밝혀낼 수 없다는 것과 상충하지 않는다. 물질적 질서와 비물질적 의미에 관한 저자들의 서술은 신비주의와는 일절 무관하다. 저자들의 주장은 기존의 과학적 체계와 잘 부합함은 물론, 더 나아가 서로 유기적 공생 관계를 맺을 수 있다.

서술의 포로인가, 의미의 주인인가?

저자들은 이 책에서 '물질은 어떻게 상상이 되는가'를 설명할 수 있는, 의식에 대한 합리적인 과학 이론을 제시하였다. 그러나 존재와 서술은 다르므로, 저자들의 이론이 경험을 대체할 수는 없다. 과학적 서술은 다양한 것들을 예측하거나 설명할 수 있지만, 현상적 경험을 직접적으로 전달하지는 못한다. 현상적 경험은 뇌와 몸의 존재하에서만 가능하기 때문이다. 저자들은 뇌의 복잡도를 정의하는 과정에서 외부 관찰자의 전지적 시점 때문에 발생하는 역설을 해결하였고, 선택론적 원리를 도입함으로써 소인간의 역설에서도 벗어났다. 우리는 플라톤이 말한 "동굴 속 사람"들보다는 좀 더 발전했지만, 체화의 특성상 아직도 서술의 감옥에서 완전히 벗어나지 못했다. 과연 우리가 제한된 실재론의 한계에서 벗어날 수 있을까? 어쩌면 인공적인 수단을 활용하면 우리의 분석적 한계를 초월할 수 있을 거란 생각도 든다. 하지만 인간이 마침내 언어 능력을 가진 의식적 인공물—아직은 이런 표현조차 어색하지만—을 구현하더라도, 그 인공물 개체의 현상적 경험을 직접 이해하기란 불가능할 것이다. 인공물이든 사람이든, 개체가 경험하는 감각질은 어디까지나 스스로의 체화와 표현형에 기반하여 형성되기 때문이다.

어찌 보면 이는 당연한 일이다. 우리는 질적 경험의 세계에 발을 들인 대가로 스스로의 몸에 구속되었다. 단, 고차 의식을 가졌지만 인간이나 지구상의 고등동물들과는 전혀 다른 표현형을 지닌 인공물이 이 세상을 범주화하는 방식이 밝혀진다면, 인류의 지식에 하나의 새로운 지평이 펼쳐질 가능성이 있다. 그들의 몸과 마음이 외부 세계의 신호를 분류하고 해석하는 방식은 우리 인간과는 전혀 다를 것이다. 그럼에도 불구하고 그들이 도달한 규칙과 보편성이 우리의 것과 동일하다면, 실재에 대한 우리의 인식이 제한되어 있다는 저자들의 관점도 수정되어야 할 것이다.

저자들의 이론으로부터 도출되는 또 하나의 결론은, 의식이 만들어내는 모든 의미 관계가 과학 연구의 대상으로 적합하지는 않다는 점이다. 일상적인 문장이나 시적 표현을 예로 들어보자. 현재 수준에서 이들은 (아주 단순한 일부 경우를 제외하고는) 과학 연구의 대상으로 적절치 않다. 이들의 의미를 제대로 파악하려면 각 개인의 고유한 현상적 경험, 역사, 문화를 전부 이해해야만 한다. 그러나 문장의 의미와 서술은 너무도 많은 고유한 역사적 패턴에 의존하고 있다. 지시 대상이 많거나 불분명한 경우도 부지기수다. 시적 표현의 경우에는, 비교할 표본이 극히 부족하다는 것도 문제다(그림 17.2).

〈그림 17.2〉 세계의 매듭은 다양한 방식으로 묘사될 수 있다. 주세페 아르침볼도 Giuseppe Arcimboldo(1527~1593년)의 그림 〈아담Counterpart〉 그리고 에밀리 디킨슨Emily Dickinson(1830~1886년)이 쓴 다음의 시가 그 예다. "뇌는—하늘보다 넓다—/ 왜냐하면—나란히 놓아두면—/ 하나가 그 옆의 다른 하나를/ 쉽사리—당신까지도—담아내니까."

하지만 오해는 금물이다. 의식을 과학적으로 설명하는 것이 가능하듯, 언어 표현의 기반 역시 과학적 탐구로 완전히 설명할 수 있다. 단, 저자들이 말하고 싶은 것은, 언뜻 보기에는 시적 표현이 우주의 기원보다 더 접근하기 쉬운 연구 대상처럼 보일지라도, (아주 기초적인 수준의 연구를 제외하고) 실제로는 과학적 탐구의 주제로서 그리 적합하지 않다는 점이다. 과학적 탐구만으로 언어 표현의 진정한 함의를 밝혀내기란 거의 불가능하다. 하지만 그것 역시 언젠가 각 개인의 세화에 관한 지식에 문법적 의사 교환에 대한 통찰이 더해진다면 규명될 수 있을 것이다.

의미에 기반한 의사 교환은 우리 삶의 대부분을 차지하고 있다. 그렇기 때문에 우리는 과학적 환원주의에 대해 너무 두려워하지 않아도 된다. 하지만 그러한 '의미의 풍부함'을 설명한답시고 신비주의를 도입할 필요 역시 없다. 그저 우리는 어느 대상이 과학에 기반하고 있을지라도 과학적 연구 주제로서는 적합하지 않을 수 있음을 인정하기만 하면 된다. 어쩌면 이것은 우리에게는 다행한 일일지 모른다. 서술의 감옥에서는 벗어날 수 없을지라도, 문법 속에서 자유를 만끽할 수 있을 테니.

주석

1부

1. C. Sherrington, *Man on His Nature*, 2nd ed. (Cambridge, England: Cambridge University Press, 1951).

2. B. Russell, Sir J. Jeans, *Physics and Philosophy* (Cambridge, England: Cambridge University Press, 1943)에서 인용.

3. A. Schopenhauer, *On the Fourfold Root of the Principle of Sufficient Reason*, E. F. J. Payne의 번역본(La Salle, Ill.: Open Court, 1974), Chapter 7, §42.

1장

1. W. James, *The Principles of Psychology* (New York: Henry Holt, 1890).

2. R. Descartes, *Meditationes de prima philosophia, in quibus Dei existentia, & animae humanae à corpore distinctio, demonstrantur* (Amstelodami: Apud Danielem Elsevirium, 1642).

3. T. H. Huxley, *Methods and Results: Essays* (New York: D. Appleton, 1901), 241.

4. N. J. Block, O. J. Flanagan, and G. Güzeldere, *The Nature of Consciousness: Philosophical Debates* (Cambridge, Mass: MIT Press, 1997); J. Shear, *Explaining Consciousness: The "Hard Problem"* (Cambridge, Mass.: MIT Press, 1997); R. Warner and T. Szubka, *The Mind-Body Problem: A Guide to the Current Debate* (Cambridge, Mass.: Blackwell, 1994); N. Humphrey, *A History of the Mind* (New York: Harper Perennial, 1993); O. Flanagan, *Consciousness Reconsidered* (Cambridge, Mass.: MIT Press, 1992); D. J. Chalmers, "The Puzzle of Conscious Experience," *Scientific American* 273 (1995), 80–86; D. C. Dennett, *Consciousness Explained* (Boston: Little, Brown, 1991); J. R. Searle, *The Rediscovery of the Mind* (Cambridge, Mass.: MIT Press, 1992) 등 참조.

5. C. McGinn, "Can We Solve the Mind-Body Problem?" *Mind*, 98 (1989), 349.

6. D. J. Chalmers, "The Puzzle of Conscious Experience," *Scientific American* 273 (1995), 80 – 86 등 참조.

7. E. B. Titchener, *An Outline of Psychology* (New York: Macmillan, 1901); O. Külpe and E. B. Titchener, *Outlines of Psychology, Based upon the Results of Experimental Investigation* (New York: Macmillan, 1909) 등 참조.

8. B. J. Baars, *A Cognitive Theory of Consciousness* (New York: Cambridge University Press, 1988); B. J. Baars, *Inside the Theater of Consciousness: The Workspace of the Mind* (New York: Oxford University Press, 1997).

9. Ibid.

10. J. Eccles, "A Unitary Hypothesis of Mind-Brain Interaction in the Cerebral Cortex," *Proceedings of the Royal Society of London, Series B—Biological Sciences*, 240 (1990), 433 – 51.

11. R. Penrose, *The Emperor's New Mind: Concerning Computers, Minds, and the Laws of Physics* (New York: Oxford University Press, 1989).

12. W. James, *The Principles of Psychology* (New York: Henry Holt, 1890).

13. S. Zeki and A. Bartels, "The Asynchrony of Consciousness," *Proceedings of the Royal Society of London Series B—Biological Sciences*, 265 (1998), 1583 – 85.

14. G. Ryle, *The Concept of Mind* (New York: Hutchinson, 1949).

2장

1. T. Nagel, "What Is It Like to Be a Bat?", T. Nagel, *Mortal Questions* (New York: Cambridge University Press, 1979)에 재수록.

2. 철학자 윌리엄 몰리뉴(William Molyneux)가 1690년에 존 로크에게 보낸 편지도 참조할 것(J. Locke, W. Molyneux, T. Molyneux, and P. V. Limborch, *Familiar Letters Between Mr. John Locke, and Several of His Friends: In Which Are Explained His Notions in His Essay Concerning Human Understanding, and in Some of His Other Works*(London: Printed for F. Noble, 1742). 당시에는 몰리뉴의 제안이 진지하게 논의되지 않았으

나, 20세기 이후 선천적 백내장으로 실명한 환자가 수술로 회복되는 사례가 생기면서 그의 사유가 재평가되고 있다. M. J. Morgan, *Molyneux's Question: Vision, Touch, and the Philosophy of Perception* (Cambridge, England: Cambridge University Press, 1977)도 참조.

3. J. Locke, and P. H. Nidditch, *An Essay Concerning Human Understanding* (Oxford, England: Clarendon Press, 1975), 389.

4. J. Dewey, *Experience and Education* (New York: Simon & Schuster, 1997).

5. 이는 A. R. Damasio, *Descartes' Error: Emotion, Reason, and the Human Brain* (New York: Putnam, 1994)에 매우 잘 기술되어 있음.

6. G. M. Edelman, *Neural Darwinism: The Theory of Neuronal Group Selection* (New York: Basic Books, 1987); O. Sporns and G. Tononi, eds., *Selectionism and the Brain* (San Diego, Calif.: Academic Press, 1994).

7. G. Tononi and G. M. Edelman, "Consciousness and Complexity," *Science*, 282 (1998), 1846-51.

8. G. Ryle, *The Concept of Mind* (New York: Hutchinson, 1949).

3장

1. D. Foulkes, Dreaming: *A Cognitive-Psychological Analysis* (Hillsdale, N.J.: Lawrence Erlbaum Associates, 1985); A. Rechtschaffen, "The Singlemindedness and Isolation of Dreams," Sleep, 1 (1978), 97-109.

2. W. James, *The Principles of Psychology* (New York: Henry Holt, 1890), 225-26. 생각(thought)이 의식의 동의어로 쓰이고 있음에 주의할 것. 이 책에서 제임스는 의식의 모든 형태와 상태를 생각이라는 용어로 총칭하였다(P. 186, 224 참조).

3. J. D. Holtzman and M. S. Gazzaniga, "Enhanced Dual Task Performance Following Callosal Commissurotomy," *Neuropsychologia*, 23 (1985), 315-21.

4. 이 내용의 출처와 추가 논의는 T. Nørretranders, *The User Illusion: Cutting Consciousness Down to Size* (New York: Viking, 1998) 참조. 10장에서 저자는 시

각적 장면의 여러 특징들을 지각적 · 행동적으로 통합하는 신경 모델을 제시한다. 놀랍게도 저자들의 모델 역시 실제 뇌와 유사한 용량 제한을 갖고 있다. 이는 저자들의 모델에 기초하여 시각 의식의 신경 기반을 설명해낼 수 있다는 하나의 증거다.

5. H. Pashler, "Dual Task Interference in Simple Tasks: Data and Theory," *Psychological Bulletin*, 116 (1994), 220-44.

6. C. Trevarthen and R. W. Sperry, "Perceptual Unity of the Ambient Visual Field in Human Commissurotomy Patients," *Brain*, 96 (1973), 547-70.

7. J. McFie and O. L. Zangwill, "Visual-Constructive Disabilities Associated with Lesions of the Left Cerebral Hemisphere," *Brain*, 83(1960), 243-60. 편측무시 환자에게 자화상을 그리게 하면 이들은 아무런 이상함을 느끼지 못한 채 얼굴의 반쪽만을 그린다. 의식의 구멍이나 허점을 자각하지 못하는 이러한 현상은 기억 기능에서도 나타난다. E. Bisiach와 C. Luzzatti의 유명한 논문 "Unilateral Neglect of Representational Space," *Cortex*, 14 (1978), 129-33에서, 저자들은 무언가를 기억하거나 상상할 때도 편측무시가 일어난다는 것을 보였다. 밀라노 출신의 두 환자에게 두오모 광장(Piazza del Duomo)에 서면 무엇이 보이는지 서술하도록 지시하자, 환자들은 시야의 오른쪽에 있는 지형지물만을 떠올렸다. 광장의 반대편에 서면 무엇이 보이는지 묻자 그제서야 반대쪽 지형지물을 언급했다. 환자들은 자신의 묘사에 허점이 있음을 전혀 자각하지 못했다.

8. 의식의 간극이나 구멍은 축소와 왜곡에 의해 메워지기도 하지만, 작화confabulation(외삽) 혹은 채워 넣기filling in(내삽intrapolation)가 그 일을 대신할 때도 있다. 사람들은 흔히 설명 불가능한 공허나 부재를 납득하기 위해 인지적 수준에서 이야기를 지어낸다. 예를 들어, 안톤증후군 환자는 자신이 완전히 실명했다는 사실을 받아들이는 대신, 방 안이 너무 어둡다거나, 시력이 조금 나빠졌다거나, 피곤하다거나, 안경이 없다는 등의 이유를 만들어낸다. 한편, 채워 넣기란 의식의 구멍이나 틈새를 주변의 정보로 메워 의식의 질서와 일관성을 보전하는 현상으로, 정상인에게서도 흔히 일어난다. 우리 모두에게는 양쪽 눈의 시야 중

간에 맹점Blind Spot이 있다. 시신경은 시신경 원판Optic Disk이라는 구멍을 통해 망막의 뒤편으로 뻗어 나가는데, 이곳에는 광수용체가 존재하지 않기 때문에 맹점이 생기게 된다. 한쪽 눈을 감고 물체를 움직이다 보면 시야의 특정 부분에서 물체가 갑자기 사라지는데, 그곳이 바로 맹점이다. 인간 눈의 해부학적 구조상 맹점은 존재할 수밖에 없다. 그렇지만 시야의 일부가 비어 있음에도 불구하고 세상은 여전히 매끄럽고 일관적으로 보인다. 이러한 채워 넣기는 망막이나 1차 시각 경로(Primary Visual Pathway)의 손상에 따른 부분맹(Localized Blindness)이나 암점(scotoma)의 경우에서도 발생한다. 대부분의 환자들은 (흐릿하다는 느낌은 받을지라도) 자신의 시야에 나 있는 구멍을 전혀 자각하지 못한다. 최근에는 일시적으로 암점의 생성을 유도하는 기법이 개발되었다. 작은 점들이 무작위적으로 깜박거리는 화면의 일부분에 작은 빈칸을 만들면, 몇 초 내에 빈칸이 사라지고 무작위적 신호가 이를 메운다. V. S. Ramachandran, and R. L. Gregory, "Perceptual Filling in of Artificially Induced Scotomas in Human Vision," *Nature*, 350 (1991), 699-702 참조. 한 원숭이 연구에서는 이러한 지각적 채워 넣기가 (V2나 V1보다는) V3 영역에 속한 뉴런의 활동과 연관되어 있음을 밝혀내기도 했다. P. De Weerd, R. Gattass, R. Desimone, and L. G. Ungerleider, "Responses of Cells in Monkey Visual Cortex During Perceptual Filling-in of an Artificial Scotoma," *Nature*, (1995), 731-34 참조.

9. 의식 상태의 정보량은 감각 신호의 복잡도나 기억 가능한 정보 덩이의 개수가 아닌, 구별 가능한 내적 상태의 가짓수에 따라 결정된다. 4개 이상의 정보 덩이를 한꺼번에 처리하는 장치를 만들기는 쉽지만, 인간 의식의 변별 능력을 구현하기는 어려운 이유가 여기에 있다. 더 자세한 설명은 13장 참조.

10. C. E. Shannon and W. Weaver, *The Mathematical Theory of Communication* (Urbana: University of Illinois Press, 1963); D. S. Jones, *Elementary Information Theory* (Oxford, England: Clarendon Press, 1979).

11. "차이를 만드는 차이가 정보"라는 표현은 G. Bateson, *Steps to an Ecology of Mind* (New York: Ballantine Books, 1972)에서도 등장한다.

12. G. Sperling, "The Information Available in Brief Visual Presentations" (doctoral diss.), (Washington, D.C.: American Psychological Association, 1960).

13. 본문에서는 문제를 단순화하기 위하여 의식 상태가 불연속적이라고 가정하였지만, 이는 관념적 설명에 불과하다. 실제 우리의 의식은 연속적이며 시시각각 변화한다. 하지만 눈을 재빨리 깜박이거나 순간 노출기를 이용하면 불연속적인 의식 상태를 흉내낼 수 있다.

14. H. Intraub, "Rapid Conceptual Identification of Sequentially Presented Pictures," *Journal of Experimental Psychology: Human Perception & Performance*, 7 (1981), 604-10; I. Biederman, "Perceiving Real-World Scenes," *Science*, 177 (1972), 77-80; I. Biederman, J. C., Rabinowitz, A. L. Glass, and E. W. Stacy, "On the Information Extracted from a Glance at a Scene," *Journal of Experimental Psychology*, 103 (1974), 597-600; I. Biederman, R. J. Mezzanotte, and J. C. Rabinowitz, "Scene Perception: Detecting and Judging Objects Undergoing Relational Violations," *Cognitive Psychology*, 14 (1982), 143-77. 원숭이들도 비슷한 과제를 잘 수행해낸다. M. Fabre-Thorpe, G. Richard, and S. J. Thorpe, "Rapid Categorization of Natural Images by Rhesus Monkeys," *Neuroreport*, 9 (1998), 303-08 등 참조.

15. 물론 16비트 카메라는 2^{16}가지 광도 단계를 구별할 수 있겠지만, 그것이 요점은 아니다.

16. 카메라 화면을 '읽는' 사람이 있지 않은 이상, 카메라가 자신의 화소가 구성된 상태를 '볼' 방법은 없다. 다시 말해, 구성 상태는 통합 상태에 따라 결정된다.

17. C. H. Schenck, S. R. Bundlie, M. G. Ettinger, and M. W. Mahowald, "Chronic Behavioral Disorders of Human REM Sleep: A New Category of Parasomnia," *Sleep*, 9 (1986), 293-308.

18. 이러한 해리성 행동은 J. P. Sastre and M. Jouvet, "Oneiric Behavior in Cats," *Physiology and Behavior*, 22 (1979), 979-89에서 처음 보고되었다. 꿈을 꾸는 수면 단계인 렘수면에서는 신체 근육이 이완되는 것이 일반적인데, 해당 논문의

저자들은 고양이 뇌교피개(Pontine Tegmentum)의 특정 영역을 손상시켰을 때 근육이 더 이상 이완되지 않는 것을 관찰하였다. 뇌교피개가 손상된 고양이들은 렘수면 도중 외부 자극에는 일절 반응하지 않으면서, 가상의 사냥감을 공격하거나 가상의 천적 앞에서 얼어붙고, 존재하지 않는 먹이를 핥는 등 여러 가지 본능적 행동들을 보였다. 이들은 꿈의 내용을 실행에 옮겼던 것이다.

2부

1. A. Schopenhauer, *On the Fourfold Root of the Principle of Sufficient Reason*, trans. E. F. J. Payne (La Salle, Ill.: Open Court, 1974), Chap. 4, §21.

4장

1. 피질 뉴런 중 일부는 동일한 기능을 수행하는 시상 뉴런과 양방향으로 긴밀히 연결되어 있다. 이들은 비록 해부학적으로는 멀리 떨어져 있더라도 그래프 이론상에서는 하나의 신경집단으로 취급될 수 있다.

2. G. M. Edelman and V. B. Mountcastle, *The Mindful Brain: Cortical Organization and the Group-Selective Theory of Higher Brain Function* (Cambridge, Mass.: MIT Press, 1978); G. M. Edelman, Neural Darwinism: *The Theory of Neuronal Group Selection* (New York: Basic Books, 1987).

3. G. Tononi, C. Cirelli, and M. Pompeiano,"Changes in Gene Expression During the Sleep-Waking Cycle: A New View of Activating Systems," *Archives Italiennes de Biologie*, 134 (1995), 21-37.; G. M. Edelman, G. N. J. Reeke, W. E. Gall, G. Tononi, D. Williams, and O. Sporns, "Synthetic Neural Modeling Applied to a Real-World Artifact," *Proceedings of the National Academy of Sciences of the United States of America*, 89 (1992), 7267-71.

4. Edelman, *Neural Darwinism*.

5장

1. F. H. C. Crick, *The Astonishing Hypothesis: The Scientific Search for the Soul* (New York: Charles Scribner's Sons, 1994); *Experimental and Theoretical Studies of Consciousness, Ciba Foundation Symposium*, 174 (Chichester, England: John Wiley & Sons, 1993); A. J. Marcel and E. Bisiach, eds., *Consciousness in Contemporary Science* (Oxford, England: Clarendon Press, 1988); H. C. Kinney and M. A. Samuels, "Neuropathology of the Persistent Vegetative State: A Review," *Journal of Neuropathology & Experimental Neurology*, 53 (1994), 548–58; M. Kinsbourne, "Integrated Cortical Field Model of Consciousness," *Ciba Foundation Symposium*, 174 (1993), 43–50; C. Koch and J. Braun, "Towards the Neuronal Correlate of Visual Awareness," *Current Opinion in Neurobiology*, 6 (1996), 158–64; M. Velmans, ed., *The Science of Consciousness: Psychological, Neuropsychological and Clinical Reviews* (London, England: Routledge, 1996); W. Penfield, *The Mystery of the Mind: A Critical Study of Consciousness and the Human Brain* (Princeton, N.J.: Princeton University Press, 1975); T. W. Picton and D. T. Stuss, "Neurobiology of Conscious Experience," *Current Opinion in Neurobiology*, 4 (1994), 256–65; M. I. Posner, "Attention: The Mechanisms of Consciousness," *Proceedings of the National Academy of Sciences of the United States of America*, 91 (1994), 7398–403; L. Weiskrantz, *Consciousness Lost and Found: A Neuropsychological Exploration* (New York: Oxford University Press, 1997) 등 참조.

2. E. P. Vining, J. M. Freeman, D. J. Pillas, S. Uematsu, B. S. Carson, J. Brandt, D. Boatman, M. B. Pulsifer, and A. Zuckerberg, "Why Would You Remove Half a Brain? The Outcome of 58 Children after Hemispherectomy—The Johns Hopkins Experience: 1968 to 1996," *Pediatrics*, 100 (1997), 163–71; F. Müller, E. Kunesch, F. Binkofski, and H. J. Freund, "Residual Sensorimotor Functions in a Patient after Right-Sided Hemispherectomy," *Neuropsychologia*, 29 (1991), 125–45.

3. A. P. Lonton, *Zeitschrift Für Kinderchirurgie*, 45 (1990) Suppl. 1, 18 – 19.

4. V. B. Mountcastle, "An Organizing Principle for Cerebral Function: The Unit Module and the Distributed System," in *The Mindful Brain: Cortical Organization and the Group-Selective Theory of Higher Brain Function*, eds., G. M. Edelman and V. B. Mountcastle (Cambridge, Mass.: MIT Press, 1978), 7 – 50; A. R. Damasio, "Time-Locked Multiregional Retroactivation," *Cognition*, 33 (1989), 25 – 62; Picton and Stuss, "Neurobiology of Conscious Experience."

5. R. S. J. Frackowiak, K. J. Friston, C. D. Frith, R. J. Dolan, and J. C. Mazziotta, *Human Brain Function* (San Diego, Calif.: Academic Press, 1997); P. E. Roland, *Brain Activation* (New York: Wiley-Liss, 1993); M. I. Posner and M. E. Raichle, *Images of Mind* (New York: Scientific American Library, 1994).

6. O. D. Creutzfeldt, "Neurophysiological Mechanisms and Consciousness," *Ciba Foundation Symposium*, 69 (1979), 217 – 33.

7. G. Moruzzi and H. W. Magoun, "Brain Stem Reticular Formation and Activation of the EEG," *Electroencephalography and Clinical Neurophysiology*, 1 (1949), 455 – 73.

8. F. Plum, "Coma and Related Global Disturbances of the Human Conscious State," in *Normal and Altered States of Function* (Vol. 9), eds. A. Peters and E. G. Jones (New York: Plenum Press, 1991), 359 – 425.

9. M. Steriade and R. W. McCarley, *Brainstem Control of Wakefulness and Sleep* (New York: Plenum Press, 1990).

10. Plum, "Coma and Related Global Disturbances of the Human Conscious State"; Kinney and Samuels, "Neuropathology of the Persistent Vegetative State: A Review."

11. J. E. Bogen, "On the Neurophysiology of Consciousness: I. An Overview," *Consciousness and Cognition*, 4 (1995), 52 – 62 등 참조.

12. 시상피질계의 활동을 유지하는 것이 그물 활성계의 역할의 전부는 아니

다. 중뇌의 쐐기핵(Cuneiform Nucleus)과 같은 상부 뇌간의 뉴런들은 시각, 체감각, 청각 등 다양한 감각 양식을 처리하고 있다(A. B. Scheibel, "Anatomical and Physiological Substrates of Arousal: A View from the Bridge," in *The Reticular Formation Revisited*, eds. J. A. Hobson and M. A. B. Brazier [New York: Raven Press, 1980], 55–66 참조). 쐐기핵과 쐐기핵 바로 옆에 위치한 피개(tectum)의 신경 지도는 유기체를 둘러싼 3차원 공간에 대응되는 것처럼 보인다. 이 신경 지도로부터 뻗어 나온 축삭은 위상학적 배열을 유지한 채로 그물핵을 비롯한 시상의 여러 신경핵들에 연결된다. 흥미로운 것은 전두엽도 시상에 축삭을 뻗고 있다는 사실이다. 이러한 상행 그물 활성계와 시상피질계 간의 상호작용은 전체 시상피질 상호작용 중 특정 공간에 관련된 것만을 걸러내는 관문의 기능을 수행할 수 있다. 우리의 의식적 경험이 다양한 양식으로 구성된 것은 그물 활성계가 여러 감각 및 운동 양식으로부터 신체와 주변 공간을 도식화하기 때문일지도 모른다.

13. 뇌 활동의 증가와 감소 둘 다 중요하다. 이는 선택적 주의의 사례에서 극명하게 드러난다. 시각적 자극에 주의가 집중되어 시각 영역이 활성화되면 청각 영역 또는 체감각 영역의 혈류량(시냅스 활동의 척도)은 감소한다. J. V. Haxby, B. Horwitz, L. G. Ungerleider, J. M. Maisog, P. Pietrini, and C. L. Grady, "The Functional Organization of Human Extrastriate Cortex: A PET-rCBF Study of Selective Attention to Faces and Locations," *Journal of Neuroscience*, 14 (1994), 6336–53 참조. 시각 자극과 청각 자극에 동시에 집중할 때는 시각피질과 청각피질이 함께 활성화되기도 한다. A. R. McIntosh, "Understanding Neural Interactions in Learning and Memory Using Functional Neuroimaging," *Annals of the New York Academy of Sciences*, 855 (1998), 556–71; L. Nyberg, A. R. McIntosh, R. Cabeza, L. G. Nilsson, S. Houle, R. Habib, and E. Tulving, "Network Analysis of Positron Emission Tomography Regional Cerebral Blood Flow Data: Ensemble Inhibition During Episodic Memory Retrieval," *Journal of Neuroscience*, 16 (1996), 3753–59 참조.

14. D. Kahn, E. F. Pace-Schott, and J. A. Hobson, "Consciousness in Waking

and Dreaming: The Roles of Neuronal Oscillation and Neuromodulation in Determining Similarities and Differences," *Neuroscience*, 78 (1997), 13–38; J. A. Hobson, R. Stickgold, and E. F. Pace-Schott, "The Neuropsychology of REM Sleep Dreaming," *Neuroreport*, 9 (1998), R1-R14 참조. D. Foulkes, Dreaming: *A Cognitive-Psychological Analysis* (Hillsdale, N.J.: Lawrence Erlbaum Associates, 1985)와 같은 주장도 있다.

15. A. R. Braun, T. J. Balkin, N. J. Wesenten, R. E. Carson, M. Varga, P. Baldwin, S. Selbie, G. Belenky, and P. Herscovitch, "Regional Cerebral Blood Flow Throughout the Sleep-Wake Cycle," *Brain*, 120 (1997), 1173–97; P. Maquet, C. Degueldre, G. Delfiore, J. Aerts, J. M. Péters, A. Luxen, and G. Franck, "Functional Neuroanatomy of Human Slow Wave Sleep," *Journal of Neuroscience*, 17 (1997), 2807–12. 서파 수면 시에는 전측 뇌섬엽(Anterior Insula) · 전측 대상회 · 극측 측두엽(Polar Temporal Cortex)과 같은 부변연계(Paralimbic Structures), 전두 두정연합 영역(Frontoparietal Association Area)과 같은 신피질(neocortex) 영역, 그물 활성계 · 시상 · 기저핵과 같은 중심뇌(centrencephalon) 구조들의 신경 활동이 저하된다. 반면, V1처럼 한 가지 감각 양식만을 처리하는(unimodal) 영역들의 활성도는 크게 변하지 않는다.

16. F. Plum, "Coma and Related Global Disturbances of the Human Conscious State"; G. B. Young, A. H. Ropper, and C. F. Bolton, *Coma and Impaired Consciousness: A Clinical Perspective* (New York: McGraw-Hill, 1998).

17. W. James, *The Principles of Psychology* (New York: Henry Holt, 1890).

18. H. Maudsley, *The Physiology of Mind: Being the First Part of a 3d Ed., Rev., Enl., and in Great Part Rewritten*, of "The Physiology and Pathology of Mind" (London: Macmillan, 1876). 심리학자들은 행동의 의식적 통제와 자동적 수행 간의 차이에 관해 다양한 개념을 제시하였다. M. I. Posner와 C. R. R. Snyder("Attention and Cognitive Control," in *Information Processing and Cognition, The Loyola Symposium*, ed. R. L. Solso [Hillsdale, N.J.: Lawrence Erlbaum Associates, 1975], 55–85)는 정신 과정의

자동성을 판단하기 위한 세 가지 기준을 제시하였다. 어느 정신 과정이 자동적 과정에 해당하려면, 의식적 자각을 동반하지 않고, 의도 없이, 다른 정신 활동을 방해하지 않으면서 발생해야 한다고 저자들은 주장했다. Schneider와 Shiffrin(W. Schneider and R. M. Shiffrin, "Controlled and Automatic Human Information Processing: I. Detection, Search, and Attention," *Psychological Review*, 84 [1977], 1-66; R. M. Shiffrin and W. Schneider, "Controlled and Automatic Human Information Processing: Ⅱ. Perceptual Learning, Automatic Attending, and a General Theory," *Psychological Review*, 84 [1977], 127-90)은 통제적 과정과 자동적 과정의 차이를 다음과 같이 설명했다. 통제적 과정은 비교적 적은 양의 정보만을 처리할 수 있고, 주의를 요하며, 주변 환경의 변화에 유연하게 대처할 수 있다. 반면, 자동적 과정은 정보 용량에 제한이 없고, 주의 없이도 일어날 수 있으며, 한 번 습득된 뒤에는 고치기 어렵다. D. A. Norman and T. Shallice, "Attention to Action: Willed and Automatic Control of Behavior," in *Consciousness and Self-Regulation*, (Vol. 4), eds. R. J. Davidson, G. E. Schwartz, and D. Shapiro, (New York: Plenum, 1986), 1-18에서는 인간의 행동을 행위 스키마(Action Schema; 조직화된 계획)에 따라 통제되는 완전 자동적 과정, 상충하는 스키마 간의 경쟁 스케줄링(Contention Scheduling)을 동반하는 부분 자동적 과정, 감독 주의 체계(Supervisory Attentional System)에 의해 의도적으로 통제되는 행동(의사 결정, 문제 해결, 새로운 상황에 대한 유연한 대처 등에 활용됨)으로 분류했다. G. D. Logan("Toward an Instance Theory of Automatization," *Psychological Review*, 95 [1988], 492-527)은 행동의 자동성이 주의의 개입 여부나 인지 자원의 제한 유무가 아닌, 기억에의 접근성에 따라 판단되어야 한다고 주장했다. 그는 "과거에 습득한 해결책을 기억으로부터 한 단계만에 곧바로 인출할 수 있는" 것이 자동적 수행의 주요한 특징이라고 설명했다. 이는 산수를 배우는 어린이들의 모습에서도 엿볼 수 있다. 한 자릿수 숫자 2개를 더할 때, 더하기를 처음 배우는 아이들은 숫자를 하나하나 힘들게 세어나가야 하지만, 연습을 통해 한 자릿수 숫자의 덧셈을 모두 외운 아이들은 일일이 셈하지 않고도 답을 기억에서 인출할 수 있다.

19. 의식의 용량 제한에 관한 논의는 10 · 12장 참조.

20. 자동적, 무의식적 과정이 속도와 정확성에서 우수한 것은 사실이지만, 그렇다고 의식적 통제의 중요성을 간과해서는 안 된다. 자동적 수행은 경직되어 있고, 새로움을 거부하며, 맥락과 무관하게 작동하는 반면, 의식적 통제는 유연하며, 새로운 정보를 처리할 수 있고, 맥락에 반응할 수 있다. 새로운 과제를 익히려면 다량의 정보를 통합하여 적절한 입출력 신호를 선택해야 하므로, 의식적 통제의 역할이 필수적이다. 입력에서 출력으로 가는 경제적인 경로가 발견되고 나서, 즉 필요한 정보량이 제한된 이후부터 자동적 수행이 시작된다. 자동성은 학습 과정 내내 자극과 반응의 대응 관계가 동일한 일관적 과제 환경에서만 습득될 수 있다. 과제에 따라 자극과 반응의 대응 관계가 달라지면 의식적 통제가 계속 사용된다. Schneider and Shiffrin, "Controlled and Automatic Human Information Processing: I."; Shiffrin and Schneider, "Controlled and Automatic Human Information Processing: Ⅱ." 참조. 자동화가 오히려 비능률을 초래하기도 한다. 스트루프 효과(Stroop Effect)가 대표적인 예다. 스트루프 효과는 색깔을 나타내는 단어가 다른 잉크색으로 적혀 있을 경우 피험자들의 반응 속도가 현저하게 감소하는 현상이다(J. R. Stroop, "Studies of Interference in Serial Verbal Reactions," *Journal of Experimental Psychology*, 18 [1935], 643–62 참조). 또 다른 예로는 의미맹(Semantic Blindness)이나(D. G. MacKay and M. D. Miller, "Semantic Blindness: Repeated Concepts Are Difficult to Encode and Recall Under Time Pressure," *Psychological Science*, 5 [1994], 52–55) 행위 실수가 있다. '행위 실수'란 친구의 집을 방문하여 초인종을 누르는 대신 열쇠를 꺼내는 것처럼 의도치 않은 부적절한 행동을 수행하는 것을 뜻한다. 지그문트 프로이트는 이러한 과실 행동(parapraxia)을 체계화하여 무의식적 동기를 분석하고자 했다. 최근의 연구자들은 일기 연구를 통하여 이러한 과실 행동을 탐구하고 있다. J. T. Reason과 K. Mycielska의 저서에서는 다음과 같은 예가 등장한다. "나는 앉아서 일을 하다가 일기를 써야겠다고 마음먹고 안경을 벗기 위해 손을 얼굴 가까이에 가져다댔다. 하지만 나의 손가락들은 허공을 휘젓고 말았다. 애초에 내가 안경을 끼고 있

지 않았기 때문이었다." (*Absent-minded? The Psychology of Mental Lapses and Everyday Errors* [Englewood Cliffs, N.J.: Prentice-Hall, 1982], 73) 유형, 동기, 무의식의 정도와 무관하게 모든 실수는 고도로 숙련된 행동에 대해서만 발생한다.

21. James, *The Principles of Psychology*, 114.

22. Ibid., 112 - 13.

23. Durup and Fessard (1935), E. R. John, *Mechanisms of Memory* (New York: Academic Press, 1967)에서 재인용됨. 피질 뇌전도(electrocorticogram, ECOG)란 뇌의 표면에서 측정된 전기 활동을 말한다. ECOG는 두피에서 측정되는 EEG와 파형은 비슷하지만 정확도가 더 높다.

24. E. R. John and K. F. Killam, "Electrophysiological Correlates of Avoidance Conditioning in the Cat," *Journal of Pharmacological and Experimental Therapeutics*, 125 (1959), 252. 한 연구에서는 의식적 경험 없이도 행동이 자동적으로 지속될 수 있음을 보이기도 했다(I. N. Pigarev, H. C. Nothdurft, and S. Kastner, *Neuroreport*, 8 [1997], 2557 - 60). 화면상에 세로줄이 뜨면 페달을 누르도록 어린 원숭이를 훈련하면, 원숭이들은 잠든 상태에서도 그 과제를 계속 올바르게 수행할 수 있다. 흥미롭게도, 잠들고 나면 V4 영역의 뉴런들은 더 이상 선호 자극에 반응하지 않았다. 이는 대뇌피질 중 일부가 '잠에 빠지더라도' V1 등 나머지 영역들이 자동화된 구별 행동을 계속 수행할 수 있음을 보여준다. 또한, 이 사실로부터 우리는 해당 영역들의 신경 활동이 의식적 경험의 발생에 관여하지 않는다는 것을 알 수 있다.

25. R. J. Haier, B. V. Siegel, Jr., A. MacLachlan, E. Soderling, S. Lottenberg, and M. S. Buchsbaum, "Regional Glucose Metabolic Changes after Learning a Complex Visuospatial/Motor Task: A Positron Emission Tomographic Study," *Brain Research*, 570 (1992), 134 - 43. 아쉽게도 이 연구에서는 손을 움직인 거리가 통제되지는 않았다.

26. S. E. Petersen, H. vanMier, J. A. Fiez, and M. E. Raichle, "The Effects of Practice on the Functional Anatomy of Task Performance," *Proceedings of the*

National Academy of Sciences of the United States of America, 95 (1998), 853 - 60.

27. 일부 피질 영역에서는 반대의 결과가 나타나기도 했다.

28. 하지만 연습을 더 반복하다 보면 동작에 의해 활성화되는 운동피질의 범위가 다시금 넓어진다. A. Karni, G. Meyer, P. Jezzard, M. M. Adams, R. Turner, and L. G. Ungerleider, "Functional MRI Evidence for Adult Motor Cortex Plasticity During Motor Skill Learning," *Nature*, 377 (1995), 155 - 58 참조. 이는 주변의 세포까지 동작의 수행에 동원되기 때문으로 보인다. 연습의 초기에 활성화 범위가 감소하는 것이 국소적인 '습관화(habituation)'나 점화 효과(Priming Effect) 때문인지(R. L. Buckner, S. E. Petersen, J. G. Ojemann, F. M. Miezin, L. R. Squire, and M. E. Raichle, "Functional Anatomical Studies of Explicit and Implicit Memory Retrieval Tasks," *Journal of Neuroscience*, 15 (1995), 12 - 29; 반복 억제(Repetition Suppression)에 관한 논의는 R. Desimone, "Neural Mechanisms for Visual Memory and Their Role in Attention," *Proceedings of the National Academy of Sciences of the United States of America*, 93 [1996], 13494 - 99 참조), 아니면 나머지 영역들로부터 유입되는 입력 신호의 양이 감소하기 때문인지는 표본이 부족하기 때문에 판단이 불가능하다.

6장

1. 절단증후군이 최초로 보고된 사례는 19세기까지 거슬러 올라간다. 절단의 임상적 영향을 최초로 탐구한 이는 칼 베르니케(Karl Wernicke)다. 베르니케는 언어 영역의 앞뒤쪽이 끊어지면 전도실어증(Conduction Aphasia)이 발병할 것임을 예견한 것으로 유명하다. 뇌량의 손상에 뒤따르는 이상 행동은 프랑스의 신경학자 조제프 데제린(Joseph Dejerine)에 의해 처음으로 연구되었다. 1900년경 독일의 휴고 리프만(Hugo Liepmann)은 뇌 영역 간 연결 손상의 임상적 영향에 관하여 유수의 논문을 발표하였다. 리프만은 자신의 환자 중 한 명을 대상으로 특정 피질 영역들이 끊어져 있을 거라고 예측하였고, 환자가 사망한 후 부검하여 자신의 가설이 입증되었음을 주장하였다. 절단증후군에 관한 최신 연구는 R. W.

Sperry("Lateral Specialization in the Surgically Separated Hemispheres," in *Neurosciences: Third Study Program*, eds. F. O. Schmitt and F. G. Worden, [Cambridge, Mass.: MIT Press, 1974]), N. Geschwind("Disconnexion Syndromes in Animals and Man," *Brain*, 88 [1965], 237－84, 585－644), M. Mishkin("Analogous Neural Models for Tactual and Visual Learning," *Neuropsychologia*, 17 [1979], 139－51)의 저술을 참고하라. R. K. Nakamura와 M. Mishkin은 시각피질 자체가 손상되지 않더라도 피질 연결망의 절단으로 인해 만성적 '실명'이 일어날 수 있음을 보였다("Chronic 'Blindness' Following Lesions of Nonvisual Cortex in the Monkey," *Experimental Brain Research*, 63 [1986], 173－84). 원숭이의 두 뇌반구를 완전히 분리한 뒤 V1, V2, 하측 두피질을 제외한 좌뇌의 대부분을 절제하자 시각과 관련된 행동이 사라졌다. 하지만 단일 세포 기록법(Single-Unit Recording)으로 관찰된 V1 뉴런의 활동은 정상 원숭이와 크게 다르지 않았다. R. K. Nakamura, S. J. Schein, and R. Desimone, "Visual Responses From Cells in Striate Cortex of Monkeys Rendered Chronically 'Blind' By Lesions of Nonvisual Cortex," *Experimental Brain Research*, 63 (1986), 185－90 참조. 따라서 원숭이가 실명한 것은 V1의 기능 이상 때문이 아니라, 절제된 좌뇌 영역에 존재하던 주요 시각 처리 단계들과 V1의 연결이 끊어지기 때문으로 해석될 수 있다. 아래 참조.

2. 단, 실험적 조건에서는 두 뇌반구의 상이한 기능 특성을 확인할 수 있다. 가령 좌뇌는 언어, 말하기, 문제 해결에 능하며 행동을 해석하고 이야기를 지어내려는 경향을 보인다. M. S. Gazzaniga, "Principles of Human Brain Organization Derived from Split-Brain Studies," *Neuron*, 14 (1995), 217－28 참조. 우뇌는 일반적으로 그림 그리기, 얼굴 인식, 주의적 관찰(Attentional Monitoring)과 같은 시공간적(Visuospatial) 과제에 능하다.

3. R. W. Sperry, "Brain Bisection and Consciousness," in *Brain and Conscious Experience*, ed. J. C. Eccles (New York: Springer Verlag, 1966), 299.

4. P. G. Gasquoine, "Alien Hand Sign," *Journal of Clinical and Experimental Neuropsychology*, 15 (1993), 653－67; D. H. Geschwind, M. Iacoboni, M. S.

MEGa, D. W. Zaidel, T. Cloughesy, and E. Zaidel, "Alien Hand Syndrome: Interhemispheric Motor Disconnection Due to a Lesion in the Midbody of the Corpus Callosum," *Neurology*, 45 (1995), 802-08. 분리뇌 현상을 연구하는 학자들 중 일부, 특히 M. S. Gazzaniga는 두 뇌반구 중 좌뇌에만 의식이 있다고 주장했다(*The Social Brain: Discovering the Networks of the Mind* [New York: Basic Books, 1985]). 여러 무의식적 모듈의 출력물을 일관적이고 논리적인 이야기로 이어 붙이는 '해석기(interpreter)'가 좌뇌에만 존재하기 때문이라는 것이다. 하지만 그러한 해석기의 존재를 의식의 필수 요건으로 바라보는 것은 언어적 보고의 중요성을 과대평가하는 것이며, 동물 의식의 존재를 부정하는 것이나 다름없다. 일차 의식과 고차 의식을 구별해야 하는 이유가 바로 여기에 있다. 암묵 기억(Implicit Memory)과 외현 기억의 해리에 따른 기억상실증은 손상된 뇌 영역과, 의식과 관련된 뇌 전체의 신경 활동 패턴의 부분적인 분리로 발생할 수 있다. D. L. Schacter, "Implicit Knowledge: New Perspectives on Unconscious Processes," *Proceedings of the National Academy of Sciences of the United States of America*, 89 (1992), 11113-17 참조.

5. W. D. TenHouten, D. O. Walter, K. D. Hoppe, and J. E. Bogen, "Alexithymia and the Split Brain: V. EEG Alpha-Band Interhemispheric Coherence Analysis," *Psychotherapy and Psychosomatics*, 47 (1987), 1-10; T. Nielsen, J. Montplaisir, and M. Lassonde, "Decreased Interhemispheric EEG Coherence During Sleep in Agenesis of the Corpus Callosum," *European Neurology*, 33 (1993), 173-76; J. Montplaisir, T. Nielsen, J. Côté, D. Boivin, Rouleau, and G. Lapierre, "Interhemispheric EEG Coherence Before and After Partial Callosotomy," *Clinical Electroencephalography*, 21 (1990), 42-47; M. Knyazeva, T. Koeda, C. Njiokiktjien, E. J. Jonkman, M. Kurganskaya, L. de Sonneville, and V. Vildavsky, "EEG Coherence Changes During Finger Tapping in Acallosal and Normal Children: A Study of Inter- and Intrahemispheric Connectivity," *Behavioural Brain Research*, 89 (1997), 243-58.

6. W. Singer, "Bilateral EEG Synchronization and Interhemispheric Transfer of Somato-Sensory and Visual Evoked Potentials in Chronic and Acute Split-Brain Preparations of Cat," *Electroencephalography and Clinical Neurophysiology*, 26 (1969), 434; A. K. Engel, P. Konig, A. K. Kreiter, and W. Singer, "Interhemispheric Synchronization of Oscillatory Neuronal Responses in Cat Visual Cortex," *Science*, 252 (1991), 1177-79.

7. P. Janet, *L'automatisme Psychologique; essai de psychologie experimentale sur les forms inferieures de l'activite humaine* (Paris: F. Alcan, 1930).

8. S. Freud, J. Strachey, and A. Freud, *The Psychopathology of Everyday Life* (London: Benn, 1966).

9. E. R. Hilgard, *Divided Consciousness: Multiple Controls in Human Thought and Action* (New York: John Wiley & Sons, 1986).

10. *Diagnostic and Statistical Manual of Mental Disorders: Fourth Edition* (Washington, D.C.: American Psychiatric Association, 1994), 477.

11. 히스테리성 마비 혹은 마취가 신체화 장애(Somatoform Disorder)라는 범주 아래 다양한 전환 장애로 구분되었기 때문에 해리성 장애의 발병 메커니즘에 관하여 불필요한 혼선이 빚어지기도 했다. J. Nehmiah, "Dissociation, Conversion, and Somatization," in *American Psychiatric Press Review of Psychiatry*, Vol. 10, eds. A. Tasman and S. M. Goldfinger (Washington, D.C.: American Psychiatric Press, 1991), 248-260.; J. F. Kihlstrom, "The Rediscovery of the Unconscious," in *The Mind, The Brain, and Complex Adaptive Systems: Santa Fe Institute Studies in the Sciences of Complexity*, Vol. 22, ed. J. L. S. Harold Morowitz, (Reading, MA: Addison-Wesley, 1994), 123-43 참조. 현재 국제 질병 분류 ICD10에서는 이들을 '감각 또는 운동 해리성 장애'로 올바르게 분류하고 있다. 사실 운동과 감각의 해리, 그리고 자아와 자전적 기억의 해리는 전자가 일차 의식, 후자가 고차 의식과 관련되어 있다는 것만 빼면 그 발병 메커니즘은 같다.

12. G. Tononi and G. M. Edelman, "Schizophrenia and the Mechanisms of

Conscious Integration," *Brain Research Reviews*, in press.

13. A. J. Marcel, "Conscious and Unconscious Perception: An Approach to the Relations Between Phenomenal Experience and Perceptual Processes," *Cognitive Psychology*, 15 (1983), 238-300; A. J. Marcel, "Conscious and Unconscious Perception: Experiments on Visual Masking and Word Recognition," *Cognitive Psychology*, 15 (1983), 197-237; P. M. Merikle, "Perception Without Awareness: Critical Issues," *American Psychologist*, 47 (1992), 792-95.

14. V. O. Packard, *The Hidden Persuaders* (New York: D. McKay, 1957).

15. N. F. Dixon, *Subliminal Perception: The Nature of a Controversy* (New York: McGraw-Hill, 1971); N. F. Dixon, *Preconscious Processing* (New York: John Wiley & Sons, 1981); Marcel, "Conscious and Unconscious Perception: An Approach to the Relations Between Phenomenal Experience and Perceptual Processes"; Marcel, "Conscious and Unconscious Perception: Experiments on Visual Masking and Word Recognition"; J. M. Cheesman and P. M. Merikle, "Priming with and without Awareness," *Perception & Psychophysics*, 36 (1984), 387-95; J. M. Cheesman, "Distinguishing Conscious from Unconscious Perceptual Processes," *Canadian Journal of Psychology*, 40 (1986), 343-67.

16. 이를 통해 객관적 역치와 주관적 역치가 다르다는 것도 밝혀졌다. Cheesman and Merikle, "Priming with and without Awareness"; Cheesman, "Distinguishing Conscious From Unconscious Perceptual Processes." 참조. 객관적 역치는 피험자가 강제로 무언가를 선택하는 상황에서 우연 이상의 반응을 발생하게 하는 자극의 수준으로 정의되며, 주관적 역치는 피험자가 의식적 지각을 보고하는 자극의 수준으로 정의된다.

17. 자각 없는 지각은 길거나 강한 자극에 대해서도 발생할 수 있다. 예를 들어, F. C. Kolb and J. Braun, "Blindsight in Normal Observers," *Nature*, 377 (1995), 336-38에서는 정상인도 '기능적 맹시'를 경험할 수 있음을 보고하고 있다. 피험자에게 가로 줄무늬와 세로 줄무늬로 이루어진 자극을 1초 미만 동안 짧게 보

여준 뒤, 반대쪽 눈에 가로 줄무늬가 세로로, 세로 줄무늬가 가로로 대치된 상보적 장면을 보여주었을 때, 피험자들은 이러한 무늬의 대비를 의식하지 못했다. 그러나 강제로 추측하게 하자 대비된 영역의 존재와 위치를 높은 확률로 맞힐 수 있었다. 또 다른 실험에서는, 간격이 너무나 좁아 격자가 아니라 회색으로 보이는 고대비 격자 구조가 간격이 더 넓은 격자 구조를 자각하는 능력에 영향을 줄 수 있음이 드러나기도 했다. S. He, H. S. Smallman, and D. I. A. MacLeod, "Neural and Cortical Limits on Visual Resolution," *Investigative Ophthalmology & Visual Science*, 36 (1995), S438 참조. 또한, 격자무늬가 다른 격자무늬로 둘러싸여 있으면 관찰자는 지각하지 않고도 무늬의 방향에 습관화할 수 있다(지각적 '밀집(crowding)' 효과). S. He, P. Cavanagh, and J. Intriligator, "Attentional resolution and the Locus of Visual Awareness," Nature, 383 (1996), 334 – 37 참조. 몇몇 이들은 이러한 효과들에 V1이 관여한다는 이유로 V1의 신경 활동이 의식과 무관하다고 주장하기도 했다. F. Crick and C. Koch, "Are We Aware of Neural Activity in Primary Visual Cortex?" *Nature*, 375 (1995), 121 – 23 등 참조. 단, 아직은 이러한 현상을 야기하는 발화 패턴과 피질내 연결에 대해서는 밝혀진 바가 없다.

18. B. Libet, D. K. Pearl, D. E. Morledge, C. A. Gleason, Y. Hosobuchi, and N. M. Barbaro, "Control of the Transition from Sensory Detection to Sensory Awareness in Man by the Duration of a Thalamic Stimulus: The Cerebral 'Time-On' Factor," *Brain*, 114 (1991), 1731 – 57.

19. L. Cauller, "Layer I of Primary Sensory Neocortex: Where Top-Down Converges upon Bottom-up," *Behavioural Brain Research*, 71 (1995), 163 – 70.

20. B. Libet, C. A. Gleason, E. W. Wright, and D. K. Pearl, "Time of Conscious Intention to Act in Relation to Onset of Cerebral Activity (Readiness-Potential: The Unconscious Initiation of a Freely Voluntary Act," *Brain*, 106 (1983), 623 – 42.

21. A. Baddeley, "The Fractionation of Working Memory," *Proceedings of the National Academy of Sciences of the United States of America*, 93 (1996), 13468 – 72.

22. J. M. Fuster, R. H. Bauer, and J. P. Jervey, "Functional Interactions Between Inferotemporal and Prefrontal Cortex in a Cognitive Task," *Brain Research*, 330 (1985), 299-307; P. S. Goldman-Rakic, and M. Chafee, "Feedback Processing in Prefronto-Parietal Circuits During Memory-Guided Saccades," *Society for Neuroscience Abstracts*, 20 (1994), 808.

23. 특정 시간 이상 지속되는 신경 활동만이 의식적 경험에 관여할 수 있다는 것은 차폐(masking) 현상에서도 드러난다. V. Menon, W. J. Freeman, B. A. Cutillo, J. E. Desmond, M. F. Ward, S. L. Bressler, K. D. Laxer, N. Barbaro, and A. S. Gevins, "Spatio-Temporal Correlations in Human Gamma Band Electrocorticograms," *Electroencephalography & Clinical Neurophysiology*, 98 (1996), 89-102; K. J. Meador, P. G. Ray, L. Day, H. Ghelani, and D. W. Loring, "Physiology of Somatosensory Perception: Cerebral Lateralization and Extinction," *Neurology*, 51 (1998), 721-27 참조.

24. S. L. Bressler, "Interareal Synchronization in the Visual Cortex," *Brain Research—Brain Research Reviews*, 20 (1995), 288-304; W. Singer and C. M. Gray, "Visual Feature Integration and the Temporal Correlation Hypothesis," *Annual Review of Neuroscience*, 18 (1995), 555-86.; M. Joliot, U. Ribary, and R. Llinas, "Human Oscillatory Brain Activity Near 40 Hz Coexists with Cognitive Temporal Binding," *Proceedings of the National Academy of Sciences of the United States of America*, 91 (1994), 11748-51; A. Gevins, M. E. Smith, J. Le, H. Leong, J. Bennett, N. Martin, L. McEvoy, R. Du, and S. Whitfield, "High Resolution Evoked Potential Imaging of the Cortical Dynamics of Human Working Memory," *Electroencephalography & Clinical Neurophysiology*, 98 (1996), 327-48.

25. R. Srinivasan, D. P. Russell, G. M. Edelman, and G. J. Tononi, "Increased Synchronization of Magnetic Responses During Conscious Perception," *Neuroscience*, 19 (1999), 5435-4.

26. 한 연구에서는 다의적인(ambiguous) 시각 자극을 보는 피험자의 전기적 두뇌 활동을 측정하였다. 피험자는 해당 자극을 얼굴 혹은 무의미한 도형으로 지각하였다. 피험자가 그 자극을 얼굴로 지각할 때는 장거리 동기화 패턴이 관찰되었다. 이러한 장거리 동기화는 얼굴에 대한 지각과 버튼을 누르는 운동 반응에 해당한다고 말할 수 있다. 의식이 얼굴 지각에서 운동 반응으로 전환되는 순간에는 두뇌 활동이 비동기화되었다. 통일된 의식 상태를 구성하는 신경집단들의 통합이 장거리 동기화로 나타난다면, 또 다른 통합 상태가 선택되기 위해 집단들의 연결이 끊어지는 현상은 일시적인 비동기화로 나타날 수 있다. E. Rodriguez, N. George, J. P. Lachaux, J. Martinerie, B. Renault, and F. J. Varela, "Perception's Shadow: Long-Distance Synchronization of Human Brain Activity," *Nature*, 397 (1999), 430-33 참조. 또 다른 영상 연구에서, 연구자들은 특정한 음과 시각적 사건의 관계를 자각하는지 여부에 따라 피험자들을 두 집단으로 나누었다. 사건의 예측을 자각한 피험자만이 음에 따라 차등적인 행동 반응을 습득하였다. PET로 관찰한 결과, 자각이 일어나는 순간 좌측 전전두엽과 기능적으로 연결된 영역(후두엽, 측두엽 등)의 상관관계가 증가하였다. 이는 분산된 영역들이 통합될 때 자각이 발생한다는 것을 보여준다. A. R. McIntosh, M. N. Rajah, and N. J. Lobaugh, "Interactions of Prefrontal Cortex in Relation to Awareness in Sensory Learning," *Science*, 284 (1999), 1531-33 참조.

27. 서파 수면 중에 깨어난 뒤에도 꿈을 기억하는 경우가 없지는 않다. 하지만 렘수면에 비해 빈도가 낮고 그 특성도 다르다. 보통 서파 수면 중의 꿈은 렘수면 중의 꿈에 비해 훨씬 짧고 흐릿하다. 서파 수면의 가장 깊은 단계에서 깨어나면 아무것도 기억하지 못한다. D. Kahn, E. F. Pace-Schott, and J. A. Hobson, "Consciousness in Waking and Dreaming: The Roles of Neuronal Oscillation and Neuromodulation in Determining Similarities and Differences," Neuroscience, 78 (1997), 13–38; J. A. Hobson, R. Stickgold, and E. F. Pace-Schott, "The Neuropsychology of REM Sleep Dreaming," *Neuroreport*, 9 (1998), R1-R14; D. Foulkes, "Dream Research," *Sleep*, 19 (1996), 609–24 참조.

28. M. S. Livingstone and D. H. Hubel, "Effects of Sleep and Arousal on the Processing of Visual Information in the Cat," *Nature*, 291 (1981), 554–61 참조.

29. 몽유병이 대표적인 예시다. 몽유병 환자들은 깊이 잠든 채로도 다양한 운동 루틴을 수행할 수 있다. 그 상태에서 그들을 깨우면—이들을 깨우기란 쉽지 않다.—그들은 혼란스러운 행동을 보이며 꿈을 기억하지 못한다. 실제로 몽유병은 렘수면이 아닌 깊은 서파 수면 중에 일어난다.

30. M. Steriade, D. A. McCormick, and T. J. Sejnowski, "Thalamocortical Oscillations in the Sleeping and Aroused Brain," *Science*, 262 (1993), 679–85; M. Steriade and J. Hobson, "Neuronal Activity During the Sleep-Waking Cycle," *Progress in Neurobiology*, 6 (1976), 155–376.

31. 전신마취가 그 예다. 휘발성 마취제를 다량으로 흡입하여 무의식 상태에 들어서면 EEG상에서는 비렘수면과 유사한 서파가 관찰된다. 이는 신경집단들의 활동이 과동기화된다는 증거다.

32. 시각 자극을 잠깐 동안 보여주고, 그 자극의 시작과 끝과 관련된 일시적 신경 반응을 차폐 자극을 사용하여 억제하면 해당 자극은 눈에 보이지 않는다. S. L. Macknik and M. S. Livingstone, "Neuronal Correlates of Visibility and Invisibility in the Primate Visual System," *Nature Neuroscience*, 1 (1998), 144 – 9 참조. 주의를 통한 조절 역시 신경 활동이 증가하는 영역과 감소하는 영역들 사이의 대비를 증가시킴으로써 이루어진다. J. H. Maunsell, "The Brain's Visual World: Representation of Visual Targets in Cerebral Cortex," *Science*, 270 (1995), 764 – 69; K. J. Friston, "Imaging Neuroscience: Principles or Maps?" *Proceedings of the National Academy of Sciences of the United States of America*, 95 (1998), 796 – 802 참조. 나머지 조건이 같다면, 분화 가짓수가 다양한 신경집단이 의식적 경험에 관여할 확률이 높다. 개별 뉴런 차원에서 보자면, (IT 영역 등) 고차 영역에 속한 뉴런의 발화는 (망막, 외측 슬상체, V1 등) 하위 영역에 속한 뉴런의 발화보다 더 정보적이다. 이는 망막 뉴런의 발화가 IT 뉴런의 발화에 비해 더 선험적(a priori)이기 때문이다. IT 영역의 얼굴 인식 뉴런이 발화하면 무수한 다른

시각적 장면 대신 얼굴이 보인다. 반면, 망막 뉴런은 시야의 특정 위치에 밝은 점을 갖고 있는 무수히 많은 시각적 장면에 의해 발화할 수 있다. 따라서 얼굴 인식 뉴런이 망막 뉴런에 비해 시각적 장면의 특성에 관한 불확실성을 훨씬 더 많이 감소시킨다. 이는 원숭이를 대상으로 한 양안 경쟁 연구에서도 드러난다. D. A. Leopold and N. K. Logothetis, "Activity Changes in Early Visual Cortex Reflect Monkeys' Percepts During Binocular Rivalry," *Nature*, 379 (1996), 549–53; D. L. Shenberg and N. K. Logothetis, "The Role of Temporal Cortical Areas in Perceptual Organization," *Proceedings of the National Academy of Sciences of the United States of America*, 94 (1997), 3408–13 참조. V1, V4, MT 등의 영역에서 자신이 선호하는 자극이 지각되었을 때 발화율이 증가하는 뉴런은 18~25%에 불과했다. 반면, IT의 경우 거의 모든 뉴런들이 선호 자극이 지각될 때 모종의 신경 반응을 보였다. 이는 주의 효과가 고차 영역에서 더 강하고 쉽게 관찰된다는 점과도 부합한다. 이처럼 의식적 장면은 (그것이 시각적 장면이든 문장이든) 국소적인 세부 사항과는 관계없이 계획과 행위에 필요한 핵심 요점만을 대략적으로 담아낸다. R. Jackendoff, *Consciousness and the Computational Mind* (Cambridge, Mass.: MIT Press, 1987) 등 참조. 그렇다면 세계의 불변적 측면에 대응하는 뉴런들이 의식적 지각에 관여할 확률이 더 높다고 말할 수 있을까?

7장

1. M. J. Kottler, "Charles Darwin and Alfred Russel Wallace: Two Decades of Debate over Natural Selection," in *The Darwinian Heritage*, ed. D. Kohn (Princeton, N.J.: Princeton University Press, 1985), 420에서 인용.

2. F. M. Burnet, *The Clonal Selection Theory of Acquired Immunity* (Nashville, Tenn.: Vanderbilt University Press, 1959); G. M. Edelman, "Origins and Mechanisms of Specificity in Clonal Selection," in *Cellular Selection and Regulation in the Immune Response*, ed. G. M. Edelman (New York: Raven Press, 1974), 1–37.

3. G. M. Edelman and V. B. Mountcastle, *The Mindful Brain: Cortical*

Organization and the Group-Selective Theory of Higher Brain Function (Cambridge, Mass.: MIT Press, 1978); G. M. Edelman, *Neural Darwinism: The Theory of Neuronal Group Selection* (New York: Basic Books, 1987); O. Sporns and G. Tononi, eds., *Selectionism and the Brain* (San Diego, Calif.: Academic Press, 1994).

4. G. Tononi, "Reentry and the Problem of Cortical Integration," *International Review of Neurobiology*, 37 (1994), 127–52.

5. G. Tononi, O. Sporns, and G. M. Edelman, "Reentry and the Problem of Integrating Multiple Cortical Areas: Simulation of Dynamic Integration in the Visual System," *Cerebral Cortex*, 2 (1992), 310–35; S. Zeki, a Vision of the Brain (Boston: Blackwell Scientific Publications, 1993) 등 참조.

6. L. H. Finkel and G. M. Edelman, "Integration of Distributed Cortical Systems by Reentry: A Computer Simulation of Interactive Functionally Segregated Visual Areas," *Journal of Neuroscience*, 9 (1989), 3188–208.

7. Edelman and Mountcastle, *The Mindful Brain*; Edelman, *Neural Darwinism*; G. Tononi, O. Sporns, and G. M. Edelman, "Measures of Degeneracy and Redundancy in Biological Networks," *Proceedings of the National Academy of Sciences of the United States of America*, 96 (1999), 3257–62.

8. G. Tononi, C. Cirelli, and M. Pompeiano, "Changes in Gene Expression During the Sleep-Waking Cycle: A New View of Activating Systems," *Archives Italiennes de Biologie*, 134 (1995), 21–37.

9. C. Cirelli, M. Pompeiano, and G. Tononi, "Neuronal Gene Expression in the Waking State: A Role for the Locus Coeruleus," *Science*, 274 (1996), 1211–15.

10. G. M. Edelman, G. N. J. Reeke, W. E. Gall, G. Tononi, D. Williams, and O. Sporns, "Synthetic Neural Modeling Applied to a Real-World Artifact," *Proceedings of the National Academy of Sciences of the United States of America*, 89 (1992), 7267–71; N. Almássy, G. M. Edelman, and O. Sporns, "Behavioral Constraints in the Development of Neuronal Properties: A Cortical Model

Embedded in a Real-World Device," *Cerebral Cortex*, 8 (1998), 346-61.

11. K. J. Friston, G. Tononi, G. N. J. Reeke, O. Sporns, and G. M. Edelman, "Value-Dependent Selection in the Brain: Simulation in a Synthetic Neural Model," *Neuroscience*, 59 (1994), 229-43.

12. M. Rucci, G. Tononi, and G. M. Edelman, "Registration of Neural Maps Through Value-Dependent Learning: Modeling the Alignment of Auditory and Visual Maps in the Barn Owl's Optic Tectum," *Journal of Neuroscience*, 17 (1997), 334-52.

13. A. R. Damasio, *Descartes' Error: Emotion, Reason, and the Human Brain* (New York: G. P. Putnam's Sons, 1994).

8장

1. G. M. Edelman, *Neural Darwinism: The Theory of Neuronal Group Selection* (New York: Basic Books, 1987).

2. 동일한 출력을 낳는 신경 반응의 전체 집합이 바로 표상이라는 주장도 있다. 하지만 이 주장이 사실이라면 동역학적 현상으로서의 선택의 개념이 상당히 축소된다. 선택은 사후적(ex post facto)이다. 다시 말해, 기억을 나타내는 부호나 상징은 존재하지 않으며, 서로 다른 구조와 동역학도 동일한 기억을 일으킬 수 있다. 무엇보다도 신경 반응의 집합과 기억 기저의 신경 구조는 시간에 따라 계속해서 변화한다. 이러한 뇌의 역동적 속성을 (언어나 컴퓨터 코드처럼) 의사소통이나 문화적 목적을 위해 인간이 의식적으로 구축한 상징적 표상 체계에 빗대는 것은 그야말로 어불성설이다.

9장

1. G. M. Edelman, *Neural Darwinism: The Theory of Neuronal Group Selection* (New York: Basic Books, 1987); G. M. Edelman, *The Remembered Present: A Biological*

Theory of Consciousness (New York: Basic Books, 1989).

10장

1. O. Sporns, G. Tononi, and G. M. Edelman, "Modeling Perceptual Grouping and Figure-Ground Segregation by Means of Active Reentrant Connections," *Proceedings of the National Academy of Sciences of the United States of America*, 88 (1991), 129-33; G. Tononi, O. Sporns, and G. M. Edelman, "Reentry and the Program of Integrating Multiple Cortical Areas: Simulation of Dynamic Integration in the Visual System," *Cerebral Cortex*, 2 (1992), 310-35; E. D. Lumer, G. M. Edelman, and G. Tononi, "Neural Dynamics in a Model of the Thalamacortical System, 1: Layers, Loops, and the Emergence of Fast Synchronous Rhythms," *Cerebral Cortex*, 7 (1997), 207-27; E. D. Lumer, G. M. Edelman, and G. Tononi, "Neural Dynamics in a Model of the Thalamocortical System, 2: The Role of Neural Synchrony Tested Through Perturbations of Spike Timing," *Cerebral Cortex*, 7 (1997), 228-36.

2. Tononi, Sporns, and Edelman, "Reentry and the Program of Integrating Multiple Cortical Areas."

3. 시각계의 해부생리학적 특성을 구체적으로 어떻게 구현했는지 알고 싶다면 원본 논문(주10-2)을 참조할 것.

4. 예를 들어, V1은 위상학적으로 조직되어 있고 물체의 세부 특징에 반응하는 반면, IT 영역은 위상학적 조직도가 낮으며 고차적이고 불변적인 속성에 반응한다. 하지만 이 둘 사이에도 동기화가 일어났다.

5. A. Treisman and H. Schmidt, "Illusory Conjunctions in the Perception of Objects," *Cognitive Psychology*, 14 (1982), 107-41.

6. 본 모델을 이용한 다른 시뮬레이션에서는 재유입 과정이 신경집단의 신호를 신경계의 나머지 부분으로 빠르게 퍼뜨리고, 모델 내 신경집단의 반응에 고도의 맥락 의존성을 부여하며, 많은 출력값에 대한 전역적 접근을 가능케 한

다는 것이 드러났다. 이 모델 시스템은 신경 단위체를 추가하지 않아도 새로운 특징 조합을 유연하게 수용할 수 있었다. 이는 의식적 경험의 맥락 의존성, 접근, 연상의 유연성과도 직결되어 있다는 점에서 특히 중요하다. G. Tononi and G. M. Edelman, "Consciousness and the Integration of Information in the Brain," in *Consciousness*, eds. H. H. Jasper, L. Descarries, V. F. Castellucci, and S. Rossignol (New York: Plenum Press, 1998) 참조.

7. 뇌는 매우 복잡한 구조다. 그렇기 때문에 상세한 시뮬레이션을 사용하지 않고 피질-피질 회로와 시상-피질 회로 간의 상호작용이 발생하는 원리나 시상피질계의 독특한 세포나 시냅스 구조로 인한 역동성을 연구하기란 사실상 거의 불가능하다. 저자는 기초적인 시상-피질 회로의 직동에 필요한 최소한의 요소만이 포함된 대규모 모델을 구축하였다. Lumer, Edelman, and Tononi, "Neural Dynamics in a Model of the Thalamacortical System, 1"; Lumer, Edelman, and Tononi, "Neural Dynamics in a Model of the Thalamacortical System, 2, *Cerebral Cortex*, 7 (1997), 207-36." 참조. 이 모델은 6만5000개 이상의 뉴런과 500만 개 이상의 연결로로 구성되어 있다. 지면상 이 모델에 대한 자세한 소개와 실험 결과는 생략하지만, 관심이 있는 독자는 위의 두 논문을 참조하라. 여기에는 전문가들을 위한 짧은 요약만을 싣고자 한다. 모델은 시각피질의 일차 영역(Vp)과 2차 영역(Vs), 그 둘에 대응하는 등쪽 시상(Tp와 Ts)과 시상 그물핵 영역(Rp와 Rs)으로 구성되어 있으며, 개별 뉴런들은 단변수(Single-Compartment)의 통합-발화(Integrate-And-Fire) 단위체로 구현되었다. 흥분성 뉴런과 억제성 뉴런은 각각 규칙적 발화(Regular-Spiking) 뉴런과 고속 발화(Fast-Spiking) 뉴런의 세포 상수값을 이용하여 모델링되었다. 시냅스 상호작용은 (NMDA와 유사한) 전압의존성 흥분, (AMPA와 유사한) 전압 비의존성 흥분, ($GABA_A$와 유사한) 고속 억제, ($GABA_B$와 유사한) 저속 억제를 지원하는 시뮬레이션 이온 채널을 통해 발생했다. 모든 연결로에는 전도 지연(Conduction Delay)이 가해졌으며, 각 단위체들은 균형 포아송(balanced Poissonian) 흥분과 억제를 따르는 불규칙적이고 자발적인 배경 활동을 보이도록 조정되었다.

8. 시뮬레이션 모델에 가로 격자와 세로 격자가 겹쳐져 수직으로 움직이는 형태의 자극을 0.25초 동안 제시하고 모든 단위체의 막전위를 분석한 결과, 활동전위 발생 여부와 무관하게 많은 단위체들이 뚜렷한 시공간적 패턴을 공유하는 것으로 드러났다. 이러한 준안정적(quasi-stable) 활동 패턴은 모델 내에서 상당량의 동기화된 발화와 진동 현상이 일어나고 있음을 시사한다. 고주파 동기화 진동은 모델의 모든 수준에서 발생했으며, 이는 전역적 동기화 정도를 측정함으로써 확인되었다. 단, 그러한 전역적 동기화 발화에 참여하지 않는 단위체도 많이 있었다. 이러한 동기화된 단위체 앙상블은 그것을 이루는 단위체 간의 상호작용이 그 밖의 단위체들과의 상호작용에 비해 훨씬 강력하다는 점에서 '기능적 군집'에 해당한다고 볼 수 있다. 저자는 이 모델을 활용하여 시냅스 강도, 억제의 시간 상수, 신호 전달 지연 시간, 가로로 뻗은 층내 회로와 세로로 뻗은 층간 회로, 시상-피질 회로, 시상그물 거대 회로에 영향을 주는 구조적 변수 등 여러 생리학적 변수들이 동기화된 리듬의 출현에 미치는 영향을 탐구하였다. 다시냅스성 회로에 단방향적 혹은 양방향적 손상을 가하자 집단의 평균적인 고주파 동기화 발화 특성이 급격하게 변화하였다. 이는 전역적 동기화가 피질-시상, 피질-피질 재유입 회로 동역학적 속성에 의존하고 있음을 보여주는 증거다. 가로로 뻗은 피질 내 연결로의 NMDA 수용체에 해당하는 전압 의존성 채널은 영역 내 혹은 영역 간 광범위한 결맞음의 형성에 필수적이었다. 이들을 차단하자 개별 시냅스의 효율성이 줄어들 뿐만 아니라 전역적 결맞음도 함께 사라졌다. 시상피질계 내부의 동기화와 신경 활성도는 서로 비선형적 상관관계를 보였다. 자극 강도가 일정 수준에 달하면 동기화 수준과 효율이 갑자기 증가하고, 신경 활성도의 평균값과 분산 역시 급격히 증가했다. 이는 비평형 상전이의 대표적인 특성이다. H. G. Schuster, *Deterministic Chaos: An Introduction* (New York: VCH Distribution, 1988) 참조. 이로부터 우리는 전압 의존성 채널의 개방에 의한 시상-피질, 피질-시상 재유입 회로의 '점화'가 통합된 시상피질 과정이 출현하기 위한 필요조건임을 알 수 있다.

9. G. Tononi, A. R. McIntosh, D. P. Russell, and G. M. Edelman, "Functional

Clustering: Identifying Strongly Interactive Brain Regions in Neuroimaging Data," *Neuroimage*, 7 (1998), 133-49.

10. B. Everitt, *Cluster Analysis* (London: E. Arnold, 1993).

11. Tononi, McIntosh, Russell, and Edelman, "Functional Clustering."

12. 계의 활동 패턴이 이산 변수 X로 표현될 경우, 계의 엔트로피는 $H(X)=K\Sigma^{N}_{j=1}P_j log_2 P_j$이다. 이때 K는 임의의 상수이고, P_j는 j번째 상태가 일어날 확률이며, N은 발생 가능한 모든 상태의 수이다(모든 상태의 발생 확률이 동일하다면 $P_j=1/N$이며, 이 수식은 $H(X)=log_2 N$ 비트로 정리된다). 계의 상태가 연속 변수라면 $H(X)=-K\int dx\ P(X) log_2 P(X)$이다. 이때 P(X)는 계의 확률 분포 함수이다. 연속 변수의 경우에는 상태의 가짓수가 무한하기 때문에 엔트로피를 정의하기 어렵지만, 측정의 정밀도가 유한하다고 가정하면 이를 해결할 수 있다. 또한, 엔트로피의 차이는 모든 조건에서 정의 가능하다. F. Rieke, D. Warland, B. de Ruyter van Steveninck, and W. Bialek, *Spikes: Exploring the Neural Code* (Cambridge, Mass.: MIT Press, 1997) 참조.

13. G. Tononi, O. Sporns, and G. M. Edelman, "A Measure for Brain Complexity: Relating Functional Segregation and Integration in the Nervous System," *Proceedings of the National Academy of Sciences of the United Sates of America*, 91 (1994), 5033-37.

14. 통합도와 상호 정보는 다변수적이며 통계적 의존성의 고차 모멘트에도 민감하게 변화하므로 부분집합 내부와 외부의 통계적 의존성에 대한 지표로서 광범위하게 활용될 수 있다. A. Papoulis, *Probability, Random Variables, and Stochastic Processes* (New York: McGraw-Hill, 1991) 참조. 통합도와 상호 정보는 정상성(stationarity)과 같은 몇몇 조건만 만족되면 쉽게 계산할 수 있다. 비정상(nonstationary) 조건이나 짧은 시간에 대해서는 계산하기 어렵다.

15. Tononi, McIntosh, Russell, and Edelman, "Functional Clustering."

16. 더 정확히 말하자면, 해당 부분집합의 군집지수가 균질한 계의 기댓값보다 통계적으로 더 크고, 그 부분집합의 부분집합 가운데 더 높은 군집지수 값을 가

진 것이 없을 때, 그 집합이 기능적 군집이라 말할 수 있다. 주15 참조.

17. Ibid.

18. S. L. Bressler, "Interareal Synchronization in the Visual Cortex," *Behavioural Brain Research*, 76 (1996), 37-49; M. Joliot, U. Ribary, and R. Llinas, "Human Oscillatory Brain Activity Near 40 Hz Coexists with Cognitive Temporal Binding," *Proceedings of the National Academy of Sciences of the United States of America*, 91 (1994), 11748-51; A. Gevins, "High-Resolution Electroencephalographic Studies of Cognition," *Advances in Neurology*, 66 (1995), 181-95; R. Srinivasan, D. P. Russell, G. M. Edelman, and G. Tononi, "Frequency Tagging Competing Stimuli in Binocular Rivalry Reveals Increased Synchronization of Magnetic Responses During Conscious Perception," *Journal of Neuroscience*, 19 (1999), 5435-48; E. Rodriguez, N. George, J. P. Lachaux, J. Martinerie, B. Renault, and F. J. Varela, "Perception's Shadow: Long-Distance Synchronization of Human Brain Activity," *Nature*, 397 (1999), 430-33.

19. W. Singer and C. M. Gray, "Visual Feature Integration and the Temporal Correlation Hypothesis," *Annual Review of Neuroscience*, 18 (1995), 555-86.

20. A. K. Engel, P. Konig, A. K. Kreiter, and W. Singer, "Interhemispheric Synchronization of Oscillatory Neuronal Responses in Cat Visual Cortex," *Science*, 252 (1991), 1177-79.

11장

1. C. E. Shannon and W. Weaver, *The Mathematical Theory of Communication* (Urbana: University of Illinois Press, 1963).

2. 여기서는 이산적 변수와 상태를 다루었지만, 측정의 정밀도가 유한하다고 가정하면 연속적 변수 역시 취급 가능하다. 주10-12 참조.

3. Shannon and Weaver, *The Mathematical Theory of Communication*; A. Papoulis, *Probability, Random Variables, and Stochastic Processes* (New York: McGraw-Hill,

1991).

4. 정보 이론에서는 (엔트로피로 계산되는) 다차원적 분산과 (상호 정보로 계산되는) 통계적 의존성에 기반하여 임의의 계를 서술한다. 실제로 이러한 통계학적 방법론은 물리학의 여러 난제를 해결해나가고 있다. W. H. Zurek, *Complexity, Entropy, and the Physics of Information: The Proceedings of the 1988 Workshop on Complexity, Entropy, and the Physics of Information Held May-June*, 1989, in Santa Fe, New Mexico (Redwood City, Calif.: Addison-Wesley, 1990) 참조.

5. G. Tononi, O. Sporns, and G. M. Edelman, "A Measure for Brain Complexity: Relating Functional Segregation and Integration in the Nervous System," *Proceedings of the National Academy of Sciences of the United States of America*, 91 (1994), 5033-37.

6. 다시 말해 엔트로피는 외부 관찰자의 눈에서 본 계의 가변성이며, 상호 정보는 계 스스로(더 정확히 말하자면, 계의 여러 부분집합)가 본 계의 가변성이다.

7. 가령 X_j^k가 취할 수 있는 상태가 단 두 가지뿐이라면 X_j^k의 상태와 $X\text{-}X_j^k$의 상태 간에 통계적 의존성이 있다고 해도 X_j^k가 구별할 수 있는 $X\text{-}X_j^k$의 상태는 최대 2개에 불과하다. 따라서 상호 정보의 값 역시 낮다. 반대로 X_j^k와 $X\text{-}X_j^k$가 통계적으로 독립되어 있다면, 상태의 가짓수가 얼마이든 X_j^k는 $X\text{-}X_j^k$의 상태를 구별하지 못하며, 상호 정보는 0이다. X_j^k가 다양한 상태를 취할 수 있고, 그와 동시에 X_j^k의 상태와 $X\text{-}X_j^k$의 상태 간에 통계적 의존성이 있다면 상호 정보의 값은 높다.

8. Tononi, Sporns, and Edelman, "A Measure for Brain Complexity." 참조. 윌리엄 제임스와 루돌프 로체(Rudolf Lotze)는 통합의 개념을 정의하는 일에 어려움을 겪었다. 이는 그들이 통합을 계 내부가 아닌 외부에서 바라보았기 때문이다. W. James, *The Principles of Psychology* (New York: Henry Holt, 1890), 159 참조.

9. 이 결론은 직관적이며, 물리학과 생물학에서의 복잡계의 개념과도 일치한다. Zurek, *Complexity, Entropy, and the Physics of Information* 참조. 계의 엔트로피 중 개별 원소 간의 상호작용에 의해 설명되는 양 $\Sigma \mathrm{MI}(X_j^1;X\text{-}X_j^1)\text{-}I(X)$으로 복잡도를 정의하면 통합도와 상호 정보의 평균값을 계산하지 않고서도 복잡도를 계

산할 수 있다. G. Tononi, G. M. Edelman, and O. Sporns, "Complexity and the Integration of Information in the Brain," *Trends in Cognitive Science*, 2 (1998), 44-52 참조. 계의 부분집합 가운데 하나를 자극하여 변화를 유도한 뒤 상호 정보의 변화를 관찰하면 계의 요소들 간의 실제 인과적 상호작용의 방향성을 확인할 수 있다. G. Tononi, O. Sporns, and G. M. Edelman, "Measures of Degeneracy and Redundancy in Biological Networks," *Proceedings of the National Academy of Sciences of the United States of America*, 96 (1999), 3257-62 참조. 복잡도의 지표는 독립된 하위 체계들의 집합이 아닌 단일 계(기능적 군집)에 대해서만 적용될 수 있다는 사실에 유의하라.

10. Cf. Tononi, Sporns, and Edelman, "A Measure for Brain Complexity."

11. O. Sporns, G. Tononi, and G. M. Edelman, "Modeling Perceptual Grouping and Figure-Ground Segregation by Means of Active Reentrant Connections," *Proceedings of the National Academy of Sciences of the United States of America*, 88 (1991), 129-33.

12. 다시 말해, 각 뉴런의 신경 활동은 독립적으로 가해진 무작위 잡음에 의해서만 촉발된다.

13. 물론 이 경우에는 EEG가 실제로 측정된 것이 아니라 시뮬레이션 뉴런의 활동에 기반하여 계산되었다.

14. 고립계의 기능적 특이성(이 경우는 위치 또는 방향에 대한 특이성)은 원소 간의 내재적 연결성에 의해 정의된다.

15. Tononi, Sporns, and Edelman, "A Measure for Brain Complexity"; O. Sporns, G. Tononi, and G. M. Edelman, "Theoretical Neuroanatomy: Relating Anatomical and Functional Connectivity in Graphs and Cortical Connection Matrices," *Cerebral Cortex*, 10 (2000), 127-41.

16. C. G. Habeck, G. M. Edelman, and G. Tononi, "Dynamics of Sleep and Waking in a Large-Scale Model of the Cat Thalamocortical System," *Society Neuroscience Abstracts*, 25 (1999), 361.

17. 이 책에서 소개한 복잡도 지표는 실제 신경생리학 데이터에도 적용 가능함이 확인되었다. K. J. Friston, G. Tononi, O. Sporns, and G. M. Edelman, "Characterising the Complexity of Neuronal Interactions," *Human Brain Mapping*, 3 (1995), 302-14 참조.

18. 많은 생물계 역시 복잡계에 해당하므로 본문의 분석법을 적용할 수 있다. 원핵생물과 진핵생물의 유전자 조절 회로, 다양한 내분비 회로, 발생 중인 배아 내부의 상호작용 등이 그 예다. 저자들의 접근법이 병렬 연산이나 통신 네트워크 등에도 적용될 수 있을지는 검증이 필요하다. 복잡 동역학계는(특히 소위 혼돈의 가장자리(Edge of Chaos)의 상전이 시점 부근에서) 완전한 무작위성과 완전한 규칙성의 두 극단을 오가기 때문에, 저자들의 복잡도 지표가 시간적 변화를 고려하도록 확장될 수 있는지에 관해서도 추가 연구가 필요하다. 관련 내용은 Zurek, *Complexity, Entropy, and the Physics of Information* 참조.

19. G. Tononi, O. Sporns, and G. M. Edelman, "A Complexity Measure for Selective Matching of Signals by the Brain," *Proceedings of the National Academy of Sciences of the United States of America*, 93 (1996), 3422-27.

20. Tononi, Edelman, and Sporns, "Complexity and the Integration of Information in the Brain"; G. Tononi and G. M. Edelman, "Information: In the Stimulus or in the Context?" *Behavioral and Brain Sciences*, 20 (1997), 698-99.

21. J. S. Bruner, *Beyond the Information Given: Studies in the Psychology of Knowing* (New York: W. W. Norton, 1973) 참조.

22. 이는 허버트 스펜서의 표현임. H. Spencer, *First Principles* (New York: Appleton, 1920) 참조.

23. Tononi, Sporns, and Edelman, "A Complexity Measure for Selective Matching of Signals by the Brain."

24. 계의 연결망이 축퇴—특정한 출력을 내놓기 위한 방법의 가짓수—를 증대하는 방향으로 변화함에 따라 복잡도 역시 증가하였다. 이는 외부 환경에 대한 계의 적응에 해당한다. Tononi, Sporns, and Edelman, "Measures of Degeneracy

and Redundancy in Biological Networks"와 7장 참조.

12장

1. W. James, *The Principles of Psychology* (New York: Henry Holt, 1890), 78.

2. D. A. Leopold and N. K. Logothetis, "Activity Changes in Early Visual Cortex Reflect Monkeys' Percepts During Binocular Rivalry," *Nature*, 379 (1996), 549-53; D. L. Shenberg and N. K. Logothetis, "The Role of Temporal Cortical Areas in Perceptual Organization," *Proceedings of the National Academy of Sciences of the United States of America*, 94 (1997), 3408-13 참조.

3. G. Tononi, R. Srinivasan, D. P. Russell, and G. M. Edelman, "Investigating Neural Correlates of Conscious Perception By Frequency-Tagged Neuromagnetic Responses," *Proceedings of the National Academy of Sciences of the United States of America*, 95 (1998), 3198-203; R. Srinivasan, D. P. Russell, G. M. Edelman, and G. Tononi, "Increased Synchronization of Magnetic Responses During Conscious Perception," *Journal of Neuroscience*, 19 (1999), 5435-48.

4. 하위 시각 영역에서 의식적 지각과 상관관계를 가진 신경 단위체는 그리 많지 않다. 하지만 후두엽의 MEG 신호는 지각에 따라 상당히 큰 변화를 보인다. 이는 MEG 신호가 신경 대집단의 상관된 발화를 민감하게 탐지하기 때문이다. 사시 증상을 가진 고양이를 대상으로 한 연구에서, 양안 경쟁 도중의 지각 우세 상황에서는 하위 시각 영역의 동기화가 증가하였고, 지각 억제(Perceptual Suppression) 상황에서는 동기화가 감소하였다. G. Rager and W. Singer, "The Response of Cat Visual Cortex to Flicker Stimuli of Variable Frequency," *European Journal of Neuroscience*, 10 (1998), 1856-77 참조. 어쩌면 개별 단위체의 발화 수준이 변하는 것은 빙산의 일각에 불과한 것일지도 모른다.

5. 의식적 경험의 공간적 '알갱이'가 개별 뉴런보다 큰 것처럼, 시간적 '알갱이' 역시 개별 스파이크(spike)보다는 더 길 것으로 예상된다. 실제로 뉴런 간 신호 전달은 몇 밀리초 단위지만, 우리의 의식은 몇백 밀리초 단위에서 일어난다. A.

L. Blumenthal, *The Process of Cognition*, (Englewood Cliffs, N.J.: Prentice- Hall, 1977) 참조. 따라서 의식적 경험의 신경상관물을 찾기 위해서는 몇백 밀리초 규모로 발생하는 신경 동역학 사건들에 주목할 필요가 있다.

6. D. J. Simons, and D. T. Levin, "Change Blindness," *Trends in Cognitive Sciences*, 1 (1997), 261-67.

7. M. Solms, *The Neuropsychology of Dreams: A Clinico-Anatomical Study* (Mahwah, N.J.: Lawrence Erlbaum Associates, 1997).

8. 앞서 언급하였듯, 자각 없는 지각은 자극이 짧거나 약하지 않아도 발생할 수 있다. F. C. Kolb and J. Braun, "Blindsight in Normal Observers," *Nature*, 377 (1995), 336-38; S. He, H. S. Smallman, and D. I. A. MacLeod, "Neural and Cortical Limits on Visual Resolution," *Investigative Ophthalmology & Visual Science*, 36 (1995), S438; S. He, P. Cavanagh, and J. Intriligator, "Attentional Resolution and the Locus of Visual Awareness," *Nature*, 383 (1996), 334-37 참조.

9. W. Penfield, *The Excitable Cortex in Conscious Man*, Springfield, Ill.: Charles C. Thomas, 1958); W. Penfield, *The Mystery of the Mind: A Critical Study of Consciousness and the Human Brain* (Princeton, N.J.: Princeton University Press, 1975); E. Halgren and P. Chauvel, "Experimental Phenomena Evoked by Human Brain Electrical Stimulation," *Advances in Neurology*, 63 (1993), 123-40; W. T. D. Newsome, and C. D. Salzman, "The Neuronal Basis of Motion Perception," *Ciba Foundation Symposium*, 174 (1993), 217-30 참조.

10. 경두개 자기 자극(transcranial magnetic stimulation)으로도 비슷한 결과를 얻을 수 있다. V. E. Amassian, R. Q. Cracco, P. J. Maccabee, J. B. Cracco, A. P. Rudell, and L. Eberle, "Transcranial Magnetic Stimulation in Study of the Visual Pathway," *Journal of Clinical Neurophysiology*, 15 (1998), 288-304; U. Ziemann, B. J. Steinhoff, F. Tergau, and W. Paulus, "Transcranial Magnetic Stimulation: Its Current Role in Epilepsy Research," *Epilepsy Research*, 30 (1998), 11-30; R. Q. Cracco, J. B. Cracco, P. J. Maccabee, and V. E. Amassian, *Journal of*

Neuroscience Methods, 86 (1999), 209-19) 참조.

11. G. Tononi, 출판되지 않은 관찰 결과.

12. E. D. Lumer, G. M. Edelman, and G. Tononi, "Neural Dynamics in a Model of the Thalamorcortical System. 1: Layers, Loops, and the Emergence of Fast Synchronous Rhythms," *Cerebral Cortex*, 7 (1997), 207-27.; E. D. Lumer, G. M. Edelman, and G. Tononi, "Neural Dynamics in a Model of the Thalamocortical System. 2: The Rôle of Neural Synchrony Tested Through Perturbations of Spike Timing," *Cerebral Cortex*, 7 (1997), 228-36; G. Tononi, O. Sporns, and G. M. Edelman, "Reentry and the Problem of Integrating Multiple Cortical Areas: Simulation of Dynamic Integration in the Visual System," *Cerebral Cortex*, 2 (1992), 310-35.

13. F. Crick and C. Koch, "Some Reflections on Visual Awareness," *Cold Spring Harbor Symposia on Quantitative Biology*, 55 (1990), 953-62; F. Crick and C. Koch, "The Problem of Consciousness," *Scientific American*, 267 (1992), 152-59; F. Crick, and C. Koch, "Are We Aware of Neural Activity in Primary Visual Cortex?" *Nature*, 375 (1995), 121-23; S. Zeki and A. Bartels, "The Asynchrony of Consciousness," *Proceedings of the Royal Society of London, Series B— Biological Sciences*, 265 (1998), 1583-85 참조.

14. 이는 최근의 PET 연구 결과와도 잘 부합한다. A. R. McIntosh, M. N. Rajah, and N. J. Lobaugh, "Interactions of Prefrontal Cortex in Relation to Awareness in Sensory Learning," *Science*, 284 (1999), 1531-33 참조. 피험자가 특정한 음정과 시각적 사건 간에 상관관계가 있다는 사실을 자각한 순간, 후두엽과 측두엽 등 좌측 전전두엽과 기능적으로 연결된 영역들의 상관관계가 증가하였다. 이에 대해 저자들은 분산된 영역들이 통합될 때 자각이 발생한다고 해석하였다. 저자들은 좌측 전전두엽의 작용(이 경우에는 관찰)이 자각을 일으키는지 여부가 전전두엽이 다른 뇌 영역과 상호작용하는 방식에 따라 결정된다는 사실을 지적하기도 하였다.

15. 단, 역동적 핵심부 역시 피질과 마찬가지로 '방사형(Radial)' 또는 계층적 조직화 구조를 따르고 있는 것으로 추정된다. 예를 들어, 사물의 서로 다른 감각 양식 가운데 불변적 측면을 처리하는 피질 영역들은 낮은 수준의 측면을 처리하는 영역들보다 서로 더 많이 연결되어 있다. 즉, 얼굴에 반응하는 신경집단과 목소리에 반응하는 신경집단은 직접 신호를 주고받지만, 특정 방향의 막대에 반응하는 신경집단과 특정 음정에 반응하는 신경집단은 신호를 주고받지 않는다. 단, 같은 양식 내에서는 '상위 수준' 신경집단과 '하위 수준' 신경집단이 긴밀하게 연결되어 있다. 이러한 조직화 규칙은 역동적 핵심부 내의 기능적 상호작용에도 적용될 것이다(6장 주 32 참조).

16. 주의와 관련된 다양한 효과 역시 역동적 핵심부가 변화하는 과정에서 생기는 맥락적 효과로 이해될 수 있다. 단, 의식적인 주의 조절을 의식 상태의 출현 자체와 혼동해서는 안 된다.

17. M. H. Chase, "The Matriculating Brain," *Psychology Today*, 7 (1973), 82-87.

18. Tononi, Sporns, and Edelman, "Reentry and the Problem of Integrating Multiple Cortical Areas."

19. 이 값에 관한 논의는 T. Nørretranders, *The User Illusion: Cutting Consciousness Down to Size* (New York: Viking, 1998) 참조. TV는 1초당 수백만 비트의 용량을 지니고 있다. 같은 방식으로 계산하면 인간의 감각기 역시 1초당 수백만 비트의 용량을 지니고 있다고 말할 수 있다. 단, 인간의 운동 출력의 용량은 초당 약 40비트에 불과하다. K. Küpfmuller, "Grundlage der Informationstheorie und Kybernetick," in *Physiologie des Menschen*, Vol. 10, eds. O. H. Grauer, K. Kramer, and R. Jung. (Munich: Urban & Schwarzenberg, 1971) 참조.

20. 이를 보면 B. J. 바스(B. J. Baars)의 주장처럼 의식을 '전역 작업 공간(global workspace)'에 비유하는 것이 그리 적절치 않음을 알 수 있다. 전역 작업 공간에 관해서는 *A Cognitive Theory of Consciousness* (New York: Cambridge University Press, 1988) 참조. 바스는 용량 제한이라는 개념에 기초하여, 의식이 극장의 무대나 TV 방송국과 같다고 주장하였다. 전역 작업 공간 이론의 의식 모델에서는

몇몇 배우(의미 덩이에 해당)에게만 스포트라이트가 주어진다. 스포트라이트를 받은 이들의 메시지는 전 객석에 광범위하게 전달된다. 때로는 관객 중 몇몇이 무대에 올라 그들의 메시지를 퍼뜨리기도 한다. 어쨌거나 매 순간 의식에서 전달되는 메시지는 고작 몇 개에 불과하다. 정보는 배우들이 전하는 메시지 속에 담겨 있으며, 적은 양의 정보 내용이 뇌 전반에 광범위하게 분산된다는 것이 전역 작업 공간 이론의 요지다. 하지만 의식의 정보는 배우들의 메시지 속에 담겨 있는 것이 아니라, 계 내부의 전역적 상호작용이 만들 수 있는 상태의 가짓수에 의해 결정된다. 넓은 객석이 있는 자그마한 무대보다는 떠들썩한 토론이 벌어지고 있는 국회의 모습이 의식에 대한 더 적절한 비유일 것이다. 국회의원들은 손을 들고 자신의 메시지를 전달하기도 하지만, 표결 시작 직전에는 유려한 수사가 아니라 단순한 드잡이질을 통해 가능한 한 많은 의원들과 상호작용하기 위해 노력한다(이는 내재적 의미가 사전에 정의되어 있지 않음을 뜻한다.). 표결은 약 300밀리초마다 발생하며, 국회의원들이 얼마나 다양하게 상호작용했느냐가 해당 표결의 정보량을 결정한다. 전체주의 국가에서는 모든 국회의원들이 같은 의견을 낸다. 이렇게 만장일치가 계속될 때의 정보 내용은 0이다. 양당제 국가에서는 같은 정당에 속한 국회의원들이 거의 같은 표를 던지는데, 이때의 정보 내용은 전체주의 국가보다 살짝 더 많다. 의원 간의 상호작용이 전무하다면 계 내에서 아무런 정보도 통합되지 않고 표결은 완전히 무작위적으로 진행된다. 의원들이 다양하게 상호작용할 경우, 표결은 고도의 정보성을 띠게 된다. 11장에서 소개한 복잡도 지표를 계산하면 상호작용으로 인해 통합된 정보의 총량을 알 수 있다.

21. H. Pashler, "Dual-Task Interference in Simple Tasks: Data and Theory," *Psychological Bulletin*, 116 (1994), 220-44.

22. Blumenthal, *The Process of Cognition*.

23. E. Vaadia, I. Haalman, M. Abeles, H. Bergman, Y. Prut, H. Slovin, and A. Aertsen, "Dynamics of Neuronal Interactions in Monkey Cortex in Relation to Behavioural Events," *Nature*, 373 (1995), 515-18.

24. E. Seidemann, I. Meilijson, M. Abeles, H. Bergman, and E. Vaadia, "Simultaneously Recorded Single Units in the Frontal Cortex Go Through Sequences of Discrete and Stable States in Monkeys Performing a Delayed Localization Task," *Journal of Neuroscience*, 16 (1996), 752-68.

13장

1. 이것이 소위 '뒤집힌 스펙트럼 논증'이다.

2. 우리가 경험하는 색깔은 색상(hue), 채도(saturation), 명도(lightness)의 세 가지 변수로 표현될 수 있다. 색상은 실제 색깔에 해당하고, 채도는 그 색깔의 순도를 가리키며, 명도는 그 색깔이 얼마나 밝게 혹은 어둡게 나타나는지를 말한다. 색 지각의 정신물리학이나 신경생리학에 관하여 자세히 알고 싶은 독자는 A. Byrne and D. R. Hilbert, *Readings on Color* (Cambridge, Mass.: MIT Press, 1997); K. R. Gegenfurtner and L. T. Sharpe, *Color Vision: From Genes to Perception* (Cambridge, England: Cambridge University Press, 1999)를 참조하라.

3. 이와 상보적으로, 녹색광에 의해 활성화되고 적색광에 의해 억제되는 뉴런도 있다. 시야상의 여러 위치에 같은 색이 제시되었을 때 활성화되는 신경집단도 존재한다.

4. 색 지각의 기저에는 다른 색 범주(초록, 노랑, 주황, 보라 등)나 공간상의 위치에 반응하는 뉴런 등 더 많은 신경집단이 존재한다. 피질의 계층구조상에서 V4와 IT보다 하위에 존재하는 신경집단은 공간적 세부 특징이나 파장대 구성 등 색 지각의 특정 측면에만 관여하는 것으로 보인다. 이 책에서는 이들에 관하여 다루지 않는다.

5. 폴 처칠랜드(Paul Churchland)는 벡터 표현을 사용하면 뇌가 색, 냄새, 얼굴 등을 효율적으로 식별할 수 있다고 주장했다. P. M. Churchland, *The Engine of Reason, The Seat of the Soul: A Philosophical Journey into the Brain* (Cambridge, Mass.: MIT Press, 1995) 참조.

6. J. Wray and G. M. Edelman, "A Model of Color Vision Based on Cortical

Reentry," *Cerebral Cortex*, 6 (1996), 701-16.

7. 이는 F. Crick and C. Koch "Are We Aware of Neural Activity in Primary Visual Cortex?" *Nature*, 375 (1995), 121-23과 S. Zeki and A. Bartels, "The Asynchrony of Consciousness," *Proceedings of the Royal Society of London, Series B—Biological Sciences*, 265 (1998), 1583-85에서 제시된 접근법이다.

8. 요하네스 뮐러(Johannes Müller)의 특수 신경 에너지 법칙(law of Specific Nerve Energies)과 같은 표지된 경로(Labelled Line) 모델은 감각질 문제를 회피하는 전통적인 방법이다. 표지된 경로 모델에 따르면, 뉴런의 발화에 대한 주관적 느낌은 그 뉴런이 어느 감각기에 연결되어 있느냐에 의해 결정된다. 해당 뉴런이 눈에 연결되어 있으면 시각을, 피부에 연결되어 있으면 촉각을 야기할 것이다. 물론, 이 모델이 설명해주는 것은 아무것도 없다. 그렇다면 동맥벽의 압수용체(baroceptor)와 연결된 혈압 민감성 뉴런들은 어째서 혈압의 감각질은커녕 아무것도 표지하지 않는다는 말인가?

9. 신경 발화의 '의미'에 관해서는 F. Crick and C. Koch, "Consciousness and Neuroscience," *Cerebral Cortex*, 8 (1998), 97-107 참조.

10. A. Schopenhauer, *The World as Will and Representation*, Trans. by E. F. J. Payne. (New York: Dover, 1966), § 7.

11. 신경생리학자는 기껏해야 뉴런 몇 개만을 동시에 기록할 수 있다. 정신물리학자 역시 의식적 경험의 한 가지 측면만을 탐구할 수 있다. 그러므로 일반적인 신경 실험에서는 차원수가 N보다 낮은, 전체 기준 공간의 하위 공간을 다룰 수밖에 없다. 하지만 실험자는 자신이 의식과 관련된 신경 차원 가운데 대부분을 무시하고 있음을 주지하여야 하며, 무시된 차원들의 신경 활동을 일관적으로 유지하도록 노력해야 한다.

12. 감각질이 바로 그 구별의 '의미'다.

13. J. R. Searle, "How to Study Consciousness Scientifically," in *Consciousness and Human Identity*, ed. J. Cornwell (Oxford, England: Oxford University Press, 1998), 21-37는 예외이다.

14. 본문에서는 감각질을 N차원 신경 공간상에서 구별 가능한 각각의 점으로 정의하였다. 하지만 핵심부의 각 차원을 감각질로 정의할 수도 있다. 그렇다면 핵심부 신경집단의 활동은 주어진 의식 상태에 대해 해당 차원의 감각질이 얼마나 기여하는지를 나타낸다. 둘 중 어느 정의를 택하든, 감각질의 구별이 전체 역동적 핵심부의 맥락 아래에서만 유의미하다는 사실은 달라지지 않는다. 신경집단의 활동은 그 자체로서가 아니라 통합된 N차원 공간 내에서 구별 가능한 점을 정의할 때만 주관적 느낌이나 감각질을 만들어낸다. 감각질의 변화와 핵심부의 특정 신경집단의 활동 변화를 연관 짓는 것은 나머지 차원에 해당하는 신경집단의 활동이 일정할 때만 유의미하다.

15. W. James, *The Principles of Psychology* (New York: Henry Holt, 1890), 224.

16. 계층적 군집화(hierarchical clustering)와 같은 기법으로 축들 간의 상호 정보를 계산하면 두 축의 실제 거리를 정의할 수 있다. B. Everitt, *Cluster Analysis* (London: Halsted Press, 1993) 참조. 이 장을 집필하고 난 후, 저자는 감각질이 정의하는 현상학적 공간의 속성을 추상적으로 연구한 수학 논문 한 편을 접하였다(R. P. Stanley, "Qualia Space," *Journal of Consciousness Studies*, 6 (1999), 49-60). 이 논문에 등장하는 차원, 위상학, 거리, 연결성, 선형성, 직교성 등의 분석은 감각질에 관한 저자들의 가설과도 궤를 같이한다. 단, 이 논문에서는 가능한 모든 의식적 경험이 이루는 추상적 감각질 공간을 다루고 있다. 반면, 저자들의 감각질 공간은 개인이 경험 가능한 모든 의식 상태에 해당한다. 또한 저자는 감각질 공간의 물리적인 구현 방식에 좀 더 집중하였다(감각질 공간의 차원과 역동적 핵심부 신경집단의 수가 같다고 주장한 것이 그 예다).

17. 전압 의존성 연결은 다른 흥분성 입력에 의해 시냅스 후 뉴런의 전압이 일정 수준 이상으로 높아졌을 때만 활성화된다는 것을 유념하라.

18. 국소적 섭동이 전역적 효과를 일으킬 확률은 고정되어 있지 않다. 일부 비평형 물리계에서는 구성 원소 간의 '상관 거리(correlation length)'가 급격히 증가하는 동역학적 영역이 존재한다. 이 영역에서 국소적 섭동이 발생하면 강력하고 급속한 전역적 효과가 뒤따를 수 있다. G. Nicolis and I. Prigogine, *Exploring*

Complexity: An Introduction (San Francisco: W. H. Freeman, 1989) 참조. 단, 이 예시들은 기능적 군집의 필요조건인 전역적 통합의 개념을 이해하는 데는 도움이 되지만, 구성 요소들이 기능적으로 분화되어 있지 않아 낮은 복잡도를 보이는 경우가 많다는 점에 유의하라.

19. 관련 논의는 A. R. Damasio, "The Somatic Marker Hypothesis and the Possible Functions of the Prefrontal Cortex," *Philosophical Transactions of the Royal Society of London, Series B—Biological Sciences*, 351 (1996), 1413-20 참조.

20. G. M. Edelman, *The Remembered Present: A Biological Theory of Consciousness* (New York: Basic Books, 1989). 자기-비자기의 구별이 의식의 핵심 기능이라는 주장은 G. M. Edelman, Bright Air, *Brilliant Fire: On the Matter of the Mind* (New York: Basic Books, 1992), 117-33, 131-36에서 처음 제시된 이후 A. R. Damasio의 저서 *The Feeling of What Happens* (New York: Harcourt Brace, 1999)에서 확장됨.

14장

1. M. H. Chase, "The Matriculating Brain," *Psychology Today*, 7 (1973), 82-87 참조.

2. 인지적 맥락에 관한 요약은 B. J. Baars, *A Cognitive Theory of Consciousness* (New York: Cambridge University Press, 1988) 참조.

3. 여기서 출력 단자의 정확한 위치나 운동 뉴런과 신체의 근육의 구체적인 연결 방식은 중요치 않다.

4. 주3과 마찬가지로, 중추신경계의 어디까지가 무의식적 감각말단인지, 다시 말해, V1의 활동이 '의식적인지' 여부는 역동적 핵심부 가설을 이용하여 해결해야 할 실증적 문제일 뿐 논지의 핵심과는 무관하다.

5. M. V. Egger, *La Parole Intérieure* (Paris, 1881), W. James, *The Principles of Psychology* (New York: Henry Holt, 1890), 280에서 재인용됨.

6. 해마의 경우는 상황이 조금 다르다. 해마의 신경회로는 기저핵과 소뇌에 비해 입출력 단자가 훨씬 더 많다. 기저핵 루틴은 그다음 말할 단어를 떠올리게 만

들 수 있다면, 해마의 루틴은 그다음 의식적 장면을 촉발할 뿐만 아니라 그 장면이 기억되게끔 만들 수도 있다. 어쩌면 역동적 핵심부만이 해마의 활동을 촉발할 수 있는 능력을 지녔을지도 모른다. 이는 일화 기억이 만들어지기 위해 의식이 반드시 필요하다는 사실과도 일치한다. 단, 의식이 생기기 위해 해마가 반드시 필요한 것은 아니다.

7. A. M. Graybiel, "Building Action Repertoires: Memory and Learning Functions of the Basal Ganglia," *Current Opinion in Neurobiology*, 5 (1995), 733-41; A. Graybiel, "The Basal Ganglia," *Trends in Neurosciences*, 18 (1995), 60-62.

8. H. Bergman, A. Feingold, A. Nini, A. Raz, H. Slovin, M. Abeles, and E. Vaadia, "Physiological Aspects of Information Processing in the Basal Ganglia of Normal and Parkinsonian Primates," *Trends in Neurosciences*, 21 (1998), 32-38; A. Nini, A. Feingold, H. Slovin, and H. Bergman, "Neurons in the Globus Pallidus Do Not Show Correlated Activity in the Normal Monkey, but Phase-Locked Oscillations Appear in the MPTP Model of Parkinsonism," *Journal of Neurophysiology*, 74 (1995), 1800-05.

9. 고양이와 강아지(원문에는 Cat and Mat—역주), 탁자와 의자, 성씨와 이름 등의 연상 작용도 피질-피질 연결로가 아니라 피질 부속기관의 고리 회로에 의해 일어난다.

10. Graybiel, "Building Action Repertoires: Memory and Learning Functions of the Basal Ganglia"; Graybiel, "The Basal Ganglia."

11. Graybiel, "The Basal Ganglia"; J. E. Hoover and P. L. Strick, "Multiple Output Channels in the Basal Ganglia," *Science*, 259 (1993), 819-21; F. A. Middleton and P. L. Strick, "New Concepts About the Organization of Basal Ganglia Output," *Advances in Neurology*, 74 (1997), 57-68.

12. 무의식적 신경 과정에 관한 논의를 마치기 전에 몇 가지 더 짚고 넘어갈 것이 있다. 의식 상태에 관한 제한 조건이나 '규칙'이 신경집단 간의 연결성에 의한 것인지, 또 다른 신경집단의 활동에 의한 것인지를 실험으로 검증하기란 쉬

운 일이 아니다. 하지만 의식 상태 간의 전환이 해당 시점에 활성화된 신경집단 간의 연결성에 따라 결정된다는 것만은 분명하다. 진화 · 발생 · 경험 과정에서 신경 선택의 결과물로 형성된 뉴런의 연결 패턴은 유기체가 지금껏 경험한, 또는 앞으로 경험할 환경과 관련된 많은 지식을 담고 있다. 연결 패턴상에서 이 지식들은 '경향(disposition)'의 형태로 나타난다. 예를 들어, 역동적 핵심부에서 이러이러한 활동 패턴이 나타난다면 특정한 활동 패턴이 뒤따를 확률이 높다는 것이다. 그러나 자동적 행동에 관한 논의에서도 지적하였듯, 기능적으로 고립된 무의식적 루틴이나 입력 신호 역시 핵심부의 상태에 영향을 줄 수 있다. 그렇다면 의식 상태 간의 전환 가운데 역동적 핵심부의 연결 패턴에 의한 것은 얼마큼이며, 핵심부 바깥의 기능적으로 고립된 자동적 · 무의식적 루틴에 의한 것은 얼마큼일까? 역동적 핵심부가 내부의 제한 조건에 따라 스스로의 상태를 변화시키는 것은 언제이며, 기능적으로 고립된 루틴의 활동을 촉발함으로써 스스로의 상태를 변화시키는 것은 언제일까? 의식적 경험과 관련된 많은 '규칙'들 가운데 구문 규칙을 예로 들어보자. 인공 문법의 암묵적 지식과 외현적 지식, 복잡한 통제 문제, 순서 학습 등과 관련된 연구에서 드러난 것처럼, 우리는 많은 언어 '규칙'을 알고 있지만, 대부분의 경우 그것들을 의식적으로 자각하지는 못한다. A. S. Reber, *Implicit Learning and Tacit Knowledge: An Essay on the Cognitive Unconscious*, Oxford Psychology Series, No. 19 (New York: Oxford University Press, 1993); D. C. Berry, "Implicit Learning: Twentyfive Years on: A Tutorial," in *Attention and Performance 15: Conscious and Nonconscious Information Processing, Attention and Performance Series*, ed. M. M. Carlo Umilta (Cambridge, Mass.: MIT Press, 1994), 755-82 참조. 대부분의 언어 규칙은 암묵적으로 습득된다. 하지만 그 규칙들이 의식적 경험에 관여하는 신경집단의 연결 패턴에 의해 만들어지는지, 혹은 여타 신경집단이 수행하는 무의식적 과정의 결과물인지는 확실하지 않다. 학자들은 암묵적(implicit), 외현적(explicit) 등의 용어를 서로 다른 의미로 사용하고 있다. 예를 들어, 연결주의자들은 뉴런의 활동이 외현적 표상이며 뉴런의 연결성이 상호작용에 대한 암묵적 제한 조건이라 생각하는 반면, 심리학자들은 외현과 암묵이라는 말을 각각 의식과 무의식의 동의어로 사용한다. 유념해야 할 것은, 연결 상태가 신경 상호작용을 결정할 수는 있지만, 애초에 신경 활동이 없다면 아무런 상호작용이 발생할 수 없다는 사실이다. 뉴런의 연결성은 도로망과도 같다. 도로가 아무리 잘 닦여 있어도 차가 없다면 사람들은 나다니지 못한다. 마찬가지로, 뉴런들이 발화하지 않는다면 신경집단 간의 상호작용 역시 발생할 수 없다. 따라서 우리는 동역학적 과정이 실제로 일어나는 것과 그 과정의 시공간적 전개를 결정하는 제한 조건을 구별해야 한다. 이는 의식과 관련된 신경 과정에 대해서도 마찬가지다. 뇌간은 보행 협응을 위해 필요한 모든 회로를 지니고 있지만, 정작 그 회로들이 활성화되지 않으면 걸을 수 없다. 깊은 미취 상태에서 뇌가 비활성화되면 시상피질계가 정보 통합 능력을 상실하고 의식은 사라진다. 그렇지만 시상피질계가 기존에 지니고 있던 환경에 관한 정보가 사라지지는 않기 때문에 마취에서 깨어나면 의식은 다시 살아난다. 요컨대 의식적 경험 기저의 급속한 정보 통합은 다른 물리적 과정들과 마찬가지로 인과적인 효과를 지닌 실제 동역학적 과정의 발생을 필요로 한다.

13. 회로가 실제로 어떻게 고립될 수 있는지에 관해서는 G. M. Edelman, *The Remembered Present: A Biological Theory of Consciousness* (New York: Basic Books, 1989) 참조.

14. W. Schultz, P. Dayan, and P. M. Montague, "A Neural Substrate of Prediction and Reward," *Science*, 275 (1997), 1593-99.

15. Bergman Et Al., "Physiological Aspects of Information Processing in the Basal Ganglia of Normal and Parkinsonian Primates."

15장

1. 이는 소위 볼드윈 효과(baldwin effect)와 관련이 있다. G. G. Simpson, "The Baldwin Effect," *Evolution*, 7 (1952), 110-17 참조.

2. G. M. Edelman, *The Remembered Present: A Biological Theory of Consciousness* (New York: Basic Books, 1989).

3. 언어의 표현적 기능과 지시적(designative) 기능에 관한 비교는 C. Taylor, *Human Agency and Language*, Philosophical Papers, Vol. 1. (Cambridge, England: Cambridge University Press, 1985) 참조.

4. M. Cavell, *The Psychoanalytic Mind: From Freud to Philosophy* (Cambridge, Mass.: Harvard University Press, 1993) 등 참조.

5. T. Nagel, "What Is It Like to Be a Bat?" in *Mortal Questions* (New York: Cambridge University Press, 1979).

17장

1. G. M. Edelman, *Neural Darwinism: The Theory of Neuronal Group Selection* (New York: Basic Books, 1987); G. M. Edelman, *Bright Air, Brilliant Fire: On the Matter of the Mind* (New York: Basic Books, 1992).

2. Edelman, *Bright Air, Brilliant Fire*.

3. J. A. Wheeler, *At Home in the Universe* (New York: American Institute of Physics, 1994).

4. G. M. Edelman, *The Remembered Present: A Biological Theory of Consciousness* (New York: Basic Books, 1989).

5. W. V. Quine, "Epistemology Naturalized," in *Ontological Relativity and Other Essays* (New York: Columbia University Press, 1969); H. Kornblith, *Naturalizing Epistemology* (Cambridge, Mass.: MIT Press, 1994) 참조.

6. Quine, "Epistemology Naturalized."이 그 예다.

7. W. Köhler, *The Place of Value in a World of Fact* (New York: Liveright, 1938).

8. R. Penrose, *The Emperor's New Mind: Concerning Computers, Minds, and the Laws of Physics* (Oxford, England: Oxford University Press, 1989); R. Penrose, *Shadows of the Mind: A Search for the Missing Science of Consciousness* (New York: Oxford University Press, 1994).

참고문헌

Almassy, N., Edelman, G. M., and Sporns, O. "Behavioral Constraints in the Development of Neuronal Properties: A Cortical Model Embedded in a Real-World Device." *Cerebral Cortex*, 8 (1998), 346-61.

Amassian, V. E., Cracco, R. Q., Maccabee, P. J., Cracco, J. B., Rudell, A. P., and Eberle, L. "Transcranial Magnetic Stimulation in Study of the Visual Pathway." *Journal of Clinical Neurophysiology*, 15 (1998), 288-304.

Baars, B. J. *A Cognitive Theory of Consciousness*. New York: Cambridge University Press, 1988.

_____. *Inside the Theater of Consciousness: The Workspace of the Mind*. New York: Oxford University Press, 1997.

Baddeley, A. "The Fractionation of Working Memory." *Proceedings of the National Academy of Sciences of the United States of America*, 93 (1996), 13468-72.

Bateson, G. *Steps to an Ecology of Mind*. New York: Ballantine Books, 1972.

Bergman, H., Feingold, A., Nini, A., Raz, A., Slovin, H., Abeles, M., and Vaadia, E. "Physiological Aspects of Information Processing in the Basal Ganglia of Normal and Parkinsonian Primates." *Trends in Neurosciences*, 21 (1998), 32-38.

Berry, D. C. "Implicit Learning: Twenty-Five Years On: A Tutorial." Pp. 755-82 in *Attention and Performance 15: Conscious and Nonconscious Information Processing, Attention and Performance Series*, ed. M. M. Carlo Umilta. Cambridge, Mass.: MIT Press, 1994.

Biederman, I. "Perceiving Real-World Scenes." *Science* 177 (1972), 77-80.

Biederman, I., Mezzanotte, R. J., and Rabinowitz, J. C. "Scene Perception: Detecting and Judging Objects Undergoing Relational Violations." *Cognitive Psychology*, 14 (1982), 143-77.

Biederman, I., Rabinowitz, J. C., Glass, A. L., and Stacy, E. W. "On the

Information Extracted from a Glance at a Scene." *Journal of Experimental Psychology*, 103 (1974), 597-600.

Bisiach, E., and Luzzatti, C. "Unilateral Neglect of Representational Space." *Cortex*, 14 (1978), 129-33.

Block, N. J., Flanagan, O. J., and Guzeldere, G. *The Nature of Consciousness: Philosophical Debates*. Cambridge, Mass.: MIT Press, 1997.

Blumenthal, A. L. *The Process of Cognition*. Englewood Cliffs, N.J.: Prentice-Hall, 1977.

Bogen, J. E. "On the Neurophysiology of Consciousness: I. An Overview." *Consciousness and Cognition*, 4 (1995), 52-62.

Braun, A. R., Balkin, T. J., Wesenten, N. J., Carson, R. E., Varga, M., Baldwin, P., Selbie, S., Belenky, G., and Herscovitch, P. "Regional Cerebral Blood Flow Throughout the Sleep-Wake Cycle: An $H_2^{15}(O)$ PET Study." *Brain*, 120 (1997), 1173-97.

Bressler, S. L. "Large-Scale Cortical Networks and Cognition." *Brain Research—Brain Research Reviews*, 20 (1995), 288-304.

_____. "Interareal Synchronization in the Visual Cortex." *Behavioural Brain Research*, 76 (1996), 37-49.

Bruner, J. S. *Beyond the Information Given: Studies in the Psychology of Knowing*. New York: W. W. Norton, 1973.

Buckner, R. L., Petersen, S. E., Ojemann, J. G., Miezin, F. M., Squire, L. R., and Raichle, M. E. "Functional Anatomical Studies of Explicit and Implicit Memory Retrieval Tasks." *Journal of Neuroscience*, 15 (1995), 12-29.

Burnet, F. M. *The Clonal Selection Theory of Acquired Immunity*. Nashville, Tenn.: Vanderbilt University Press, 1959.

Byrne, A., and Hilbert, D. R. *Readings on Color*. Cambridge, Mass.: MIT Press, 1997.

Cauller, L. "Layer I of Primary Sensory Neocortex: Where Top-Down Converges upon Bottom-Up." *Behavioural Brain Research*, 71 (1995), 163-70.

Cavell, M. *The Psychoanalytic Mind: From Freud to Philosophy*. Cambridge, Mass.: Harvard University Press, 1993.

Chalmers, D. J. "The Puzzle of Conscious Experience." *Scientific American*, 273 (1995), 80-86.

Chase, M. H. "The Matriculating Brain." *Psychology Today*, 7 (1973), 82-87.

Cheesman, J. M., and Merikle, P. M. "Priming with and without Awareness." *Perception & Psychophysics*, 36 (1984), 387-95.

_____. "Distinguishing Conscious from Unconscious Perceptual Processes." *Canadian Journal of Psychology*, 40, (1986), 343-67.

Churchland, P. M. *The Engine of Reason, The Seat of the Soul: A Philosophical Journey into the Brain*. Cambridge, Mass.: MIT Press, 1995.

Cirelli, C., Pompeiano, M., and Tononi, G. "Neuronal Gene Expression in the Waking State: A Role for the Locus Coeruleus." *Science*, 274 (1996), 1211-15.

Cracco, R. Q., Cracco, J. B., Maccabee, P. J., and Amassian, V. E. "Cerebral Function Revealed by Transcranial Magnetic Stimulation." *Journal of Neuroscience Methods*, 86 (1999), 209-19.

Creutzfeldt, O. D. "Neurophysiological Mechanisms and Consciousness." *Ciba Foundation Symposium*, 69 (1979), 217-33.

Crick, F., and Koch, C. "Some Reflections on Visual Awareness." *Cold Spring Harbor Symposia on Quantitative Biology*, 55 (1990), 953-62.

_____. "The Problem of Consciousness." *Scientific American*, 267 (1992), 152-59.

_____. "Are We Aware of Neural Activity in Primary Visual Cortex?" *Nature*, 375 (1995), 121-23.

_____. "Consciousness and Neuroscience." *Cerebral Cortex*, 8 (1998), 97-107.

Crick, F. H. C. *The Astonishing Hypothesis: The Scientific Search for the Soul*. New

York: Charles Scribner's Sons, 1994.

Damasio, A. R. "Time-Locked Multiregional Retroactivation—A Systems-Level Proposal for the Neural Substrates of Recall and Recognition." *Cognition*, 33 (1989), 25-62.

_____. *Decartes' Error: Emotion, Reason, and the Human Brain*. New York: G. P. Putnam's Sons, 1994.

_____. "The Somatic Marker Hypothesis and the Possible Functions of the Prefrontal Cortex." *Philosophical Transactions of the Royal Society of London*, Series B: Biological Sciences, 351 (1996), 1413-20.

_____. *The Feeling of What Happens*. New York: Harcourt, Brace, 1999.

De Weerd, P., Gattass, R., Desimone, R., and Ungerleider, L. G. "Responses of Cells in Monkey Visual Cortex During Perceptual Filling-in of An Artificial Scotoma." *Nature*, 377 (1995), 731-34.

Dennett, D. C. *Consciousness Explained*. Boston: Little, Brown, 1991.

Descartes, R. *Meditationes de prima Philosophia* in *quibus Dei Existentia, & animae humanae à corpore distinctio, demonstrantur*. Amstelodami: Apud Danielem Elsevirium, 1642.

Desimone, R. "Neural Mechanisms for Visual Memory and Their Role in Attention." *Proceedings of the National Academy of Sciences of the United States of America*, 93 (1996), 13494-99.

Dewey, J. *Experience and Education*. New York: Simon & Schuster, 1997.

Diagnostic and Statistical Manual of Mental Disorders, Fourth Edition.Washington, D.C.: American Psychiatric Association, 1994.

Dixon, N. F. *Subliminal Perception: The Nature of a Controversy*. New York: McGraw-Hill, 1971.

_____. *Preconscious Processing*. New York: John Wiley & Sons, 1981.

Eccles, J. "A Unitary Hypothesis of Mind-Brain Interaction in the Cerebral

Cortex." *Proceedings of the Royal Society of London, Series B: Biological Sciences*, 240 (1990), 433-51.

Edelman, G. M. "Origins and Mechanisms of Specificity in Clonal Selection." Pp. 1-37 in *Cellular Selection and Regulation in the Immune Response*, ed. G. M. Edelman. New York: Raven Press, 1974.

_____. *Neural Darwinism: The Theory of Neuronal Group Selection*. New York: Basic Books, 1987.

_____. *The Remembered Present: A Biological Theory of Consciousness*. New York: Basic Books, 1989.

_____. *Bright Air, Brilliant Fire: On the Matter of the Mind*. New York: Basic Books, 1992.

Edelman, G. M., and Mountcastle, V. B. *The Mindful Brain: Cortical Organization and the Group-Selective Theory of Higher Brain Function*. Cambridge, Mass.: MIT Press, 1978.

Edelman, G. M., Reeke, G. N. J., Gall, W. E., Tononi, G., Williams, D., and Sporns, O. "Synthetic Neural Modeling Applied to a Real-World Artifact." *Proceedings of the National Academy of Sciences of the United States of America*, 89 (1992), 7267-71.

Engel, A. K., Konig, P., Kreiter, A. K., and Singer, W. "Interhemispheric Synchronization of Oscillatory Neuronal Responses in Cat Visual Cortex." *Science*, 252 (1991), 1177-79.

Everitt, B. *Cluster Analysis*. London: Halsted Press, 1993.

Experimental and Theoretical Studies of Consciousness, Ciba Foundation Symposium, 174. Chichester, England: John Wiley & Sons, 1993.

Fabre-Thorpe, M., Richard, G., and Thorpe, S. J. "Rapid Categorization of Natural Images by Rhesus Monkeys." *Neuroreport*, 9 (1998), 303-08.

Finkel, L. H., and Edelman, G. M. "Integration of Distributed Cortical Systems

By Reentry: A Computer Simulation of Interactive Functionally Segregated Visual Areas." *Journal of Neuroscience*, 9 (1989), 3188-208.

Flanagan, O. *Consciousness Reconsidered*. Cambridge, Mass.: MIT Press, 1992.

Foulkes, D. *Dreaming: A Cognitive-Psychological Analysis*. Hillsdale, N.J.: Lawrence Erlbaum Associates, 1985.

_____. "Dream Research: 1953-1993." *Sleep*, 19 (1996), 609-24.

Frackowiak, R. S. J., Friston, K. J., Frith, C. D., Dolan, R. J., and Mazziotta, J. C. *Human Brain Function*. San Diego, Calif.: Academic Press, 1997.

Freud, S., Strachey, J., and Freud, A. *The Psychopathology of Everyday Life*. London: Benn, 1966.

Friston, K. J. "Imaging Neuroscience: Principles or Maps?" *Proceedings of the National Academy of the United States of America*, 95 (1998), 796-802.

Friston, K. J., Tononi, G., Reeke, G. N. J., Sporns, O., and Edelman, G. M. "Value-Dependent Selection in the Brain: Simulation in a Synthetic Neural Model." *Neuroscience*, 59, 229-43.

Friston, K. J., Tononi, G., Sporns, O., and Edelman, G. M. "Characterising the Complexity of Neuronal Interactions." *Human Brain Mapping*, 3 (1995), 302-14.

Fuster, J. M., Bauer, R. H., and Jervey, J. P. "Functional Interactions Between Inferotemporal and Prefrontal Cortex in a Cognitive Task." *Brain Research*, 330 (1985), 299-307.

Gasquoine, P. G. "Alien Hand Sign." *Journal of Clinical and Experimental Neuropsychology*, 15 (1993), 653-67.

Gazzaniga, M. S. *The Social Brain: Discovering the Networks of the Mind*. New York: Basic Books, 1985.

_____. "Principles of Human Brain Organization Derived from Split-Brain Studies." *Neuron*, 14 (1995), 217-28.

Gegenfurtner, K. R., and Sharpe, L. T. *Color Vision: From Genes to Perception*.

Cambridge, England: Cambridge University Press, 1999.

Geschwind, D. H., Iacobini, M., MEGa, M. S., Zaidel, D. W., Cloughesy, T., and Zaidel, E. "Alien Hand Syndrome: Interhemispheric Motor Disconnection Due to a Lesion in the Midbody of the Corpus Callosum." *Neurology*, 45 (1995), 802-08.

Geschwind, N. "Disconnexion Syndromes in Animals and Man." *Brain*, 88 (1965), 237-84, 585-644.

Gevins, A. "High-Resolution Electroencephalographic Studies of Cognition." *Advances in Neurology*, 66 (1995), 181-95.

Gevins, A., Smith, M. E., Le, J., Leong, H., Bennett, J., Martin, N., McEvoy, L., Du, R., and Whitfield, S. "High Resolution Evoked Potential Imaging of the Cortical Dynamics of Human Working Memory." *Electroencephalography & Clinical Neurophysiology*, 98 (1996), 327-48.

Goldman-Rakic, P. S., and Chafee, M. "Feedback Processing in Prefronto-Parietal Circuits During Memory-Guided Saccades." *Society for Neuroscience Abstracts*, 29 (1994), 808.

Graybiel, A. M. "The Basal Ganglia." *Trends in Neuroscience*, 18 (1995), 60-62.

_____. "Building Action Repertoires: Memory and Learning Functions of the Basal Ganglia." *Current Opinion in Neurobiology*, 5 (1995), 733-41.

Habeck, C. G., Edelman, G. M., and Tononi, G. "Dynamics of Sleep and Waking in a Large-Scale Model of the Cat Thalamocortical System." *Society for Neuroscience Abstracts*, 25 (1999), 361.

Haier, R. J., Siegel, B. V., Jr., Maclachlan, A., Soderling, E., Lottenberg, S., and Buchsbaum, M. S. "Regional Glucose Metabolic Changes after Learning a Complex Visuospatial/Motor Task: A Positron Emission Tomographic Study." *Brain Research*, 570 (1992), 134-43.

Halgren, E., and Chauvel, P. "Experimental Phenomena Evoked By Human Brain Electrical Stimulation." *Advances in Neurology*, 63 (1993), 123-40.

Haxby, J. V., Horwitz, B., Ungerleider, L. G., Maisog, J. M., Pietrini, P., and Grady, C. L. "The Functional Organization of Human Extrastriate Cortex: A PET-rCBF Study of Selective Attention to Faces and Locations." *Journal of Neuroscience*, 14 (1994), 6336-53.

He, S., Cavanagh, P., and Intriligator, J. "Attentional Resolution and the Locus of Visual Awareness." *Nature*, 383 (1996), 334-47.

He, S., Smallman, H. S., and MacLeod, D. I. A. "Neural and Cortical Limits on Visual Resolution." *Investigative Ophthalmology & Visual Science*, 36 (1995), S438.

Hilgard, E. R. *Divided Consciousness: Multiple Controls in Human Thought and Action*. New York: John Wiley & Sons, 1986.

Hobson, J. A., Stickgold, R., and Pace-Schott, E. F. "The Neuropsychology of REM Sleep Dreaming." *Neuroreport*, 9 (1998), R1-R14.

Holtzman, J. D., and Gazzaniga, M. S. "Enhanced Dual Task Performance Following Callosal Commissurotomy." *Neuropsychologia*, 23 (1985), 315-21.

Hoover, J. E., and Strick, P. L. "Multiple Output Channels in the Basal Ganglia." *Science*, 259 (1993), 819-21.

Humphrey, N. *A History of the Mind*. New York: Harper Perennial, 1993.

Huxley, T. H. *Methods and Results: Essays*. New York: D. Appleton, 1901.

Intraub, H. "Rapid Conceptual Identification of Sequentially Presented Pictures." *Journal of Experimental Psychology: Human Perception & Performance*, 7 (1981), 604-10.

Jackendoff, R. *Consciousness and the Computational Mind*. Cambridge, Mass.: MIT Press, 1987.

James, W. *The Principles of Psychology*. New York: Henry Holt, 1890.

Janet, P. L'automatisme psychologique; essai de fsychologie expérimentale sur les forms inférieures de l'activité humaine. Paris: F. Alcan, 1930.

John, E. R. *Mechanisms of Memory*. New York: Academic Press, 1967.

John, E. R., and Killam, K. F. "Electrophysiological Correlates of Avoidance Conditioning in the Cat." *Journal of Pharmacological and Experimental Therapeutics*, 125 (1959), 252.

Joliot, M., Ribary, U., and Llinas, R. "Human Oscillatory Brain Activity Near 40 Hz Coexists With Cognitive Temporal Binding." *Proceedings of the National Academy of Sciences of the United States of America*, 91 (1994), 11748-51.

Jones, D. S. *Elementary Information Theory*. Oxford, England: Clarendon Press, 1979.

Kahn, D., Pace-Schott, E. F., and Hobson, J. A. "Consciousness in Waking and Dreaming: The Roles of Neuronal Oscillation and Neuromodulation in Determining Similarities and Differences." *Neuroscience*, 78 (1997), 13-38.

Karni, A., Meyer, G., Zessard, P., Adams, M. M., Turner, R., and Ungerleider, L. G. "Functional Mri Evidence for Adult Motor Cortex Plasticity During Motor Skill Learning." *Nature*, 377 (1995), 155-58.

Kihlstrom, J. F. "The Rediscovery of the Unconscious." Pp. 123-43 in *The Mind, The Brain, and Complex Adaptive Systems*. Santa Fe Institute Studies in the Sciences of Complexity, Vol. 22, ed. J. L. S. Harold Morowitz. Reading, Mass.: Addison-Wesley, 1994.

Kinney, H. C., and Samuels, M. A. "Neuropathology of the Persistent Vegetative State: A Review." *Journal of Neuropathology & Experimental Neurology*, 53 (1994), 548-58.

Kinsbourne, M. "Integrated Cortical Field Model of Consciousness." *Ciba Foundation Symposium*, 174 (1993), 43-50.

Knyazeva, M., Koeda, T., Njiokiktjien, C., Jonkman, E. J., Kurganskaya, M., De Sonneville, L., and Vildavsky, V. "EEG Coherence Changes During Finger Tapping in Acallosal and Normal Children: A Study of Inter-and Intrahemispheric Connectivity." *Behavioural Brain Research*, 89 (1997), 243-58.

Koch, C., and Braun, J. "Towards the Neuronal Correlate of Visual Awareness." *Current Opinion in Neurobiology*, 6 (1996), 158-64.

Köhler, W. *The Place of Value in a World of Fact*. New York: Liveright, 1938.

Kolbe, F. C., and Braun, J. "Blindsight in Normal Observers." *Nature*, 377 (1995), 336-38.

Kornblith, H. *Naturalizing Epistemology*. Cambridge, Mass.: MIT Press, 1994.

Kottler, M. J. "Charles Darwin and Alfred Russell Wallace: Two Decades of Debate Over Natural Selection." Pp. 367-432 in *The Darwinian Heritage*, ed. D. Kohn. Princeton, N.J.: Princeton University Press, 1985.

Külpe, O., and Titchener, E. B. *Outlines of Psychology, Based Upon the Results of Experimental Investigation*. New York: Macmillan, 1909.

Küpfmüller, K. "Grundlage der Informationstheorie Und Kybernetick.: In *Physiologie des Menschen*, eds. O. H. Grauer, K. Kramer, and R. Jung. Munich: Urban & Schwarzenberg, 1971.

Leopold, D. A., and Logothetis, N. K. "Activity Changes in Early Visual Cortex Reflect Monkeys' Percepts During Binocular Rivalry." *Nature*, 379 (1996), 549-53.

Libet, B., Gleason, C. A., Wright, E. W., and Pearl, D. K. "Time of Conscious Intention to Act in Relation to Onset of Cerebral Activity (Readiness-Potential): The Unconscious Initiation of a Freely Voluntary Act." *Brain*, 106 (1983), 623-42.

Libet, B., Pearl, D. K., Morledge, D. E., Gleason, C. A., Hosobuchi, Y., and Barbaro, N. M. "Control of the Transition From Sensory Detection to Sensory Awareness in Man By the Duration of a Thalamic Stimulus: The Cerebral 'Time-On' Factor." *Brain*, 114 (1991), 1731-57.

Livingstone, M. S., and Hubel, D. H. "Effects of Sleep and Arousal on the Processing of Visual Information in the Cat." *Nature*, 291 (1981), 554-61.

Locke, J., Molyneux, W., Molyneux, T., and Limborch, P. V. *Familiar Letters Between Mr. John Locke, and Several of His Friends: In Which Are Explained His*

Notions in His Essay Concerning Human Understanding, and in Some of His Other Works. London: F. Noble, 1742.

Locke, J., and Nidditch, P. H. *An Essay Concerning Human Understanding*. Oxford, England: Clarendon Press, 1975.

Logan, G. D. "Toward An Instance Theory of Automatization." *Psychological Review*, 95 (1988), 492-527.

Lonton, A. P. "The Characteristics of Patients With Encephaloceles." *Zeitschrift für Kinderchirurgie*, 45, Suppl. 1 (1990), 18-19.

Lumer, E. D., Edelman, G. M., and Tononi, G. "Neural Dynamics in a Model of the Thalamocortical System: 1. Layers, Loops and the Emergence of Fast Synchronous Rhythms." *Cerebral Cortex*, 7 (1997), 207-27.

_____. "Neural Dynamics in a Model of the Thalamocortical System: 2. The Role of Neural Synchrony Tested Through Perturbations of Spike Timing." *Cerebral Cortex*, 7 (1997), 228-36.

Mackay, D. G., and Miller, M. D. "Semantic Blindness: Repeated Concepts Are Difficult to Encode and Recall Under Time Pressure." *Psychological Science*, 5 (1994), 52-55.

Macknik, S. L., and Livingstone, M. S. "Neuronal Correlates of Visibility and Invisibility in the Primate Visual System." *Nature Neuroscience*, 1 (1998), 144-49.

Maquet, P., Degueldre, C., Delfiore, G., Aerts, J., Peters, J. M., Luxen, A., and Franck, G. "Functional Neuroanatomy of Human Slow Wave Sleep." *Journal of Neuroscience*, 17 (1997), 2807-12.

Marcel, A. J. "Conscious and Unconscious Perception: An Approach to the Relations Between Phenomenal Experience and Perceptual Processes." *Cognitive Psychology*, 15 (1983), 238-300.

_____. "Conscious and Unconscious Perception: Experiments on Visual Masking and Word Recognition." *Cognitive Psychology*, 15 (1983), 197-237.

Marcel, A. J., and Bisiach, E. *Consciousness in Contemporary Science*. Oxford, England: Clarendon Press, 1988.

Maudsley, H. *The Physiology of Mind: Being the First Part of a 3d Ed., Rev., Enl., and in Great Part Rewritten, of "The Physiology and Pathology of Mind."* London: Macmillan, 1876.

Maunsell, J. H. "The Brain's Visual World: Representation of Visual Targets in Cerebral Cortex." *Science*, 270 (1995), 764-69.

McFie, J., and Zangwill, O. L. "Visual-Constructive Disabilities Associated With Lesions of the Left Cerebral Hemisphere." *Brain*, 83 (1960), 243-60.

McGinn, C. "Can We Solve the Mind-Body Problem?" *Mind*, 98 (1989), 349-66.

McIntosh, A. R. "Understanding Neural Interactions in Learning and Memory Using Functional Neuroimaging." *Annals of the New York Academy of Sciences*, 855 (1998), 556-71.

McIntosh, A. R., Rajah, M. N., and Lobaugh, N. J. "Interactions of Prefrontal Cortex in Relation to Awareness in Sensory Learning." *Science*, 284 (1999), 1531-33.

Meador, K. J., Ray, P. G., Day, L., Ghelani, H., and Loring, D. W. "Physiology of Somatosensory Perception: Cerebral Lateralization and Extinction." *Neurology*, 51 (1998), 721-27.

Menon, V., Freeman, W. J., Cutillo, B. A. Desmond, J. E., Ward, M. F., Bressler, S. L., Laxer, K. D., Barbaro, N., and Gevins, A. S. "Spatio-Temporal Correlations in Human Gamma Band Electrocorticograms." *Electroencephalography & Clinical Neurophysiology*, 98 (1996), 89-102.

Merikle, P. M. "Perception Without Awareness: Critical Issues." *American Psychologist*, 47 (1992), 792-95.

Middleton, F. A., and Strick, P. L. "New Concepts About the Organization of Basal Ganglia Output." *Advances in Neurology*, 74 (1997), 57-68.

Mishkin, M. "Analogous Neural Models for Tactual and Visual Learning." *Neuropsychologia*, 17 (1979), 139-51.

Montplaisir, J., Nielsen, T., Côté, J., Boivin, D., Rouleau, I., and Lapierre, G. "Interhemispheric EEG Coherence Before and After Partial Callosotomy." *Clinical Electroencephalography*, 21 (1990), 42-47.

Morgan, M. J. *Molyneux's Question: Vision, Touch, and the Philosophy of Perception*. Cambridge, England: Cambridge University Press, 1977.

Moruzzi, G., and Magoun, H. W. "Brain Stem Reticular Formation and Activation of the EEG." *Electroencephaly and Clinical Neurophysiology*, 1 (1949), 455-73.

Mountcastle, V. B. "An Organizing Principle for Cerebral Function: The Unit Module and the Distributed System." Pp. 7-50 in *The Mindful Brain: Cortical Organization and the Group-Selective Theory of Higher Brain Function*, eds. G. M. Edelman and V. B. Mountcastle. Cambridge, Mass.: MIT Press, 1978.

Müller, F., Kunesch, E., Binkofski, F., and Freund, H. J. "Residual Sensorimotor Functions in a Patient After Right-Sided Hemispherectomy." *Neuropsychologia*, 29 (1991), 125-45.

Nagel, T. *Mortal Questions*. New York: Cambridge University Press, 1979.

Nakamura, R. K., and Mishkin, M. "Chronic 'Blindness' Following Lesions of Nonvisual Cortex in the Monkey." *Experimental Brain Research*, 63 (1986), 173-84.

Nakamura, R. K., Schein, S. J., and Desimone, R. "Visual Responses From Cells in Striate Cortex of Monkeys Rendered Chronically 'Blind' By Lesions of Nonvisual Cortex." *Experimental Brain Research*, 63 (1986),185-90.

Nehmiah, J. "Dissociation, Conversion, and Somatization." Pp. 248-60 in *American Psychiatric Press Review of Psychiatry*, eds. A. Tasman and S. M. Goldfinger. Washington, D.C.: American Psychiatric Press, 1991.

Newsome, W. T. S. C. D. "The Neuronal Basis of Motion Perception." *Ciba*

Foundation Symposium, 174 (1993), 217-30.

Nicolis, G., and Prigogine, I. *Exploring Complexity: An Introduction*. San Francisco: W. H. Freeman, 1989.

Nielsen, T., Montplaisir, J., and Lassonde, M. "Decreased Interhemispheric EEG Coherence During Sleep in Agenesis of the Corpus Callosum." *European Neurology*, 33 (1993), 173-76.

Nini, A., Feingold, A., Slovin, H., and Bergman, H. "Neurons in the Globus Pallidus Do Not Show Correlated Activity in the Normal Monkey, But Phase-Locked Oscillations Appear in the MPTP Model of Parkinsonism." *Journal of Neurophysiology*, 74 (1995), 1800-05.

Norman, D. A., and Shallice, T. "Attention to Action: Willed and Automatic Control of Behavior." Pp. 1-18 in *Consciousness and Self-Regulation*, eds. R. J. Davidson, G. E. Schwartz, and D. Shapiro. New York: Plenum Press, 1986.

Nørretranders, T. *The User Illusion: Cutting Consciousness Down to Size*. New York: Viking Press, 1998.

Nyberg, L., McIntosh, A. R., Cabeza, R., Nilsson, L. G., Houle, S., Habib, R., and Tulving, E. "Network Analysis of Positron Emission Tomography Regional Cerebral Blood Flow Data: Ensemble Inhibition During Episodic Memory Retrieval." *Journal of Neuroscience*, 16 (1996), 3753-59.

Packard, V. O. *The Hidden Persuaders*. New York: D. Mckay, 1957.

Papoulis, A. *Probability, Random Variables, and Stochastic Processes*. New York: McGraw-Hill, 1991.

Pashler, H. "Dual-Task Interference in Simple Tasks: Data and Theory." *Psychological Bulletin*, 116 (1994), 220-44.

Penfield, W. *The Excitable Cortex in Conscious Man*. Springfield, Ill.: Charles C Thomas, 1958.

_____. *The Mystery of the Mind: A Critical Study of Consciousness and the Human*

Brain. Princeton, N.J.: Princeton University Press, 1975.

Penrose, R. *The Emperor's New Mind: Concerning Computers, Minds, and the Laws of Physics*. New York: Oxford University Press, 1989.

_____. *Shadows of the Mind: A Search for the Missing Science of Consciousness*. New York: Oxford University Press, 1994.

Petersen, S. E., Vanmier, H., Fiez, J. A., and Raichle, M. E. "The Effects of Practice on the Functional Anatomy of Task Performance." *Proceedings of the National Academy of Sciences of the United States of America*, 95 (1998), 853-60.

Picton, T. W., and Stuss, D. T. "Neurobiology of Conscious Experience." *Current Opinion in Neurobiology*, 4 (1994), 256-65.

Pigarev, I. N., Nothdurft, H. C., and Kastner, S. "Evidence for Asynchronous Development of Sleep in Cortical Areas." *Neuroreport*, 8 (1997), 2557-60.

Plum, F. "Coma and Related Global Disturbances of the Human Conscious State." Pp. 359-425 in *Normal and Altered States of Function*, eds. A. Peters and E. G. Jones. New York: Plenum Press, 1991.

Posner, M. I. "Attention: The Mechanisms of Consciousness." *Proceedings of the National Academy of Sciences of the United States of America*, 91 (1994), 7398-403.

Posner, M. I., and Raichle, M. E. *Images of Mind*. New York: Scientific American Library, 1994.

Posner, M. I., and Snyder, C. R. R. "Attention and Cognitive Control." Pp. 55-85 in *Information Processing and Cognition: The Loyola Symposium*, ed. R. L. Solso. Hillsdale, N.J.: Lawrence Erlbaum Associates, 1975.

Rager, G., and Singer, W. "The Response of Cat Visual Cortex to Flicker Stimuli of Variable Frequency." *European Journal of Neuroscience*, 10 (1998), 1856-77.

Ramachandran, V. S., and Gregory, R. I. "Perceptual Filling in of Artificially Induced Scotomas in Human Vision." *Nature*, 350 (1991), 699-702.

Reason, J. T., and Mycielska, K. *Absent-Minded? The Psychology of Mental Lapses and Everyday Errors*. Englewood Cliffs, N.J.: Prentice Hall, 1982.

Reber, A. S. *Implicit Learning and Tacit Knowledge: An Essay on the Cognitive Unconscious*. Oxford Psychology Series No. 19. New York: Oxford University Press, 1993.

Rechtschaffen, A. "The Single-Mindedness and Isolation of Dreams." *Sleep*, 1 (1978), 97-109.

Rieke, F., Warland D., De Ruyter Van Steveninck, B., and Bialek, W. *Spikes: Exploring the Neural Code*. Cambridge, Mass.: MIT Press, 1997.

Rodriguez, E., George, N., Lachaux, J. P., Martinerie, J., Renault, B., and Varela, F. J. "Perception's Shadow: Long-Distance Synchronization of Human Brain Activity." *Nature*, 397 (1999), 430-33.

Roland, P. E. *Brain Activation*. New York: Wiley-Liss, 1993.

Rucci, M., Tononi, G., and Edelman, G. M. "Registration of Neural Maps Through Value-Dependent Learning: Modeling the Alignment of Auditory and Visual Maps in the Barn Owl's Optic Tectum." *Journal of Neuroscience*, 17 (1997), 334-52.

Ryle, G. *The Concept of Mind*. London: Hutchinson, 1949.

Sastre, J. P., and Jouvet, M. "Oneiric Behavior in Cats." *Physiology and Behavior*, 22 (1979), 979-89.

Schacter, D. L. "Implicit Knowledge: New Perspectives on Unconscious Processes." *Proceedings of the National Academy of Sciences of the United States of America*, 89 (1992), 11113-17.

Scheibel, A. B. "Anatomical and Physiological Substrates of Arousal: A View From the Bridge." Pp. 55-66 in *The Reticular Formation Revisited*, eds. J. A. Hobson and M. A. B. Brazier. New York: Raven Press, 1980.

Schenck, C. H., Bundlie, S. R., Ettinger, M. G., and Mahowald, M. W. "Chronic Behavioral Disorders of Human REM Sleep: A New Category of Parasomnia."

Sleep, 9 (1986), 293-308.

Schneider, W., and Shiffrin, R. M. "Controlled and Automatic Human Information Processing: I. Detection, Search, and Attention." *Psychological Review*, 84 (1977), 1-66.

Schultz, W., Dayan, P., and Montague, P. R. "A Neural Substrate of Prediction and Reward." *Science*, 275 (1997), 1593-99.

Schuster, H. G. *Deterministic Chaos: An Introduction*, 2nd rev. ed. New York: VCH, 1988.

Searle, J. R. *The Rediscovery of the Mind*. Cambridge, Mass.: MIT Press, 1992.

_____. "How to Study Consciousness Scientifically." Pp. 21-37 in *Consciousness and Human Identity*, ed. J. Cornwell. Oxford, England: Oxford University Press, 1998.

Seidemann, E., Meilijson, I., Abeles, M., Bergman, H., and Vaadia, E. "Simultaneously Recorded Single Units in the Frontal Cortex Go Through Sequences of Discrete and Stable States in Monkeys Performing a Delayed Localization Task." *Journal of Neuroscience*, 16 (1996), 752-68.

Shannon, C. E., and Weaver, W. *The Mathematical Theory of Communication*. Urbana: University of Illinois Press, 1963.

Shear, J. *Explaining Consciousness: The "Hard Problem."* Cambridge, Mass.: MIT Press, 1997.

Shenberg, D. L., and Logothetis, N. K. "The Role of Temporal Cortical Areas in Perceptual Organization." *Proceedings of the National Academy of Sciences of the United States of America*, 94 (1997), 3408-13.

Shiffrin, R. M., and Schneider, W. "Controlled and Automatic Human Information Processing: II. Perceptual Learning, Automatic Attending and a General Theory." *Psychological Review*, 84 (1977), 127-90.

Simons, D. J., and Levin, D. T. "Change Blindness." *Trends in Cognitive Sciences*, 1

(1997), 261-67.

Simpson, G. G. "The Baldwin Effect." *Evolution*, 7 (1952), 110-17.

Singer, W. "Bilateral EEG Synchronization and Interhemispheric Transfer of Somato-Sensory and Visual Evoked Potentials in Chronic and Acute Split-Brain Preparations of Cat." *Electroencephalography & Clinical Neurophysiology*, 26 (1969), 434.

Singer, W., and Gray, C. M. "Visual Feature Integration and the Temporal Correlation Hypothesis." *Annual Review of Neuroscience*, 18 (1995), 555-86.

Solms, M. *The Neuropsychology of Dreams: A Clinico-Anatomical Study*. Mahwah, N.J.: Lawrence Erlbaum Associates, 1997.

Spencer, H. *First Principles*. New York: D. Appleton, 1920.

Sperling, G. "The Information Available in Brief Visual Presentations" (Doctoral Diss.). Washington, D.C.: American Psychological Association, 1960.

Sperry, R. W. "Brain Bisection and Consciousness." Pp. 298-313 in *Brain and Conscious Experience*, ed. J. C. Eccles. New York: Springer Verlag, 1966.

_____. "Lateral Specialization in the Surgically Separated Hemispheres." in *Neurosciences: Third Study Program*, eds. F. O. Schmitt and F. G. Worden. Cambridge, Mass.: MIT Press, 1974.

Sporns, O., and Tononi, G. "Selectionism and the Brain." in *International Review of Neurobiology*. San Diego, Calif.: Academic Press, 1994.

Sporns, O., Tononi, G., and Edelman, G. M. "Theoretical Neuroanatomy: Relating Anatomical and Functional Connectivity in Graphs and Cortical Connection Matrices." *Cerebral Cortex*, 10 (2000), 127-41.

_____. "Modeling Perceptual Grouping and Figure-Ground Segregation By Means of Active Reentrant Connections." *Proceedings of the National Academy of Sciences of the United States of America*, 88 (1991), 129-33.

Srinivasan, R., Russell, D. P., Edelman, G. M., and Tononi, G. "Increased

Synchronization of Magnetic Responses During Conscious Perception." *Journal of Neuroscience*, 19 (1999), 5435-48.

Stanley, R. P. "Qualia Space." *Journal of Consciousness Studies*, 6 (1999), 49-60.

Steriade, M., and Hobson, J. "Neuronal Activity During the Sleep-Waking Cycle." *Progress in Neurobiology*, 6 (1976), 155-376.

Steriade, M., and Mccarley, R. W. *Brainstem Control of Wakefulness and Sleep*. New York: Plenum Press, 1990.

Steriade, M., McCormick, D. A., and Sejnowski, T. J. "Thalamocortical Oscillations in the Sleeping and Aroused Brain." *Science*, 262 (1993), 679-85.

Stroop, J. R. "Studies of Interference in Scrial Verbal Reactions." *Journal of Experimental Psychology*, 18 (1935), 643-62.

Taylor, C. *Human Agency and Language*. Philosophical Papers, Vol. 1. Cambridge, England: Cambridge University Press, 1985.

Tenhouten, W. D., Walter, D. O., Hoppe, K. D., and Bogen, J. E. "Alexithymia and the Split Brain: V. EEG Alpha-Band Interhemispheric Coherence Analysis." *Psychotherapy and Psychosomatics*, 47 (1987), 1-10.

Titchener, E. B. *An Outline of Psychology*. New York: Macmillan, 1901.

Tononi, G. "Reentry and the Problem of Cortical Integration." *International Review of Neurobiology*, 37 (1994), 127-52.

Tononi, G., Cirelli, C., and Pompeiano, M. "Changes in Gene Expression During the Sleep-Waking Cycle: A New View of Activating Systems." *Archives Italiennes De Biologie*, 134 (1995), 21-37.

Tononi, G., and Edelman, G. M. "Information: In the Stimulus or in the Context?" *Behavioral and Brain Sciences*, 20 (1997), 698-700.

_____. "Consciousness and Complexity." *Science*, 282 (1998), 1846-51.

_____. "*Consciousness* and the Integration of Information in the Brain." Pp. 245-80 in Consciousness, eds. H. H. Jasper, L. Descarries, V. F. Castellucci, and S.

Rossignol. New York: Plenum Press, 1998.

_____. "Schizophrenia and the Mechanisms of Conscious Integration." *Brain Research Reviews*, in press.

Tononi, G., Edelman, G. M., and Sporns, O. "Complexity and the Integration of Information in the Brain." *Trends in Cognitive Science*, 2 (1998), 44-52.

Tononi, G., McIntosh, A. R., Russell, D. P., and Edelman, G. M. "Functional Clustering: Identifying Strongly Interactive Brain Regions in Neuroimaging Data." *Neuroimage*, 7 (1998), 133-49.

Tononi, G., Sporns, O., and Edelman, G. M. "Reentry and the Problem of Integrating Multiple Cortical Areas: Simulation of Dynamic Integration in the Visual System." *Cerebral Cortex*, 2 (1992), 310-35.

_____. "A Measure for Brain Complexity: Relating Functional Segregation and Integration in the Nervous System." *Proceedings of the National Academy of Sciences of the United States of America*, 91 (1994), 5033-37.

_____. "A Complexity Measure for Selective Matching of Signals By the Brain." *Proceedings of the National Academy of Sciences of the United States of America*, 93 (1996), 3422-27.

_____. "Measures of Degeneracy and Redundancy in Biological Networks." *Proceedings of the National Academy of Sciences of the United States of America*, 96 (1999), 3257-62.

Tononi, G., Srinivasan, R., Russell, D. P., and Edelman, G. M. "Investigating Neural Correlates of Conscious Perception By Frequency-Tagged Neuromagnetic Responses." *Proceedings of the National Academy of Sciences of the United States of America*, 95 (1998), 3198-203.

Treisman, A., and Schmidt, H. "Illusory Conjunctions in the Perception of Objects." *Cognitive Psychology*, 14 (1982), 107-41.

Trevarthen, C., and Sperry, R. W. "Perceptual Unity of the Ambient Visual Field in Human Commissurotomy Patients." *Brain*, 96 (1973), 547-70.

Vaadia, E., Haalman, I., Abeles, M., Bergman, H., Prut, Y., Slovin, H., and Aertsen, A. "Dynamics of Neuronal Interactions in Monkey Cortex in Relation to Behavioural Events." *Nature*, 373 (1995), 515-18.

Velmans, M. *The Science of Consciousness: Psychological, Neuropsychological and Clinical Reviews*. London: Routledge, 1996.

Vining, E. P., Freeman, J. M., Pillas, D. J., Uematsu, S., Carson, B. S., Brandt, J., Boatman, D., Pulsifer, M. B., and Zuckerberg, A. "Why Would You Remove Half a Brain? The Outcome of 58 Children After Hemispherectomy—The Johns Hopkins Experience: 1968 to 1996." *Pediatrics*, 100 (1997), 163-71.

Warner, R., and Szubka, T. *The Mind-Body Problem: A Guide to the Current Debate*. Cambridge, Mass.: Blackwell, 1994.

Weiskrantz, L. *Consciousness Lost and Found: A Neuropsychological Exploration*. New York: Oxford University Press, 1997.

Wheeler, J. A. *At Home in the Universe*. New York: American Institute of Physics, 1994.

Wray, J., and Edelman, G. M. "A Model of Color Vision Based on Cortical Reentry." *Cerebral Cortex*, 6 (1996), 701-16.

Young, G. B., Ropper, A. H., and Bolton, C. F. *Coma and Impaired Consciousness: A Clinical Perspective*. New York: McGraw-Hill, 1998.

Zeki, S. *A Vision of the Brain*. Boston: Blackwell, 1993.

Zeki, S., and Bartels, A. "The Asynchrony of Consciousness." *Proceedings of the Royal Society of London, Series B—Biological Sciences*, 265 (1998), 1583-85.

Ziemann, U., Steinhoff, B. J., Tergau, F., and Paulus, W. "Transcranial Magnetic Stimulation: Its Current Role in Epilepsy Research." *Epilepsy Research*, 30 (1998), 11-30.

Zurek, W. H. *Complexity, Entropy, and the Physics of Information: The Proceedings of the 1988 Workshop on Complexity, Entropy, and the Physics of Information, Held May-June, 1989, in Santa Fe, New Mexico*. Redwood City, Calif.: Addison-Wesley, 1990.

삽화 출처

(All Efforts Were Made in Good Faith By the Authors in Obtaining Copyright Information and Permission to Reproduce the Images.)

Frontispiece. Composite from a detail of Michelangelo's *Creation of Adam*, Sistine Chapel, Rome, and from *Saggio sopra la vera struttura del cervello dell' uomo e degli animali e sopra le funzioni del sistema nervoso*, con figure in rame disegnate ed incise dall' autore, Sassari, Nella Stamperia da S.S.R.M. Privilegiata, 1809, fig. 1, by Luigi Rolando. Biblioteca Nazionale Universitaria, Turin, M.V.G. 321. Figure 1.1. From: *De homine figuris et latinitate donatus*, a Florentio Schuyl, Lugduni Batavorum, apud Franciscum Moyardum & Petrum Leffen, 1662, fig. 34, Biblioteca Comunale dell' Archiginnasio, Bologna: 9F.IV.4. Figure 2.1. "A skeleton contemplates a skull." Permission granted by Octavo Corporation (1999). All right reserved. Figure 2.2. William James, pfMS Am 1092: Pach C-1, by permission of the Houghton Library, Harvard University. Figure 3.1. Henri Rousseau, *Virgin Forest with Setting Sun*. Permission granted by Öffentliche Kunstsammlung Basel, Kunstmuseum. Photo: Öffentliche Kunstsammlung Basel, Martin Bhler. Figure 3.2. "Egyptian-Eyezed Tête-à-Tête" from *Mind Sights*, by Robert Shepard. Permission granted by Roger Shepard. Figure 3.3. From: J.C. Marshall and P.W. Halligan, "Visuo-Spatial Neglect: A New Copying Test to Assess Perceptual Parsing." *Journal of Neurology* 240:37-40, 1993. Permission granted by Springer Verlag. Figure 3.4. Permission granted by David A. Cook, Film Studies Program. Figure 4.1. Modified from: *Fundamental Neuroanatomy*, by Nauta and Feirtag © 1986 By W.H. Freeman and Company. Used with permission. Figure 4.2. From: *Histology of the Nervous System*, 2 Volume Set, by Santiago Ramon y Cajal, translated by Larry Swanson & Neely Swanson, translation copyright © 1995 by Oxford University Press, Inc. Used by permission of Oxford University Press, Inc. Figure 4.3. Modified from: *The Central Nervous System*, by P. Brodal, Oxford University Press, New York, 1992. Permission granted by Tano Aschehoug Publishing, Oslo, Norway. Figures 5.1 and 6. 3. From: R. Srinivasan, D. P. Russell, G. M. Edelman, and G. Tononi, "Increased Synchronization of Magnetic Responses During Conscious Perception." *Journal of Neuroscience*. 19:5435–48 (1999). Permission granted by The Society for Neuroscience. Figure 6.1. From the atlas of Louis Achille Foville's *Traité complet* (1844), Plate VII, Fig. 1; artist E. Beau; engraver F. Bion. Figure 6.2. Bertha Pappenheim. Permission granted by the Institut für Stadtgeschichte, Frankfurt am Main. Figure 7.1. Photograph of Charles Darwin, aged 40 by T. H. Maguire, 1849. Permission granted by The British Museum. Figure 7.3. Modified from: *Neuroscience*, By M. F. Bear, B. W. Connors, and M. A. Paradiso, Williams & Wilkins, 1996. Permission granted by Williams and Wilkins. Figure 7.4. From: G. M. Edelman, G. N. J. Reeke, W. E. Gall, G. Tononi , D. Williams, and O. Sporns (1992). "Synthetic Neural Modeling Applied to a Real-World Artifact." *Proceedings of the National Academy of Sciences of the United States of America* 89 (15):7267–71. Figure 8.2. Originally published in *National Geographic Magazine*, June 1951, p. 835 (Photo by Don C. Knudson). Figure 10.1. From J.W. Scammell, and M. P. Young (1993). "The Connectional Organization of Neural Systems in the Cat Cerebral Cortex." *Current Biology*, 3: 191–200. Figures 10.2. and 10.3. From: G. Tononi, O. Sporns, and G. M. Edelman (1992). "Reentry and the Problem of Integrating Multiple Cortical Areas: Simulation of Dynamic Integration in the Visual System." *Cerebral Cortex* 2 (4):310–35. Permission granted by Oxford University Press. Figure 12.1. Permission granted by Anglo-Australian Observatory. Photography by David Malin. Figure 17.1. From: G. M. Edelman, *Bright Air, Brilliant Fire: On the Matter of the Mind*, New York: Basic Books, 1992. Permission granted by Perseus Books. Figure 17.2. From: *Eve and the Apple, with Counterpart*, by Arcimboldo. Private Collection, Basel, photograph by Peter Hamen.

삽화 목록

색인

뇌의식의 우주

2020년 8월 1일 1판 1쇄 펴냄
2021년 10월 5일 1판 2쇄 펴냄

지은이 제럴드 M. 에델만 · 줄리오 토노니
옮긴이 장현우
펴낸이 김철종

펴낸곳 (주)한언
출판등록 1983년 9월 30일 제1 - 128호
주소 03146 서울시 종로구 삼일대로 453(경운동) 2층
전화번호 02)701 - 6911 **팩스번호** 02)701 - 4449
전자우편 haneon@haneon.com **홈페이지** www.haneon.com

ISBN 978-89-5596-897-2(03400)

* 책값은 뒤표지에 표시되어 있습니다.
* 잘못 만들어진 책은 구입하신 서점에서 바꾸어 드립니다.

이 도서의 국립중앙도서관 출판예정도서목록(CIP)은 서지정보유통지원시스템 홈페이지(http://seoji.nl.go.kr)와 국가자료공동목록시스템(http://www.nl.go.kr/kolisnet)에서 이용하실 수 있습니다.(CIP제어번호: CIP2020028648)

한언의 사명선언문

Since 3rd day of January, 1998

Our Mission – 우리는 새로운 지식을 창출, 전파하여 전 인류가 이를 공유케 함으로써 인류 문화의 발전과 행복에 이바지한다.

– 우리는 끊임없이 학습하는 조직으로서 자신과 조직의 발전을 위해 쉼없이 노력하며, 궁극적으로는 세계적 콘텐츠 그룹을 지향한다.

– 우리는 정신적·물질적으로 최고 수준의 복지를 실현하기 위해 노력하며, 명실공히 초일류 사원들의 집합체로서 부끄럼 없이 행동한다.

Our Vision 한언은 콘텐츠 기업의 선도적 성공 모델이 된다.

저희 한언인들은 위와 같은 사명을 항상 가슴속에 간직하고
좋은 책을 만들기 위해 최선을 다하고 있습니다.
독자 여러분의 아낌없는 충고와 격려를 부탁 드립니다.
• 한언 가족 •

HanEon's Mission statement

Our Mission – We create and broadcast new knowledge for the advancement and happiness of the whole human race.

– We do our best to improve ourselves and the organization, with the ultimate goal of striving to be the best content group in the world.

– We try to realize the highest quality of welfare system in both mental and physical ways and we behave in a manner that reflects our mission as proud members of HanEon Community.

Our Vision HanEon will be the leading Success Model of the content group.